LIBROS SALVAJES

Errata naturae editores

**100% SOSTENIBLE**
**100% RESPONSABLES**
**100% COMPROMETIDOS**

## ASÍ HEMOS HECHO ESTE LIBRO

Salvo casos excepcionales, trabajamos con una empresa papelera que funciona con biocombustibles locales y se abastece de los bosques cercanos, que gestiona de forma estrictamente sostenible. Ha implantado voluntariamente el Reglamento de la Unión Europea de Ecogestión y Ecoauditoría, y WWF la considera una de las fábricas más sostenibles del mundo.

Allí fabrican el papel interior y exterior con el que se ha hecho este libro, con unas emisiones certificadas de 365 kg de $CO_2$ por tonelada de papel: un 50 % menos que la media europea y un 75 % menos que la media española. En otras palabras: uno de los papeles más sostenibles del mercado (además de tener las certificaciones FSC, PEFC, ISO9001, ISO14001 y EU Ecolabel).

Uno de los mayores problemas ecológicos a la hora de fabricar papel (y de hacer libros) es el consumo de agua: la media europea está entre 10 y 15 litros por kilo según la European Enviromental Agency. La fabricación del papel interior y exterior de este libro ha consumido solo entre 3 y 4 litros por kilo de papel.

Queremos eliminar todos los materiales de origen fósil de nuestros libros y de nuestro trabajo. Por eso este libro no está plastificado (si lo estuviera, su tirada habría consumido más de 500 $m^2$ de plástico).

El transporte del papel desde la empresa papelera hasta la imprenta se hace, en buena medida, en trenes de larga distancia, e imprimimos a menos de 300 km de nuestra oficina, todo lo cual nos permite reducir notablemente las emisiones contaminantes.

Una vez fabricados los libros, los envíos que dependen de nosotros se realizan mediante una mensajería con una de las flotas eléctricas más importantes de España (no es perfecto, lo sabemos, pero supone un primer ahorro de emisiones). Además, el 100 % del personal es contratado y cobra un sueldo fijo, no por entregas (algo fundamental para garantizar formas de conducción más seguras para los trabajadores y más sostenibles para el planeta).

Toda la energía utilizada para editar este libro es 100 % energía verde renovable y certificada. Además proviene de una cooperativa de la que nuestra editorial es miembro, de modo que consumimos la energía que previamente producimos en instalaciones solares, eólicas o de biomasa.

Todos los recursos económicos utilizados para editar este libro estaban depositados en la banca ética, y allí llegarán también los beneficios (¡esperemos que los haya!). De este modo garantizamos que este dinero solo revertirá sobre proyectos sostenibles, con un interés social, cultural y medioambiental, sin inversiones en la economía de las energías fósiles.

Si quieres más información sobre estas cuestiones puedes leer el apartado «Compromisos» de nuestra página web o escribirnos a info@erratanaturae.com.

# INSURRECCIÓN ANIMAL

## HISTORIAS EXTRAORDINARIAS DE RESISTENCIA Y REBELIÓN DE LOS ANIMALES EN LA ERA DEL CAPITALISMO GLOBAL

SARAT COLLING

TRADUCCIÓN DE TERESA LANERO LADRÓN DE GUEVARA

errata naturae

PRIMERA EDICIÓN: febrero de 2024
TÍTULO ORIGINAL: *Animal Resistance in the Global Capitalist Era*


C/ Sebastián Elcano 32, oficina 25
28012 Madrid
info@errratanaturae.com
www.erratanaturae.com

ISBN: 978-84-19158-58-1
DEPÓSITO LEGAL: M-1732-2024
CÓDIGO IBIC: DN
ILUSTRACIÓN DE CUBIERTA: Achille Beltrame
MAQUETACIÓN: Eztizen Uriarte
IMPRESIÓN: Kadmos
IMPRESO EN ESPAÑA – PRINTED IN SPAIN

## ÍNDICE

# PREFACIO

Una vaca y su ternero huyen de una granja, cruzan a nado una charca, atraviesan un bosque y saltan la elevada cerca que separa el prado de un santuario animal. Una vez allí, se esconden entre una manada de caballos[1]. Cuatro babuinos se escapan de un centro de investigación biomédica. Para conseguirlo, colocan en posición vertical un barril de doscientos litros, se suben a él y saltan los muros del recinto donde están encerrados[2]. Una gallina a la que habían vendido para convertirla en comida rápida se fuga volando por encima de una alambrada y recorre casi cinco kilómetros en dos meses para reunirse con su mejor amigo, un gallo llamado Horst[3].

Estas tres noticias virales, acaecidas a lo largo de un mismo mes, no son en absoluto hechos aislados. Cada una de ellas demuestra y refleja un patrón familiar: los animales luchan contra el cautiverio y su pelea por la libertad suscita una respuesta contundente en la gente. Estos actos desafiantes son formas de «resistencia animal». Los animales están en gran medida subyugados por la sociedad humana, pero algunos consiguen traspasar los ordenamientos espaciales e ideológicos que les imponen. Su posicionamiento social y político como productos de consumo y propiedades vivas hace que esta resistencia y rebelión no sea una hazaña sencilla.

Los animales se comunican mediante su insurrección. Así pues, en una sociedad donde los sistemas de comunicación y la producción de conocimiento dominantes son exclusivos de los humanos, ¿cómo interpretamos nosotros, los testigos y los aliados de los animales no humanos, esos actos de rebeldía contra la explotación y la opresión? ¿Cómo representamos sus luchas cuando hablamos diferentes idiomas? Estas cuestiones son fundamentales para dar a los animales el papel protagonista en su movimiento de liberación sin apropiarnos de sus voces ni de su experiencia.

Desde que los humanos comenzamos a descifrar las huellas en el suelo del bosque, en los campos embarrados y en los caminos de tierra, hemos tratado de comprender el mundo desde su perspectiva. Los animales hablan con las lenguas, los cantos, los movimientos, los gestos y los ritmos de la especie a la que pertenecen. Hoy, gracias a la ciencia cognitiva, del comportamiento animal y de las experiencias directas (como las de los trabajadores de los santuarios animales), contamos con hipótesis bastante bien fundamentadas para comprender sus preferencias y sus intereses. Tal vez no sepamos cómo se experimenta el mundo siendo de otra especie, pero nuestro conocimiento y nuestros sentidos nos sirven para tratar de entender las voces de los animales a partir de sus perspectivas y sus emociones. Aun así, incluso con estos esfuerzos minuciosos, no lograremos llegar más que a una parte de sus historias, pues nuestra imagen siempre estará filtrada por el punto de vista, el lenguaje y la visión del mundo del ser humano[4].

Para escuchar de manera genuina las voces de los animales hay que tener en cuenta (e intentar disolver) las estructuras de poder asimétricas en las relaciones entre estos y los humanos.

Pese a su diversidad, su multiplicidad y su complejidad, los animales no humanos aparecen en gran parte representados en el discurso de la Europa Occidental dominante como ahistóricos, monolíticos e incapaces de influir en su entorno. Siguiendo una larga tradición de ciencia y colonización europeas que niegan la subjetividad y la intencionalidad animal, los humanos siguen sin oír, sin reconocer y sin contestar sus voces. Para reparar el daño que esto ha causado y sigue causando, es necesario renunciar al antropocentrismo: debemos ser cautelosos para no situarnos como referente principal desde el cual medir a otros animales que poseen sus propias historias, culturas y comunidades.

El ensayo fundamental de Chandra Talpade Mohanty, «Under Western Eyes: Feminist Scholarship and Colonial Discourses», ha inspirado enormemente la tesis aquí recogida. La autora critica que la construcción discursiva de las mujeres del Sur global —cuyas experiencias variopintas están supeditadas a factores culturales, geográficos e históricos— se ha elaborado de forma inconexa bajo la categoría monolítica y ahistórica de «mujeres del tercer mundo», basada en la noción general de su opresión[5]. Este discurso occidental «inmoviliza» a las mujeres no occidentales al considerarlas «singulares», «silenciadas» y «homogéneas». En última instancia, representa a las mujeres del tercer mundo como necesitadas de un «salvador» occidental[6]. Esta teoría del salvador blanco cumple con una función de autorrepresentación: genera una identidad moderna que se opone a quienes se conciben como seres pasivos y sin voz, mientras se lleva a cabo una apropiación de sus experiencias. Sin embargo, en palabras de Arundhati Roy: «No existe nada parecido a los "sin voz". Solo están los silenciados de manera deliberada o aquellos a quienes se prefiere no escuchar»[7].

En el discurso de la defensa animal surgen cuestiones similares en torno a la voz y las acciones intencionadas de los animales. De hecho, es común encontrarse, en el movimiento de la defensa animal, con un discurso que alude a los animales «sin voz» y a «la voz de los sin voz», un lenguaje que a menudo emana de la obligación ética de hablar en nombre de aquellos cuyas vidas y cuyo sufrimiento, dentro de las enormes estructuras de la opresión, son ignorados. No obstante, si seguimos refiriéndonos a los animales no humanos como los «sin voz» (literal o simbólicamente), es posible que pasemos por alto algunas oportunidades significativas para dialogar y actuar en solidaridad con ellos. Como explica Lauren Corman, en la sociedad occidental europea existe una larga historia de referencias a los animales como seres «sin voz», «mudos» y «sin habla» que descartan su propia capacidad intencional[8]. Por el contrario, al reconocer las voces corpóreas y políticas de los animales, admitimos su subjetividad y permanecemos abiertos a la posibilidad de su participación y su repercusión en los ámbitos sociales y políticos[9].

Del reconocimiento de que los animales poseen voz propia se suceden varias consecuencias importantes. En primer lugar, implica que son sujetos con una experiencia consciente única. Tienen deseos, sentimientos y gustos que reflejan su individualidad y que expresan mediante dicha voz. En segundo lugar, este reconocimiento es necesario si queremos escuchar lo que están diciendo. Para desarrollar una comunicación coherente y la posibilidad de relaciones no jerárquicas con otras especies debemos prestarles atención. En tercer lugar, subraya la diversidad de los discursos de la gran variedad de especies que habitan el planeta. Las formas de comunicación únicas y complejas de los animales contradicen el excepcionalismo humano (y su autoposicionamiento como indicador universal para medir la inteligencia). Por último, esta asunción responde a la negación generalizada de la acción intencional de los animales. Puesto que la voz se equipara con la autoafirmación, la aceptación (simbólica o literal) de que los animales la poseen reconoce su propio ámbito intencional. Los humanos que abogamos por ellos, en vez de posicionarnos como los defensores de los sin voz, nos identificamos como sus aliados para amplificarla y elevarla; así, nuestro papel consiste en exhortar a los demás para que hagan el esfuerzo de escuchar y comprender lo que los animales dicen.

Atender a la voz de los animales es el primer paso para sustituir de un modo solidario los discursos del salvador. Mohanty define la solidaridad feminista como una «forma ejemplar de traspasar fronteras» que requiere de «la reciprocidad, la responsabilidad y el reconocimiento de los intereses comunes como base para las relaciones entre las diversas comunidades»[10]. Esta noción de solidaridad feminista resulta útil a la hora de pensar en la solidaridad hacia los animales no humanos. Construir alianzas en las luchas por la justicia social implica la autorreflexión (ser consciente del posicionamiento propio) de los privilegiados, a la vez que se respeta la diversidad y la diferencia y se reconocen intereses comunes. La solidaridad hacia otros animales supone escuchar sus voces y tratar de hablar solidariamente con ellos. A menudo, este «hablar con» se traduce en «hablar por», debido a nuestra enorme diversidad de posiciones de poder y a nuestra capacidad para hacernos oír. Hablar en solidaridad ayuda a afrontar la normalidad asumida del discurso del salvador. Mientras la exactitud de las representaciones de los animales puede ser cuestionable, parcial y contingente, el silencio ante las historias de aquellos con discursos ignorados por la sociedad humana nos convertiría en cómplices de una cultura de extrema violencia e hipocresía.

Las diversas especies del planeta se comunican entre ellas y con el mundo que las rodea. Escucharlas con atención, interpretar sus acciones y reaccionar como sus aliados es esencial para hacerles un hueco en este mundo tan saqueado e invadido por la civilización industrial humana, en una era dominada por la pérdida de biodiversidad y el cambio climático antropogénicos, y con una emergencia climática sin precedentes marcada por fenómenos meteorológicos extremos, deshielo, cosechas arruinadas, desertificación y elevación de las temperaturas y del nivel del mar. Esta catástrofe medioambiental, provocada por el ser humano, ha ido *in crescendo* desde la Revolución Industrial, aunque está arraigada en unas ideas más antiguas y profundas, como la domesticación y la «posesión» de las vacas ya en el Neolítico temprano. Una pequeña muestra de nuestra especie ha aniquilado a más del ochenta por ciento de los mamíferos salvajes y a la mitad de las plantas, ha provocado la extinción diaria de doscientas especies animales y ha conseguido que el número de animales en granjas sea treinta veces mayor que el total de humanos que han pisado en la Tierra en todos los tiempos. Y los menos responsables de esta crisis —quienes viven en los países menos industrializados y los animales no humanos— son los que sufren los principales efectos.

La resistencia y la rebelión de los animales insiste en que los escuchemos y los reconozcamos como prójimos en la lucha por la justicia social. Sus disrupciones en el sistema demuestran lo urgente de esta batalla sin precedentes. Cuando los monos abren los cerrojos y se escapan de las jaulas de los laboratorios, cuando los cerdos se niegan a bajar por la rampa que conduce al matadero, cuando las vacas se enfrentan a quienes les roban a sus hijos, cuando los salmones se revuelven y jadean si los sacan del agua a la fuerza y cuando los elefantes atacan a quienes mataron a los miembros de su familia o invadieron sus tierras, sus acciones hablan con rotundidad. Cuando las vacas se congregan y mugen para dar la bienvenida a los nuevos residentes en los santuarios animales y cuando las gallinas cloquean y arrullan a sus pollitos recién nacidos para consolarlos, sus voces son claras. Aunque los animales han estado relegados a los márgenes por las disposiciones espaciales e ideológicas humanas, también ellos son sujetos de sus propias luchas, el núcleo de su movimiento de liberación.

# INTRODUCCIÓN

El estreno de la película *Blackfish* en 2013 le mostró al mundo la historia de una orca insumisa llamada Tilikum, que a la que tuvieron en cautiverio y sufrió malos tratos diarios, como cualquier orca capturada con fines recreativos para el ser humano. Como respuesta, Tilikum tomó represalias en numerosas ocasiones, a veces con consecuencias letales. En 2010, acabó con la vida de una adiestradora de SeaWorld. Aunque SeaWorld siempre le restó importancia a la resistencia de Tilikum, la realidad vital de este mamífero marino y las peligrosas condiciones laborales expuestas en *Blackfish* no dieron una buena imagen de la empresa. El daño estaba hecho. Y la famosa orca llamó la atención sobre la violencia sistémica infligida a los mamíferos marinos en cautividad y provocó un escándalo público. De hecho, el impacto mediático del documental causó un descenso en picado del precio de las acciones de SeaWorld[11]. La lucha de Tilikum le demostró a una amplia audiencia que los animales ejercen resistencia.

Pero no era la primera vez que los humanos apoyaban a los mamíferos marinos que se habían resistido al cautiverio. Por ejemplo, en 1960, en Londres, el Circo de Billy Smart fletó un barco por el Támesis con fines comerciales. Algunos de los «accesorios» promocionales de la embarcación eran animales a los que se les obligaba a actuar, entre ellos se encontraba Fritzi, un león marino que no quiso participar en la actividad y saltó al agua. La Performing Animals Defence League (Asociación por la Defensa de los Animales Amaestrados) acudió en ayuda de Fritzi y ofreció la suma, por entonces considerable, de sesenta libras a quien ayudara al león marino a alcanzar la libertad a lo largo del Támesis hasta el mar del Norte. Sin embargo, el circo respondió a la oferta con cien libras a cambio de su captura, con la falsa afirmación de que era «una criatura de aguas cálidas proveniente de California» que necesitaba protección frente a la frialdad de otros océanos. Fritzi se pasó dos días nadando por el Támesis (que puede estar tan frío como el mar del Norte) y comió unos nueve kilos de arenques, que le lanzaban desde los barcos que lo perseguían con redes de arrastre, mientras frustraba cualquier intento de captura de sus perseguidores. Cuando caía la noche, se deslizaba hasta la orilla para descansar un par de horas. A pesar de todo, no consiguió llegar al mar del Norte. El circo volvió a capturarlo y lo obligó a retomar una vida en la que solo servía de entretenimiento para los humanos.

Pese al valor que los humanos les otorgamos a la libertad y a la capacidad para elegir un camino en la vida, cubrir las necesidades básicas y evitar el sufrimiento, nuestra especie ha privado de todo ello a otros seres con quienes comparte el planeta. Cada minuto se produce la caza, la reclusión y la matanza a gran escala de muchos animales. Los utilizan como instrumentos para la guerra, para la experimentación y para el entretenimiento. Además, innumerables especies sufren las consecuencias de los incendios, las sequías y otros desastres medioambientales provocados por los humanos. Etiquetados como «mercancías» y «propiedades», les niegan las necesidades vitales más básicas: el derecho a socializar, a tener refugio e intimidad, y a consumir alimentos y agua saludables. Han sido muchos los intentos de justificar la subordinación de nuestros semejantes. La influencia del pensamiento de Descartes ha hecho que, de forma errónea, muchos consideren a los demás animales meras máquinas biológicas que actúan por reflejo y que son incapaces de experimentar sufrimiento, dolor o placer. Algunos razonamientos aún dan por hecho que los humanos somos la única especie con una vida social y una motivación intencional relevantes. Otros sugieren que consumir animales es aceptable simplemente «porque podemos». Estas justificaciones antropocéntricas excluyen a los animales no humanos del trato ético por razones arbitrarias. Que podamos hacer algo o que siempre lo hayamos hecho no justifica desde un punto de vista moral que debamos seguir haciéndolo hoy en día (de hecho, si echamos la vista atrás en la historia de la humanidad, identificaremos muchos comportamientos que en su momento se consideraron normales y que ahora nos parecen atroces).

Para los animales, su vida es importante. Al negarles estos derechos a individuos como Tilikum y Fritzi, los humanos causamos un inmenso sufrimiento. A diferencia de cuando existía un «estado salvaje», entendido como aquel que se caracteriza por la diversidad y las relaciones simbióticas, los albores de la civilización condujeron a una sociedad jerárquica donde el animal humano se situó a sí mismo en lo más elevado de la cadena trófica. La antropóloga Layla Abdel Rahim explica que la aparición de la civilización industrial, después de la revolución agrícola, condujo a un cambio crítico en la conciencia de los humanos, que se convirtieron en los depredadores absolutos. Durante doscientos mil años, no se registraron matanzas sistemáticas de animales, pero, con el declive de las sociedades igualitarias y el paso de la economía cazadora-recolectora a la sociedad agrícola, apareció el concepto de propiedad. Al capturar y confinar vacas, ovejas, cerdos, camellos y cabras, una poderosa minoría consiguió situarse por encima de los demás. Al abandonar la idea de que el ser humano no era más que un organismo entre muchos otros, los humanos comenzaron a verse a sí mismos como una entidad excepcional y civilizada. No solo nos diferenciábamos del resto de los animales, sino que nos colocábamos en una posición más elevada que ellos y éramos capaces de domesticar, colonizar y mercantilizar a los seres sintientes.

La domesticación, la colonización y el capitalismo conformaron progresivamente las relaciones contemporáneas humanas y no humanas. La domesticación de animales, cuya aparición se suele fechar entre el año 10000 y el 8000 a. e. c., allanó el camino para que Europa ejerciera una dominación global. La colonización, a su vez, dependía del trabajo de los animales para la militarización, de su sacrifico para el suministro de víveres y de su pastoreo para expandir el alcance de la apropiación de tierras. A finales del siglo XVI, la conquista de los humanos menos valorados y de los animales, conceptualizados como propiedades, facilitó la aparición del capitalismo global. El saqueo generalizado de metales preciosos, azúcar y productos animales como grasa y pieles alimentó el nuevo sistema capitalista[12]. La campaña globalizada para controlar y hacerse con los recursos aumentó el flujo de los bienes y, con posterioridad, de los servicios y del trabajo a través de las fronteras. El cambio en la autoconciencia que había revolucionado las estrategias de subsistencia acabó por favorecer la violencia institucionalizada en los mataderos, en las granjas, en los laboratorios, en los parques de atracciones y en los circos.

Es en el contexto de la dominación humana donde surge el fenómeno de la resistencia social y política de los animales contra los opresores humanos. A pesar de su desmedida explotación en la economía capitalista globalizada, los intereses propios de los animales persisten. Tanto los cautivos como los libres siempre han ejercido resistencia a la opresión de los humanos. Aunque muchos han luchado por la liberación y la justicia durante siglos, tal y como destaca el sociólogo David Nibert, sus esfuerzos apenas han pasado a la historia, independientemente del éxito o el fracaso de sus acciones[13]. Al documentar esta rebelión, este libro pretende contribuir a llenar ese vacío y a situar a los animales no humanos en el centro de su lucha por la liberación. Pero antes de profundizar en el porqué de la resistencia animal, en el cómo y en su finalidad —y sus principios—, esta introducción pretende ofrecer una breve panorámica de los enfoques cambiantes con que los humanos han percibido a los demás animales y de la influencia que han tenido los intereses propios en dichas perspectivas. La exploración de las representaciones de los animales en la historia ayuda a ilustrar la importancia de su reconocimiento como insumisos para que sus aliados puedan actuar en solidaridad con ellos[14].

Algunos de los primeros documentos sobre la insurrección animal contra la opresión humana hacen referencia a los juegos del antiguo Coliseo romano, donde miles de animales murieron asesinados en espectáculos públicos sangrientos. Las *venationes*, exhibiciones y simulaciones de caza en las que los *bestiarii* se enfrentaban a animales de especies diversas —elefantes, osos, leones, leopardos, panteras, toros y perros, entre otros—, se introdujeron en el siglo II a. e. c. y se popularizaron en el periodo imperial. La exposición y matanza de animales de las áreas más remotas del imperio eran una demostración de riqueza y poder para los emperadores. Esas ejecuciones no solo eran una diversión cruel, también simbolizaban y proclamaban la dominación de los romanos sobre la naturaleza humana y no humana. Los juegos se celebraron durante cuatrocientos años y de algún modo se recuperaron más tarde en España, a finales del siglo XVIII, con la forma moderna y ritualizada de la tauromaquia, aún vigente.

En los espectáculos obligaban a los animales a soportar un proceso sistemático de tortura y dominación absolutas. Estos, sin embargo, empezaban a ejercer resistencia antes incluso de llegar a los coliseos. A muchos los cazaban, los apresaban y los transportaban hasta Roma desde África (como ha sucedido también después con los destinados a los circos, las casas de fieras, las fincas de caza y otras formas de «entretenimiento»). Como los animales se oponían a los intentos de captura, idearon diversas estrategias para reprimir su insurrección: a los elefantes, tras conducirlos al interior de unos fosos, los dejaban sin comer hasta que estaban lo bastante débiles para transportarlos con facilidad[15]; por otro lado, con el fin de inmovilizar a los osos, los cazadores más fuertes les ataban planchas de madera en las extremidades. Según Opiano, estos «se enfurecían tremendamente, con garras y fauces, a menudo burlaban a los cazadores y escapaban de las redes, de manera que la cacería se tornaba infructuosa»[16]. La resistencia de los animales resulta muy evidente en una escena de transporte del Mosaico de la Gran Caza, que se

Imagen 1. Escena de transporte animal del Mosaico de la Gran Caza, Villa del Casale, Piazza Armerina, Sicilia, siglo IV.

extiende por la Villa del Casale en la localidad siciliana de Piazza Armerina, y representa a unos animales a los que, tras perder la libertad, se les empujaba contra su voluntad hacia un barco (véase imagen 1). A la derecha, unos hombres tratan de controlar a un antílope mientras lo suben por una rampa. Por detrás, un avestruz cautivo intenta echar a volar y otro chilla. Viajar con animales sensibles y poco colaboradores no era agradable para quienes los transportaban. Como escribió Claudiano: «El marinero teme la mercancía que transporta»[17].

Después de llevarlos a Roma, los animales se negaban a participar en los espectáculos. A muchos los encerraban en los oscuros sótanos del anfiteatro. Luego los subían en jaulas o los trasladaban por las galerías subterráneas hasta la arena. Cuando abrían las puertas, a menudo se negaban a moverse, se quedaban acurrucados contra los barrotes o intentaban esconderse[18]. Con frecuencia, los romanos empleaban hierros candentes o quemaban el lecho de paja para obligarlos a salir.

Plinio el Viejo cuenta que, en el año 55 a. e. c, el cónsul recién electo, Pompeyo, organizó dos *venationes* diarias durante cinco días seguidos para la consagración del templo de Venus Victrix[19]. Para tal ocasión, exhibió varias especies de animales «exóticos» —entre ellos leones, elefantes, panteras y monos etíopes, así como un rinoceronte indio y un lince— en un desfile que celebraba sus triunfos en el este. Durante uno de los terribles espectáculos, unos cazadores gétulos equipados con jabalinas dieron muerte a unos veinte elefantes[20]. Uno de ellos, herido varias veces en las patas, embistió a los hombres y los lanzó por los aires. Otro murió a causa de una jabalina que le acertó en el ojo. Los espectadores, pese a estar acostumbrados al carácter sangriento de aquellos eventos, nunca habían visto unos animales tan colosales y se quedaron atónitos. Los elefantes trataban de escapar, pero la arena estaba cercada con barrotes de hierro y los cazadores los obligaban, con mucho esfuerzo, a volver al centro del teatro. Cuando al final se dieron cuenta de que no había escapatoria, dicen que se dirigieron al público con actitud suplicante en busca de compasión. Los tremendos barritos de dolor y desesperación, junto con los intentos de fuga, asustaron tanto a la gente que Plutarco describió el espectáculo como «aterrador». Tal vez, al interpretar la reacción de los elefantes como oraciones a los dioses o como maldiciones contra Pompeyo, el público se identificó con su angustiosa situación y acabaron levantándose con lágrimas en los ojos, pidiendo que terminara aquel despropósito. Dion Casio escribió sobre este acontecimiento:

> Efectivamente, a algunos los protegió, contra la opinión de Pompeyo, la compasión popular, pues cuando recibían una herida abandonaban el combate, se ponían a dar vueltas con la trompa levantada al cielo y lanzaban tales gemidos que dieron lugar al comentario de que no actuaban al azar[21].

Tras aquel incidente, las *venationes* siguieron incluyendo elefantes de vez en cuando a pesar de la compasión y de la vergüenza que había manifestado el público de Pompeyo. En los años posteriores, los espectáculos alcanzaron unos niveles asombrosos y en ellos se asesinó a miles de animales. Julio César también utilizó elefantes domados para aumentar la emoción. A veces los obligaban a luchar contra rinocerontes, a los que consideraban sus enemigos naturales. A los asistentes les resultaba divertida la enorme reticencia de estos últimos a participar en el combate. Los leones se consideraban, asimismo, una parte fundamental de los juegos. En el año 281 e. c., mataron en las puertas del Coliseo a cien de ellos, que se negaron a salir de las jaulas[22].

El emperador Cómodo, que a menudo vestía pieles de león para impresionar a sus súbditos, era un apasionado de las peleas de gladiadores y de fieras, e incluso participaba en ambas de manera activa (algo escandaloso para el pueblo romano). Los historiadores relatan, entre enormes críticas, sus victorias frente a los animales contra los que luchaba. Para las batallas más peligrosas, contaba con una plataforma especial que dividía la arena en cuatro sectores mediante dos palizadas perpendiculares[23]. De ese modo, podía disparar con un arco a los cautivos sin correr riesgos[24]. En una ocasión, un tigre se escapó y atacó al hombre que había transportado su jaula. Tras este acto de rebelión, Cómodo disparó y lo mató (véase imagen 2)[25].

Imagen 2. Un tigre escapa y el emperador Cómodo lo mata. Dibujo, página de un cuaderno de bocetos, 1590.

Además de los animales que los gobernantes romanos utilizaban en los espectáculos públicos para hacer ostentación de su riqueza y su poder, los antiguos militares también llevaban a otros a los campos de batalla para crear una atmósfera intimidatoria. Por ejemplo, en el siglo III a. e. c., los griegos se servían de elefantes para atemorizar a sus oponentes, como antes hicieron otros, entre los que destaca el líder cartaginés Aníbal, que emprendió con ellos un peligroso viaje por los Alpes. Como parte del «equipamiento», los animales estaban profusamente decorados y a veces los emborrachaban con vino. Dado que eran muy reacios a pelear, servían sobre todo como un símbolo de la fuerza del ejército. Sin embargo, era habitual que se retiraran si recibían alguna flecha y acababan pisoteando a los soldados que se encontraban a su alrededor. Si alguna cría resultaba herida, la madre abandonaba su puesto y corría a su rescate[26].

El periodo de la Grecia clásica nos ha dejado los primeros informes de otro hecho revelador sobre la noción de intencionalidad animal: la práctica de llevar a juicio a los animales. Apenas existen crónicas sobre estos eventos, pero según varios escritores griegos, entre los que se incluye a Aristóteles, tenían lugar en el pritaneo de Atenas[27]. Hasta la Edad Media no encontramos descripciones más detalladas de dichos procesos en los países europeos. Mientras que los de la Grecia clásica no parecían indicar premeditación en los «delitos», los medievales presuponían la intencionalidad de los acusados, una premisa que reconocía su libre albedrío y su acción moral.

Al parecer, los juicios a animales durante la Edad Media comenzaron en el siglo XIII, aunque es posible incluso que se celebraran ya en el siglo IX, y duraron hasta mediados del XVIII. Casi todos los países europeos celebraron alguno en este periodo, tanto en tribunales laicos como religiosos[28]. Una amplia variedad de especies, desde perros hasta gatos, desde vacas hasta gorgojos, desde delfines hasta anguilas, fueron acusados de quebrantar las leyes, presuntamente, con premeditación y alevosía. Con frecuencia estas acciones delictivas eran consecuencia de distintas formas de resistencia, como las represalias o la fuga. Por ejemplo, en el año 1314, un toro se escapó de una granja y enfiló un camino concurrido, donde atacó y mató a un hombre. Si esto hubiera ocurrido en los tiempos modernos, lo más probable es que alguien hubiera acabado con su vida de un disparo. Ahora bien, como tuvo lugar en el siglo XIV, al toro lo encarcelaron, lo juzgaron en un tribunal y, por último, lo condenaron a muerte en la horca. El parlamento de París confirmó la sentencia y la ejecución se llevó a cabo en el mismo cadalso en el que ahorcaban a los humanos. En el último minuto, un recurso de apelación acusó de incompetencia al tribunal y el parlamento de La Chandeleur decidió que «la sentencia era justa en cuanto a equidad, pero incorrecta desde el punto de vista judicial y técnico y, en consecuencia, no sentaría precedente»[29]. Por esperpéntico que pueda parecer en el orden social actual, el procedimiento era habitual en aquella época. En el año 1389, los cartujanos de Dijon ejecutaron a un caballo por homicidio[30]. En 1405, la magistratura de Gisors emitió una orden de pago a un carpintero «que había construido un andamio donde se ejecutó a un buey "por sus faltas"». En 1499, un toro fue condenado por matar al joven ayudante de un granjero[31].

En el libro de Edmund P. Evans *The Criminal Prosecution and Capital Punishment of Animals*, publicado en 1906, se recogen doscientos casos similares. El testimonio de los juicios medievales comienza en Fontenay-aux-Roses, a las afueras de París, con la ejecución de un cerdo en el año 1266. La mayoría de los animales juzgados durante la Edad Media pertenecían a especies domesticadas o calificadas como «plagas». Al asumir que tenían responsabilidades idénticas a las de los humanos, como explica Jeffrey St. Clair, «sometían a muchos de ellos a las mismas formas espantosas de tortura y ejecución que empleaban con los humanos condenados»[32]. Estos castigos atroces incluían azotes, mutilación, entierro en vida, exilio, cárcel y ejecución en la horca. A algunos animales los quemaban vivos junto a sus compañeros humanos acusados de brujería.

Por absurdos que parezcan, estos juicios revelan mucho sobre las opiniones contradictorias acerca de los animales en aquel periodo. En cierto sentido, confirmaban su sintiencia (la capacidad de sentir) y su agencia (la capacidad de elegir y actuar conforme a sus propias decisiones). St. Clair, que profundiza en este fenómeno e incide en que reflejaban una apertura radical a la noción de conciencia animal, explica que el significado de los juicios no está tan relacionado con su propósito social como con «las cualidades y los derechos que la denominada mente medieval atribuía a los acusados: racionalidad, libre albedrío, actuación moral, premeditación y motivación. En otras palabras, se presumía que los animales actuaban con intención, que a su vez podía estar provocada por la avaricia, los celos y la venganza. Así pues, la gente de la Edad Media, acusada de primitiva en muchos círculos modernos, en realidad estaba abierta a una idea bastante radical: la conciencia de los animales»[33].

Por lo demás, los juicios eran antropocéntricos, puesto que asumían que las distintas especies animales, que poseen de manera natural un lenguaje y unos códigos propios, debían acatar los sistemas sociales creados por los humanos. Incluso cuando el juez o el jurado reconocían la intencionalidad o la resistencia animal, los procesos exponían actitudes y prácticas paradójicas. A los animales no humanos los consideraban capaces de acciones morales independientes, aunque no se tenían en cuenta las desequilibradas dinámicas de poder existentes, y los juzgaban y condenaban a muerte en un tribunal humano arraigado exclusivamente en los valores humanos. Si esos métodos ya eran de por sí injustos con los humanos, imaginemos cómo serían con los demás animales. Los cerdos eran, la mayoría de las veces, víctimas de la ignorancia y la crueldad; en algunas ocasiones los vestían incluso con ropa humana para la ejecución. A los animales domésticos ya los criaban para explotarlos. Como cuenta Kathryn Shevelow, los juicios demostraban «diferencias jerárquicas de especie y de poder entre los humanos y los animales; después de todo, los humanos "asesinaban" cerdos a diario»[34]. Aunque este consiguiera escapar de la pena de muerte, seguían matándolo para el consumo humano.

Los tribunales laicos, donde se celebraban la mayoría de los juicios, les concedían a los animales un abogado defensor. El castigo por causar daño físico, ya fuera a humanos o a animales, a menudo era la muerte, y los abogados llegaban a ser muy ingeniosos a la hora de defender a los acusados. En 1713, un letrado del Brasil colonial defendió con tanta elocuencia a unas termitas, acusadas de destruir los cimientos de una casa parroquial situada en el monasterio franciscano de Piedade no Maranhão, que el juez falló en su favor y dictaminó que el monasterio debía suministrarles madera para su consumo. A cambio, estas debían abandonar el edificio del monasterio. En efecto, de vez en cuando la sentencia consistía en que el individuo juzgado recibiera un trozo de tierra para no molestar al demandante (o para que no lo molestaran a él). Otro abogado, el aclamado Barthélemy de Chasseneuz, defendió a un grupo de ratas que había invadido Autun, una antigua localidad borgoñesa. Después de que estas dejaran de comparecer no una, sino dos veces, Chasseneuz expuso su argumento final: que los gatos de Autun «famosos por su violenta hostilidad hacia los roedores» resultaban demasiado amenazadores para que sus defendidas llegaran hasta la sala de justicia[35]. Las ratas fueron absueltas.

También se juzgó a animales en los tribunales eclesiásticos. Estos trataban los asuntos relacionados con los recursos públicos, las cosechas, la corrupción moral, la «brujería» y el bestialismo. Y el juez era el único que decidía su destino. Por lo general solían procesar a los considerados salvajes o alimañas para delatarlos y expulsarlos de los cultivos, los huertos y los viñedos por medios espirituales. Entre las acusaciones se incluían las actividades sobrenaturales, la complicidad en el bestialismo, el asesinato, el daño a la propiedad y los ataques a granjeros o a transeúntes. Hasta las abejas se vieron implicadas en algún proceso. Como otros animales domésticos, las abejas melíferas, documentadas por primera vez en el Antiguo Egipto y domesticadas durante miles de años en Europa, son famosas por sacrificarse para proteger su comunidad. En el año 864, el Concilio de Worms declaró que había que ahogar a toda una colmena que había matado a un hombre a picaduras para que no produjera más miel[36].

Antes de que la división humanista entre los humanos y los demás animales se consolidara en la maquinaria de la Modernidad, estos juicios, aunque trataran de mantener el orden, fueron indicativos de la crisis en las relaciones cambiantes entre las personas y los animales con los que convivían. En el siglo XVI, las transformaciones tecnológicas y agrícolas propiciaron la separación física de los humanos y los demás animales, y aún más tras la introducción del arado pesado. Se cultivaron más tierras salvajes para aumentar los pastos, sobre todo para las ovejas, que cada vez eran más preciadas debido al precio de la lana. La violencia hacia los animales estaba bastante extendida durante aquella época e incluso se cazaba y torturaba a los gatos y a otros animales de compañía.

Como respuesta a esa inmensa y dominante crueldad, algunos individuos alzaron la voz en contra de la injusticia y llamaron la atención acerca de la subjetividad animal. Por ejemplo, en su *Apología de Raimundo Sabunde* (1576), Michel de Montaigne reconocía la comunicación, la bondad y la reciprocidad de los animales:

> Por cierto ladrido del perro conoce el caballo que en él hay cólera; de otras voces suyas no se asusta en modo alguno. Incluso en los animales que carecen de voz, por la comunión de trato que vemos entre ellos, deducimos fácilmente algún otro medio de comunicación: sus movimientos los expresan y relacionan[37].

Los escritores del siglo XVII con frecuencia expresaron empatía por las aves enjauladas y por las que sufrían el robo de sus huevos o la matanza de sus polluelos a manos de los cazadores[38]. En estos escritores tal vez influyó la descripción que ofreció

Imagen 3. Una pareja de águilas defiende a sus aguiluchos de un ladrón de nidos victoriano. Ilustración de *A Gift for a Pet* de Annie R. Butler, Londres, Religious Tract Society, 1896

Geoffrey Chaucer en sus *Cuentos de Canterbury* sobre la determinación de un pájaro enjaulado para escapar:

> Con todo, el pájaro, aunque lo tengáis en la más bella de las jaulas doradas, preferirá mil veces volar hacia el frío y cruel bosque y comer gusanos y otras porquerías por el estilo. Nunca cesará en su intento de escapar de su cárcel; siempre ansiará la libertad[39].

Aunque fueran una nimiedad, algunas de las primeras leyes de protección animal se instauraron en el siglo XVII. En Irlanda, el Parlamento aprobó en 1635 «una ley que prohibía enganchar el arado a la cola de los animales». Poco después, en 1641, el Cuerpo de Libertades de Massachusetts incluyó una regulación «contra la tiranía y la crueldad» hacia los animales domésticos. De esta época, nos han llegado asimismo casos documentados de insurrección animal. Por ejemplo, unos relatos de primera mano de principios del siglo XVII sobre el hostigamiento de osos describen a estos y a otros animales como poco dispuestos a entablar batalla entre ellos y aseguran que hubo testigos de su comportamiento amigable fuera del escenario. Los toros se tumbaban para evitar la contienda y a los osos los obligaban a defenderse[40].

No obstante, con el paso del Renacimiento a la Ilustración muchos filósofos negaron con rotundidad la capacidad intencional y la subjetividad de los animales. Los únicos responsables eran ahora sus «propietarios». Este cambio implicaba que los juicios a animales, tan comunes antaño, dejaron de ser necesarios. El siglo XVII se caracterizó por el paso de la fe en la tradición al énfasis en la experimentación científica, el pensamiento lógico y las nuevas fuerzas tecnológicas (como método legítimo para obtener conocimiento); por la secularización y racionalidad humanas; por la división del trabajo y el crecimiento económico; por la individualización y la libertad humanas; por la industrialización y la urbanización; y por el desarrollo del Estado nación, las instituciones y la vigilancia. La Ilustración marcó el inicio de la separación entre lo «social» y lo «natural», entre lo «humano» y lo «animal». El orden social dualista y jerárquico otorgaba derechos a los hombres y a las clases blancas ricas, mientras se los negaba a grupos marginados como las mujeres, la población negra, las personas con discapacidades, los pobres y los animales no humanos.

En 1637, la voz más prominente de la Ilustración, René Descartes, declaró que los animales eran máquinas biológicas sin inteligencia ni capacidad de sentir. Aunque medio siglo antes Michel de Montaigne había propuesto argumentos razonables que contradecían este postulado, las ideas antropocéntricas de Descartes arraigaron con fuerza. En respuesta a este y a otros pensadores y científicos que experimentaron con animales, el historiador y filósofo Voltaire condenó esas prácticas y afirmó que los perros son superiores a los humanos, al menos, en su capacidad de sentir y mostrar afecto. En 1764 escribió: «Contestadme, mecanicistas, ¿la naturaleza les concedió los órganos del sentimiento a los animales con el fin de que no sintieran? ¿Teniendo nervios, pueden ser insensibles? ¿No supone esto contradecir las leyes de la naturaleza?»[41]. Pese a que muchas obras inglesas la criticaron y refutaron, la filosofía mecanicista de Descartes se convirtió en la ideología predominante en Occidente y en la base de nuestra relación social y cultural con los demás animales[42]. Al consolidar la división entre humanos y animales, Descartes justificaba la vivisección de animales vivos y establecía la separación radical entre humanos (o lo definido como «humano») y los demás animales (o lo definido como «animal») durante una época en que se incrementó el número de animales explotados para la experimentación y para la producción de alimento y trabajo.

Al entrar en la era capitalista global moderna (1800-2000), Charles Darwin anticipó nuestra comprensión científica de los demás animales en su obra de 1859 *El origen de las especies*. Darwin demostró que los animales comprenden el lenguaje humano, poseen lenguajes propios y tienen capacidad para el pensamiento abstracto y las acciones morales. En 1871 escribió que no existen diferencias fundamentales entre el hombre y los animales superiores en sus facultades mentales[43]. Aunque demostró de forma concluyente lo que comprendemos hoy (que los animales no humanos no son solo autómatas biológicos, sino individuos conscientes y subjetivos), Darwin nunca superó del todo la noción de la superioridad humana, pues relacionaba la conciencia moral con cierto nivel de inteligencia humana[44]. Por su parte, a finales del siglo XIX, el anarquista y naturalista ruso Piotr Kropotkin, contemporáneo suyo, llevó a cabo una serie de observaciones científicas de animales en su ambiente natural muy parecidas a las investigaciones actuales sobre la vida social animal[45]. Con un trabajo similar, por ejemplo, al de nuestros contemporáneos Jane Goodall y Mark Bekoff, Kropotkin observó que la sociabilidad animal estaba dominada por la cooperación y la afiliación y que los animales no humanos participaban de la ayuda mutua. Concluía que aquellos que trabajaban juntos por el bienestar de todos los miembros de la comunidad eran los más propensos a sobrevivir.

Desde hace mucho tiempo, los visitantes de las granjas y los ganaderos han identificado la resistencia animal. El poeta del siglo XVIII Henry Needler observó en numerosas ocasiones ovejas que saltaban vallas y cerdos que escapaban de corrales. También expuso otras acciones desafiantes, como vacas que coceaban a los granjeros, perros que reclamaban de forma airada más comida, pollos que picoteaban manos que los molestaban, caballos que rompían utillajes, bueyes que se negaban a trabajar, mulos que arrastraban las pezuñas y monos que ignoraban órdenes. Un botanista del siglo XVIII llamado Peter Kalm sugirió que en cualquier rebaño de vacas había algunas tan decididas a escapar que rompían los cercados. Gilbert White, otro observador, explicó que muchos caballos, pese a aparentar un buen comportamiento, trataban de derribar los establos más sólidos[46]. A finales del siglo XVIII, Samuel Deane advirtió que la falta de pastos animaba al ganado hambriento en Nueva Inglaterra a «saltar cercas o abrirse paso a través de ellas»[47].

En el siglo XIX, a pesar del reconocimiento de la intencionalidad animal por parte de ciertos individuos, el tratamiento predominante hacia los animales aún era, digámoslo así, cartesiano. Aunque los juicios habían desaparecido, sus ejecuciones aumentaron. Aquellos que se resistían al cautiverio eran lastres en el nuevo paradigma orientado al beneficio, como fue el caso de una elefanta llamada Topsy. Nacida en el sudeste asiático, a Topsy la llevaron a Estados Unidos siendo una cría, a mediados de la década de 1870. Allí se unió a otros elefantes del Circo Forepaugh. En estado salvaje, estos enormes mamíferos se bañan y juegan en los ríos, comen hierba fresca, se rascan contra los árboles y se comunican incluso a grandes distancias. Sin embargo, en los circos eran la atracción principal y los obligaban a ejecutar, en un terreno artificial, trucos aprendidos como caminar en círculos o ponerse a dos patas. El resto del tiempo estaban sujetos con grilletes o los forzaban a realizar trabajos pesados como levantar mástiles o arrastrar carromatos por el barro.

Topsy se hizo famosa por defenderse de los frecuentes golpes y los navajazos que le propinaban sus adiestradores. En 1900, mató a dos empleados del Forepaugh. En 1902, un espectador de Brooklyn se coló en el recinto de los elefantes y, al parecer, comenzó a molestarlos. A Topsy le lanzó arena a la cara y le quemó la punta de la trompa con un cigarro. Ella respondió dándole un empujón y aplastándolo. Más tarde, aquel mismo año, mientras la bajaban de un tren en Kingston, Nueva York, un hombre la golpeó detrás de la oreja con un palo. La elefanta lo levantó y lo lanzó al suelo. Tras ese incidente, el circo la vendió a un parque de Coney Island. Un domador borracho del parque llevó a Topsy a la comisaría de policía y provocó que los agentes se encerraran en las celdas. Como consecuencia, arrestaron al domador y los propietarios del parque trataron en vano de deshacerse de la elefanta. Puesto que nadie quería hacerse cargo de la rebelde, la sentenciaron a muerte. El 4 de enero de 1903, en un truculento espectáculo que quedó registrado en el corto de Thomas Edison *Electrocuting an Elephant*, electrocutaron a Topsy delante de unos mil quinientos espectadores en Coney Island. En los albores de la industrialización, este sacrificio sirvió de experimento para probar la electricidad como método de ejecución (precedido por la electrocución de cientos de gatos y perros callejeros en Nueva Jersey durante la década de 1880)[48].

Mary fue otra elefanta ejecutada por su resistencia. Nació en la selva del sudeste asiático a mediados de la década de 1880 y su vida en cautividad no tuvo nada que ver con su lugar de origen. La recluyeron en el sur de Estados Unidos cuando era muy joven y se volvió muy popular en el circo Sparks World Famous Shows. La transportaban de una ciudad a otra y seguía una rutina agotadora y despiadada. Como era habitual en el negocio, a Mary la golpeaban de manera regular con un focino, un instrumento utilizado para amedrentar, infligir dolor y castigar. Un día, mientras participaba en un desfile con un nuevo domador en el lomo, intentó comer un poco de sandía que había a un lado de la calle. El hombre la espoleó, según se determinó después, en un lugar donde sufría una infección dental[49]. Ella lo levantó con la trompa, lo arrojó al suelo y le pisoteó la cabeza. Como respuesta, la muchedumbre reclamó un castigo. Lo que vino a continuación fue una locura. Según narra Jason Hribal, ante los rumores de posibles linchamientos, la policía y el Gobierno decidieron intervenir. Todo el mundo tenía una opinión sobre si había que matarla o no y sobre el método que se debía utilizar. El 13 de septiembre de 1916, cuando el circo llegó a la pequeña localidad de Erwin, Tennessee, el desenlace fue inminente[50]. Tal y como sucedió con Topsy, no hubo justicia para Mary. Después de la función, el circo colgó a Mary del cuello utilizando una grúa. Pero el primer intento no salió bien. La elefanta se cayó y se destrozó una cadera antes de la que sería la ejecución definitiva, que presenciaron más de dos mil espectadores.

Topsy y Mary fueron dos de las muchas insumisas que cambiaron la percepción pública de los circos norteamericanos. Desde la llegada del primer ejemplar a la antigua República Americana en 1796, sujetos a entrenamientos violentos y obligados a trabajar a destajo muchísimas horas, los elefantes tomaron fama de rebeldes y de fomentar la destrucción y el caos en la industria circense[51]. Como explica Susan Nance, al escapar de las carpas, lanzar agua y barro a los transeúntes o atacar a los cuidadores que empleaban el focino con saña, transformaron el circo desde dentro. A muchos los trasladaban de un circo a otro, pero antes les cambiaban el nombre para que el comerciante no se diera cuenta de que el animal que compraba tenía antecedentes de insurrección. Como respuesta a estos comportamientos, los circos comenzaron a presentar las represalias de los elefantes como parte de espectáculo. Acababa de nacer el discurso del «elefante loco», fruto de la apropiación y la capitalización de su resistencia. Y a partir de entonces se enfrentaron a castigos aún mayores por su disidencia, sobre todo cuando sus acciones acarreaban daños humanos y la constante rotación de empleados. Al final, en la medida en que aumentó la preocupación por el bienestar animal, la industria «depuró» a los más rebeldes. Dejaron de invitar a los periodistas para que no presenciaran los castigos, unas actividades que antes resultaban divertidas y que ahora se consideraban bastante desagradables.

A finales del siglo XIX y principios del XX, el mundo industrializado estaba a punto de adentrarse en la ganadería intensiva. Con una creciente opinión pública en contra de la crueldad animal, los defensores de los animales presentaron distintas reformas para aumentar su bienestar. Surgieron grupos de protección y, hacia mediados del siglo XX, ya existían cientos de organizaciones que defendían a los animales mercantilizados para la industria del entretenimiento, la experimentación, la moda y la alimentación. El uso industrial de estos, que se había iniciado en los años veinte del siglo anterior, provocó que algunas de estas organizaciones llevaran la oferta y la demanda a un nivel sistémico. La abstinencia de productos de origen animal ha existido en el mundo durante siglos, pero en 1944 esta práctica se aceptó en el contexto de la industria moderna y recibió el nombre de veganismo, que más tarde la Vegan Society definió como «una forma de vida que pretende excluir, en la medida de lo posible y lo factible, toda forma de explotación y crueldad hacia los animales, incluyendo su uso para comida, ropa o cualquier otro propósito»[52].

La creciente oposición al maltrato y el reconocimiento de la sintiencia de los animales no humanos propició el punto álgido de la defensa animal en los años sesenta. La Hunt Saboteurs Association (Asociación de Saboteadores de la Caza), que emplea la acción directa en contra de los deportes donde se matan animales (asociados a la aristocracia inglesa como símbolo de estatus), se fundó en Inglaterra en 1964, seguida por el clandestino Frente de Liberación Animal en Estados Unidos. Ese mismo año, la autora británica Ruth Harrison publicó una crítica seminal de la ganadería intensiva llamada *Animal Machines*. El 10 de octubre de 1965, en el *Sunday Times* apareció, a toda página, un artículo de la dramaturga y novelista británica Brigid Brophy llamado «The Rights of Animals»[53]. El escritor estadounidense Norm Phelps lo describió como el acontecimiento crucial que desencadenó el movimiento moderno por los derechos animales en Estados Unidos. Este texto lo redescubrió a finales de la década de los sesenta un grupo de estudiantes de Filosofía de posgrado de la Universidad de Oxford.

El Grupo de Oxford, como lo llamaron, organizó protestas y abordó cuestiones sobre ética animal en un simposio que se publicó más tarde, en 1971. Harrison y Brophy colaboraron en él, junto con Richard D. Ryder, una voz crítica contra la vivisección. Ryder explicó que los animales no humanos son víctimas del especismo (un concepto que se popularizó después, con la influyente publicación en 1975 de Peter Singer *Liberación animal*). En un folleto de 1970 en contra de la vivisección distribuido en Oxford, definió el especismo como la «creencia ampliamente extendida de que la especie humana es, de manera intrínseca, superior a otras especies y, por tanto, tiene derechos y privilegios que se les niegan a otros animales sintientes». En 1976, la asociación Animal Rights International, fundada por Henry Spira, organizó la primera campaña por los derechos de los animales en Estados Unidos. Esta se oponía a una investigación que implicaba la mutilación de gatos en el Museo Americano de Historia Natural y dio fruto al cabo de dieciocho meses, cuando el laboratorio se vio obligado a cerrar. La organización de Spira continuó con otra campaña contra la prueba de Draize en conejos que impulsó la adopción de alternativas a las pruebas de laboratorio en animales.

Imagen 4. Dos de los monos de Silver Spring se dan la mano entre los barrotes de sus jaulas en el Instituto de Investigación Conductual de Silver Spring, Maryland. (Foto cortesía de PETA).

A principios de los años ochenta, las indagaciones sobre la crueldad animal resultaron esenciales para movilizar al público, como quedó demostrado tras una investigación clandestina que destapó el maltrato infligido a diecisiete monos en un laboratorio de pruebas de Silver Spring, Maryland, en 1981. La policía registró las instalaciones y el investigador responsable fue acusado de maltrato animal, pero quedó en libertad por un aspecto formal. Aun así, la difusión nacional de la noticia captó la atención del público. Como Phelps afirmó más tarde, en 2012: «Con la repercusión que se podía alcanzar en una época sin YouTube, sin Facebook y sin Twitter, los monos de Silver Spring se hicieron tremendamente virales»[54]. En 1984, Tom Regan publicó *En defensa de los derechos de los animales*, que aportaba el marco filosófico según el cual estos tienen derecho a vivir sin explotación ni opresión. Que los animales no humanos sean seres sintientes (como los humanos) y «sujetos de una vida» con necesidades sociales, biológicas e individuales es de una relevancia moral fundamental (sin importar su capacidad de organización, de razonamiento o de autoemancipación)[55]. Los avances en el reciente campo de la etología cognitiva —el estudio de la mente de los animales— han demostrado que gozan de una vida social emocionalmente intensa. El zoólogo Donald Griffin acuñó el concepto de «etología cognitiva» mientras estudiaba la navegación de los murciélagos en la oscuridad, la utilización del engaño por parte de los monos y la elaboración de herramientas a partir de palos desarrollada por los cuervos. En esta tradición, Bekoff y Pierce describieron el sentido de la «justicia salvaje» evidente en numerosas especies de animales y demostraron que poseen características, como la empatía, antes atribuidas solo a los humanos. Los animales se alegran y sufren, lamentan la muerte de sus seres queridos, utilizan herramientas y medicinas, tienen cultura y memoria y dan forma a su vida[56].

Desde finales de la década de 1980 en adelante, los defensores de los animales han celebrado protestas y marchas, se han reunido en congresos nacionales, han ofrecido espacios seguros para animales rescatados, han interceptado camiones que se di-

Imagen 5. Sue Coe: *Se escapó del circo y recibió noventa y ocho disparos*, 2007. Aguafuerte. © Sue Coe. Cortesía de Galerie St. Etienne, Nueva York.

rigían al matadero, han organizado campañas de presión, han utilizado nuevas tecnologías de la información, han puesto en marcha revistas y proyectos de edición, han implementado la agricultura ecológica vegana y han abierto restaurantes veganos que ofrecen gran cantidad de opciones. Los campos interdisciplinarios emergentes de «animales y sociedad» y «estudios críticos animales» respondieron a la falta de perspectiva crítica en un «mundo más que humano» y supusieron un acercamiento a las cuestiones relacionadas con los derechos de los animales en la universidad. Estas disciplinas estaban influenciadas por el activismo multipropósito de la organización de liberación negra MOVE y el ecofeminismo. Tal es el caso de los trabajos de Carol Adams, Josephine Donovan y Marti Kheel. Los estudios críticos animales, por ejemplo, tienden un puente entre la teoría y la práctica. Al promover la justicia social para los animales, los humanos y la tierra, los estudios críticos animales defienden la solidaridad y la alianza entre «los humanos activistas y académicos y los no humanos por la liberación total, para acabar con toda opresión, dominación y autoritarismo mediante la organización y la participación directas en otros movimientos más allá de la liberación animal no humana. Esto incluye el apoyo al veganismo de cultivo local, ecológico y de comercio justo»[57]. Sin embargo, esta alteración de las normas sociales sobre el consumo de animales se ha topado con una creciente represión por parte de los gobiernos. Las leyes mordaza agropecuarias, la ley estadounidense contra el terrorismo en las empresas ganaderas y un sistema que no consigue superar el paradigma de los animales como bienes de consumo dificultan que sus aliados puedan luchar en un entorno donde, a pesar de la creciente toma de conciencia y la grave situación en la que se encuentran, el consumo y la explotación de los animales continúa aumentando.

Hasta ahora hemos examinado las implicaciones y la visibilidad de la intencionalidad y la insurrección animal en los registros históricos, desde las *venationes* de la Antigüedad hasta los juicios a animales en la Edad Media en Europa. Aunque la imagen de los animales como objetos valiosos por su utilidad para los humanos ha sido, por desgracia, predominante en la era capitalista moderna, muchos individuos han reconocido el valor intrínseco de la vida de los animales y han defendido su libertad. Mientras que los activistas abogaban por la liberación animal, los propios animales han luchado por su libertad cambiando el sistema desde dentro. A finales del siglo XX y principios del XXI, comenzaron a ser reconocidos como protagonistas e insumisos en su lucha política por la liberación.

El 20 de agosto de 1994, otra elefanta le recordó al mundo que los animales están situados en la primera línea de batalla por su justicia social. Durante una actuación del Circo Internacional en Honolulu, Hawái, una elefanta africana llamada Tyke escapó de sus captores. Pisoteó a su cuidador, mató a su adiestrador y huyó a la calle. La policía la atrapó tras media hora de persecución acorralándola en un cruce. Entonces le dispararon ochenta y siete veces. Tyke se desplomó y murió varias horas después. Capturada en la sabana de Mozambique cuando era un bebé a principios de los años setenta, Tyke se pasó la vida confinada, alquilada en circos y carnavales y privada de todo lo que se pareciera a la vida salvaje y soberana de sus congéneres. Pero esa no había sido su primera huida. En 1993, ya se había escapado de una actuación y estuvo una hora fuera de control. Varios meses más tarde, hirió a un adiestrador y echó a correr por una feria estatal. Después de aquel incidente, la golpearon tanto que chillaba y se alejaba de aquel hombre cada vez que lo veía. Tyke era tan obstinada y resuelta que incluso algunos de sus adiestradores pensaron que debían mandarla a un santuario y retirarla de la vida circense. Su lucha no fue en vano. Su resistencia, que se difundió a nivel internacional, provocó diversas críticas a la industria animal. La gente se cuestionó la explotación de los animales para el entretenimiento, se propusieron leyes anticirco y se fundó un santuario de elefantes en Tennessee. Un documental de 2015, *Tyke Elephant Outlaw*, narra su historia. Pese a que la resistencia y la rebelión animal en el pasado fue una parte más de la industria del entretenimiento, las industrias modernas (a excepción de las corridas de toros y la caza ilegal) tratan de ocultar y prevenir la disconformidad de los animales todo lo posible.

Mucho antes de que existieran vídeos virales de huidas y documentales sobre animales rebeldes, los novelistas y pintores escenificaron dicha resistencia. En la ficción se repiten estas representaciones, desde obras que retratan la rebelión como respuesta a la opresión humana y el fantasma del apocalipsis nacional —como la novela de Arthur Machen *El terror* (1917)— hasta las historias de finales del siglo XX y principios del XXI que describen su obstinación —como la novela *Los perros perseguidos* de

Richard Adams (1977), *We3* de Grant Morrison y Frank Quitely (2004) y la película *El origen del planeta de los simios* de Rupert Wyatt (2011)— o las numerosas tramas sobre ataques de pájaros a gran escala —entre las que destacan las de Frank Baker (1936), Daphne du Maurier (1952), Alfred Hitchcock (1963) y Philip MacDonald (1931)—. Los pintores también han representado a animales que piden a gritos su liberación, como los indómitos, rebeldes y salvajes *Caballos de carreras libres en Roma* de Gericault (1817)[58]. Tal y como han sugerido estas obras —y como bien saben los granjeros, cazadores, carniceros, vivisectores, tramperos y adiestradores— la sublevación de los animales contra la sociedad humana es un acontecimiento de la vida real. Como escribió Frank Baker con respecto a Daphne de Maurier, su versión de *Los pájaros* «sigue sacudiendo la imaginación como una posibilidad»[59]. Un gran ataque alado contra los humanos sería un suceso bastante improbable, pero la resistencia animal ha sido una respuesta real y diaria a su explotación.

En la introducción a la versión ucraniana de la famosa novela de George Orwell *Rebelión en la granja* se afirmaba que la escribió empujado por la imagen de «un niño que golpeaba a un caballo de tiro». Publicada por primera vez en 1945, esta mordaz fábula trata de un grupo de animales que se rebela contra sus propietarios y los obligan a realizar tareas a cual más dura[60], pues se han dado cuenta de que su experiencia miserable en la Granja Manor se debe a que los humanos roban casi todos los frutos de su trabajo. Se cree que toda la narración es una alegoría que retrata los fallos de la Revolución rusa y del comunismo soviético. Los protagonistas, que representan diferentes facciones de la sociedad, se enfrentan entre ellos. El conflicto es evidente en la pelea entre Napoleón, el cerdo dictador (que representaría a Iósif Stalin), y Snowball, el cerdo que reta al primero por el liderazgo y el control de la granja (que representaría a León Trotski). Tras desafiar a los humanos, los animales llegan a la conclusión de que se ha desatado una lucha de clases y que la respuesta a su grave situación es la filosofía del «animalismo», la creencia de que todos deberían recibir el mismo trato y participar por igual en las responsabilidades y los excedentes de la granja. Cuando se extiende la noticia, los animales del campo se inspiran en ellos para sublevarse: «Toros que siempre habían sido dóciles se volvieron repentinamente salvajes; había ovejas que rompían los cercados y devoraban el trébol; vacas que volcaban los baldes cuando las ordeñaban; caballos de caza que se negaban a saltar los setos y que lanzaban a sus jinetes por encima de sus orejas»[61].

Algunos autores han argumentado que el libro está abierto a la interpretación y que hay otras lecturas posibles. Como sugiere Stephen Eisenman:

> ¿Y si *Rebelión en la granja*, en vez de hacer referencia a la revolución humana, la guerra, la hipocresía, la traición y demás, tratara en realidad sobre los animales? ¿Y si no fuera una alegoría del fracaso del comunismo soviético, sino de la lucha y el fracaso de los cerdos, los caballos, los patos, los gatos, los perros y los demás animales para alcanzar la libertad? Adorno afirmó algo similar sobre Kafka: que la regla en sus relatos era «tomarlo todo al pie de la letra». Tal vez el libro de Orwell fuera, ante todo, un examen de la vida y la muerte de un determinado número de animales de granja ficticios[62].

¿Podría ser *Rebelión en la granja*, en cierta medida, un libro sobre los animales en granjas? Tal vez Orwell reconoció su resistencia, pero pensó que una alegoría le resultaría más apetitosa a su público. Está claro que el autor comprendía la dominación y la injusta explotación de los animales por parte de los humanos bajo el capitalismo, ejemplificadas en este pasaje:

> El hombre es el único ser que consume sin producir. No da leche, no pone huevos, es demasiado débil para tirar del arado y su velocidad

ni siquiera le permite atrapar conejos. Sin embargo, es dueño y señor de todos los animales. Los hace trabajar, les da el mínimo necesario para mantenerlos y lo demás se lo guarda para él[63].

Las relaciones entre los humanos y los demás animales fueron un tema popular para los nuevos medios impresos del siglo XIX (periódicos, novelas, panfletos y revistas), que solían incluir historias reales sobre insurrección animal. Un ejemplo notable es el del semanario italiano *La Domenica del Corriere*, que de manera regular publicaba sucesos de transgresiones de animales en espacios públicos tanto en Italia como en el extranjero. Durante su vigencia, desde 1899 hasta 1989, en las portadas de este periódico aparecieron decenas de litografías de artistas como Walter Molino, Rino Ferrari y Achille Beltrame que representaban hechos reales donde los animales escapaban de sus captores humanos o tomaban represalias contra ellos. La revista, que venía grapada al periódico *Il Corriere della Sera* y se convirtió en una fuente importante de registros históricos sobre resistencia animal, fue especialmente popular en las décadas de los cincuenta y sesenta y aún se considera una pieza de coleccionismo de la cultura pop. *La Domenica del Corriere* muestra hasta qué punto los animales, domésticos o en libertad, se enfrentaban a su situación de opresión. El periódico también ofrecía un esbozo del caos resultante cuando los humanos tratan de dominar y controlar a otros animales, por ejemplo, en el caso de un gorila que escapó de un zoo de Amberes y trepó a un tejado para lanzarles tejas a sus perseguidores hasta que lo mataron (3 de agosto de 1958; véase imagen 6) o de un elefante que escapó de un zoo de Basilea y se refugió de sus perseguidores en un jardín antes de que lo capturaran de nuevo (3 de febrero de 1929; véase imagen 7)[64].

Aunque se ofrecía una descripción detallada de la resistencia animal, las noticias se recibían más como un mero entretenimiento que como un examen crítico de la opresión (sobre

Imagen 6 (izquierda). Un gorila se escapó de un zoo de Amberes (Bélgica) y les arrojó tejas a sus perseguidores. Litografía de portada de Rino Ferrari, *La Domenica del Corriere*, 3 de agosto de 1958.

Imagen 7 (derecha). Un elefante se escapó del Zoológico de Basilea y echó a correr hacia la ciudad, donde se refugió en un jardín antes de que lo volvieran a capturar. Litografía de Achille Beltrame, *La Domenica del Corriere*, 3 de febrero de 1929.

todo en el caso de los animales transportados desde su tierra de origen o de los explotados en circos, casas de fieras y granjas). Por ejemplo, el pie de una de las ilustraciones donde aparecen animales escapando de las jaulas en un barco que viajaba de Calcuta a Londres en marzo de 1933 describe la fuga de varios monos como «especialmente divertida», y algunas ilustraciones, como la de «Caza polar en el centro de Milán», que representaba a tres focas que acaban de huir de un recinto del zoo en mayo de 1950, mostraban el espectáculo resultante cuando los humanos eran incapaces de dominar a otros animales.

De manera similar, el estudio de la insurrección animal en un contexto de crítica social, cultural y política no ha surgido hasta hace poco en el ámbito académico. Los primeros textos documentados que enfatizaban y expresaban solidaridad con los animales oprimidos aparecieron en varias publicaciones periódicas anarquistas, como «Revolt of the Bats» en *Fifth Estate* (1993) y «Animal Antics» en *Do or Die: Voices from Earth First!* (1995). El primero de estos dos artículos reconoce la resistencia política animal y explica que «los animales contratacan. Con uñas y dientes, alas y garras, luchan en una guerra contra la tiranía humana y la destrucción»[65]. Más recientemente, los estudiosos han mostrado interés por el modo en que los demás animales ejercen resistencia contra la explotación[66]. En la industria del entretenimiento, en las industrias que experimentan con animales y en la agroindustria animal, los casos de resistencia y rebelión comienzan ahora a plantearse dentro de un contexto histórico y social[67].

El influyente trabajo de Jason Hribal sobre insurrección animal ha ampliado nuestra visión acerca de los demás animales como seres insumisos que no solo tienen una historia, sino que hacen historia. Su investigación aporta el primer análisis sistemático detallado sobre la resistencia animal situando el foco de atención en los animales cautivos para las industrias de la vivisección y del entretenimiento[68]. Basándose en la investigación emprendida en 2008 en el Toledo Zoo de Ohio, Hribal entrelaza numerosos casos que comparten el punto de vista de los animales en una «historia desde abajo». Esta serie de relatos explica que los que resisten en los zoos, los circos, los parques temáticos y los laboratorios son agentes que responden a la violencia, la coerción y las condiciones de vida pésimas.

Una de las historias que Hribal recoge es la de Janet, una elefanta del Great American Circus que tomó represalias contra los empleados del circo en 1992. Un grupo de niños se montó a lomos de Janet. Para asegurarse de no hacerles daño (ya que es muy probable que hubieran muerto si los hubiera dejado caer), Janet se detuvo y permitió que alguien los ayudara a bajar antes de atacar a los causantes de su sufrimiento. Después, agarró con la trompa un focino que estaba en el suelo y aplastó contra el remolque la herramienta opresiva que tanto dolor le había causado a lo largo de los años.

Otro de los casos que describe Hribal ocurrió en 1987, después de que una tormenta derribara una rama en el recinto de los macacos japoneses del zoo de Pittsburgh. Tres de ellos aprovecharon el accidente para fabricar un puente con la rama caída que emplearon para escapar. Uno de los macacos era Alphie, quien, a pesar de las concienzudas medidas para recuperarlo, eludió a las autoridades durante varias semanas. En un momento dado, descubrieron que se dirigía hacia Virginia Occidental después de haber alcanzado los alrededores de una ciudad del sudeste de Ohio. Cuando al final lograron atraparlo en Bridgeport, Alphie había recorrido casi cien kilómetros desde el zoo. Estuvo en exhibición hasta julio de 1994, fecha en la que lo enviaron, junto con otros macacos, a una reserva natural de Florida.

Hribal también narra la resistencia de los mamíferos marinos cautivos, donde se incluye la historia de Cyril, un león marino. Su huida comenzó en el río que bordeaba el parque de atracciones Storybook Gardens de London, Ontario. El 20 de junio de 1958, después de llegar de California, Cyril iba a ser el gran protagonista de las fiestas de inauguración del parque. Sin embargo, se escapó por el Thames al anochecer y viajó a lo largo de unos ciento treinta kilómetros, en dirección sudoeste, hasta el lago St. Clair. Su ruta terminó en Toledo, Ohio, donde los empleados del zoo lo siguieron hasta la bahía de Sandusky. Seis días más tarde, después de que recorriera más de seiscientos kilómetros para escapar del cautiverio, sus perseguidores le dispararon un dardo tranquilizante. El león marino volvió a Canadá, donde lo recibieron cincuenta mil personas. A pesar de su tenaz empeño por alcanzar la libertad, Cyril pasó en cautividad los nueve años que le quedaban de vida.

Este libro ofrece por tanto una panorámica de la insurrección animal que analiza en detalle el porqué, el cómo y los fines (y los principios) de esta resistencia y rebelión. A lo mejor no es posible conocer todas las razones y las motivaciones que la promovieron, pero hay algunas bastante obvias. Para ello se basa en los informes de diversas organizaciones de defensa de los animales; en medios visuales como pinturas, dibujos y fotografías; en la hemeroteca del *New York Times*; en las hemerotecas de revistas halladas en distintos portales de archivo; en entrevistas personales e informales a los trabajadores de los santuarios de animales; en noticias de internet; en los relatos de primera mano de testigos y en vídeos, columnas de opinión y blogs. Las fuentes secundarias incluyen estudios académicos en los campos de los estudios críticos animales, la etología cognitiva, la historia y la geografía animal. La narración de las historias aquí recogidas considera el punto de vista de los animales (en la medida de lo posible), lo cual ofrece una visión de quienes se encuentran en los márgenes de la sociedad, por ejemplo, los animales fugitivos que ocupan un espacio liminar.

Pero este libro también dirige una mirada crítica hacia el «centro» de la sociedad, el lugar que otorga privilegios a sus ocupantes: los medios de comunicación de masas, los poderes judiciales, el gobierno, el especismo, el neoliberalismo y el racismo. Unidas, esas lentes proporcionan una imagen del modo en que los animales insumisos desafían el paradigma dominante del excepcionalismo humano. Por supuesto, este examen detallado incluye el fenómeno de la resistencia de los animales en granjas. A lo largo del libro he entrecomillado los términos que definen a los seres vivos según su utilidad para los humanos: «carne», «ganado» o «reses». El propósito de estos marcadores críticos es desestabilizar el lenguaje del excepcionalismo humano inserto en nuestro vocabulario. Al ensamblar las historias de animales rebeldes, sobre todo desde el siglo XIX hasta el presente, en un marco de justicia social que reconoce la constitución mutua de las especies, la raza, el género, la clase y la discapacidad en relación con el poder, trato de prestar atención a las fronteras establecidas por el proceso interrelacionado de domesticación, colonización y capitalismo. Estas condiciones han conformado de forma radical y dañina las relaciones contemporáneas entre animales y humanos y los espacios donde los primeros viven (a menudo obligados a ello). Junto con las historias de los animales que se resisten se encuentran los efectos de sus actos: la repercusión en los testigos y en el entorno, y su traducción en otras acciones para el cambio social.

# PRIMERA PARTE.
# ¿POR QUÉ SE SUBLEVAN LOS ANIMALES?

# IMAGINAR LA RESISTENCIA Y LA REBELIÓN ANIMAL

Imagina que paseas por una calle secundaria un frío día de noviembre y, de repente, una vaca aparece corriendo a toda velocidad para luego adentrarse en el bosque. Te das cuenta de que el animal llevaba un crotal o etiqueta identificativa en una oreja. Varias horas más tarde, las noticias locales informan de que una vaca se acaba de escapar de un matadero cercano. El departamento de policía busca alguna pista acerca de su paradero para devolvérsela a su «propietario». ¿Informarías sobre lo que has visto? Si la respuesta es negativa, que sepas que no eres una excepción. Cuando los residentes del pequeño pueblo de Sherborn, Massachusetts, descubrieron que una vaca se había fugado de un matadero, en vez de intentar capturarla, le proporcionaron una «red de apoyo clandestino», mantuvieron en secreto su ubicación y pusieron heno a su alcance[69].

La tortuosa historia de Emily copó todos los titulares. El 14 de noviembre de 1995, la enviaron al matadero. Tenía dos años, no producía leche y la iban a sacrificar. Durante aquel fatídico día, después de presenciar la desaparición de sus compañeros bovinos uno a uno, Emily tomó una rápida decisión que cambió su vida. Saltó la verja de un metro y medio de altura del matadero Hopkinton. Una vez fuera, huyó instintivamente hacia el bosque. La hija del propietario del matadero le había puesto nombre y los medios de comunicación locales comenzaron a narrar la crónica de su viaje. Tanta atención consiguió que una red de simpatizantes le dejara comida en una zona boscosa. Emily aguantó nevadas invernales y temperaturas bajo cero uniéndose a una manada de ciervos con quienes la vieron pastar. Se convirtió en «la vaca más famosa de Nueva Inglaterra»[70].

Emily eludió a los humanos una buena temporada: cuarenta días y cuarenta noches. Meg y Lewis Randa, fundadores de un centro de paz y enseñanza multiconfesional para niños con discapacidades llamado Peace Abbey, en Sherborn, quisieron ayudarla. El propietario del matadero aceptó liberarla con una condición: los Randa tendrían que pagar un dólar por ella (un requisito que subraya el estatus de Emily como «propiedad» en la sociedad capitalista). Ganarse la confianza de la vaca fue un largo proceso. Los Randa pasaron mucho tiempo a la intemperie, a veces con temperaturas muy bajas, para establecer un vínculo con ella. Por fin, en Nochebuena, consiguieron montarla en un camión y llevarla a Peace Abbey. Emily vivió allí durante el resto de su vida con otros animales, entre los que había dos cabras y un caballo. Fue dama de honor en una boda y recibió la visita de algunas personalidades como Howard Zinn y Dave Dellinger. Murió en marzo de 2003, con solo ocho años, a causa del virus de la leucosis bovina (las vacas pueden llegar a vivir hasta veinticinco años). Sus cuidadores encargaron de una estatua en su honor, a tamaño real, al reconocido artista Lado Goudjabidze, que descansa en su tumba junto a las de otros activistas por la paz como Maya Angelou, Gandhi y John Lennon.

Imagen 8. Estatua de Emily en el Pacifist Memorial. (Foto cortesía de Meg y Lewis Randa).

Aquel salto no solo cambió el transcurso de una vida, sino que tuvo una importante repercusión en los humanos y en los demás animales. En su acto de resistencia, Emily cruzó fronteras tanto físicas como conceptuales. En primer lugar dejó atrás la barrera física del matadero. Ese era el obstáculo que la apartaba de los misterios que la esperaban tras los muros y, después de ver cómo se llevaban a sus compañeras, reunió todas sus fuerzas y probó suerte en lo desconocido. A continuación, atravesó otra barrera física y se trasladó desde el pueblo hasta el bosque. Una vez allí, traspasó las fronteras entre las especies y se alió con un grupo de ciervos. A través de esa serie de pasos, Emily transgredió también otras barreras conceptuales y psicológicas: las expectativas humanas sobre el lugar donde deben estar las vacas en la sociedad industrial moderna. Dejó de ser uno de los diez mil millones de animales enviados al matadero anualmente en

Estados Unidos y se convirtió en un individuo con nombre y rostro reconocidos.

## El cruce de fronteras de los animales

Un sinfín de individuos como Emily se han rebelado contra los límites de las granjas, los mercados, los mataderos, las jaulas, los vehículos de transporte y otros espacios utilizados para confinar seres sintientes. El concepto de los animales «más allá de las fronteras» o «sin fronteras» reconoce el significado material y conceptual de las transgresiones de los límites impuestos en su vida. Al cruzar las barreras construidas por los humanos —los muros literales y los figurativos que encierran a los animales como herramientas, moda, ropa y entretenimiento—, los animales desafían los paradigmas dominantes e influyen en su entorno.

Primero, en cuanto a las barreras materiales, esa superación de límites físicos indica que, mientras algunos cuerpos parecen adecuados para un determinado lugar, a otros no se les permite la entrada. Las fronteras, que se construyen para contener y controlar a los seres considerados propiedades vivas o a los que resultan amenazantes para el orden público, sostienen un sistema que necesita que los cuerpos de los seres sintientes se conviertan en productos y que quienes los consumen no se sientan incómodos al conocer sus orígenes. De este modo, ocultan de forma constante la opresión animal para que el público no la vea.

Como escribe Sara Ahmed, los muros se pueden considerar fronteras: «Una nación amurallada, un vecindario amurallado»[71]. La experiencia de estos es diferente para cada cuerpo. Algunos individuos los atraviesan con facilidad, mientras que otros los conciben como obstáculos que les impiden continuar su camino. Para los insumisos, pueden ser numerosos y constantes. Hay un dicho en el movimiento por los derechos de los chicanos que expresa de manera sucinta la imposición de las fronteras en la vida de la gente: «No cruzamos la frontera, la frontera nos cruzó a nosotros». A veces, los límites de los humanos y de los animales se entrecruzan. Por ejemplo, los rancheros que viven junto a la frontera entre México y Estados Unidos en ocasiones han declarado que los indocumentados que la cruzan hacen agujeros en las vallas de sus propiedades y, en consecuencia, facilitan la huida del ganado, que desaparece en México. Tal y como aseguró un hombre de Jarrillas Ranch, que se extiende a lo largo de ocho kilómetros en la frontera de Arivaca, Arizona: «Si cortan las vallas, no nos damos cuenta hasta que echamos en falta a las vacas»[72]. En este caso, las transgresiones superpuestas de fronteras —la propiedad privada, el paso entre México y Estados Unidos y las cercas que encierran a muchos animales— ponen de manifiesto los múltiples tipos de fronteras definidas arbitrariamente (y, en concreto, las coloniales: una nación amurallada), que son una imposición violenta para aquellos que se encuentran en su interior.

Las fronteras cruzan la vida de muchas especies salvajes que intentan completar su ciclo vital en los lugares donde han vivido durante generaciones. Para algunas de ellas, moverse en su entorno resulta esencial, pero los humanos obstaculizan su tránsito. Muchos perecen al intentar sortear las carreteras que se construyen en sus hábitats. Los salmones y otros peces de agua dulce sufren una muerte dolorosa cuando se cuelan en las presas hidroeléctricas. Los edificios, los tendidos eléctricos y las tuberías también han demostrado ser desastrosos. Pese a que las fronteras infligen un daño irreversible a la vida de los animales, a los humanos suelen pasarles desapercibidas sus consecuencias. Por supuesto, hasta donde es posible, los animales rara vez se preocuparán por estas barreras si no tienen por qué. Como escribe pattrice jones, «es habitual que los pájaros y otros forajidos hagan caso omiso de las autoridades y de las fronteras mientras trabajan de forma cooperativa entre ellos para conseguir sus propios objetivos, una especie de anarquismo natural en acción»[73]. Estos cruces de fronteras son actos cotidianos de resistencia y rebelión que influyen en la sociedad, aunque muy a menudo pasen inadvertidos.

Las transgresiones de fronteras materiales que llevan a cabo los animales desestabilizan las ideas sobre cómo deberían comportarse y dónde deberían estar ubicados. Además, los insumisos cruzan fronteras conceptuales y transgreden barreras sociales y psicológicas, como las convenciones y las normas establecidas sobre qué son y dónde deben estar, así como quiénes han de recibir ayuda. Estas fronteras pueden ser tan dañinas como las tangibles y, por supuesto, afectar a su vida real.

Gran parte de la violencia diaria hacia los animales hunde sus raíces en la oposición cartesiana entre lo humano y lo animal. Jacques Derrida, un filósofo que al final de su vida exploró la cuestión animal, explicó que millones de especies están encerradas «en el vasto campo del animal, en el singular general, en la estricta clausura de este artículo definido («el Animal» y no «unos animales»), como en una selva virgen, un parque zoológico, un territorio de caza o de pesca, un terreno de cría o un matadero, un espacio de domesticación»[74]. El *ethos* moderno ha definido sus categorías en oposición a «el animal»: la civilización, la cultura, el progreso, la inteligencia, la voluntad y la razón. Categorizar la enorme multitud de especies animales no humanas que habitan este planeta mediante un denominador común es un acto de violencia epistémica que perpetúa su confinamiento a gran escala, su matanza y su consumo[75].

La blanquitud funciona asimismo como frontera: es posible toparse con un «muro de blanquitud»[76]. La división arbitraria entre lo humano y lo animal ha concedido el privilegio a los cuerpos más parecidos a la fórmula blanca europea de lo «humano» y el menosprecio a los cuerpos percibidos como «menos que

Imagen 9. Un gato trepa por una alambrada. (Foto de Nils Jacobi).

humanos»[77]. Al igual que el especismo, el racismo recurre a la jerarquía humana-animal. Maneesha Deckha sostiene que tanto el «pensamiento de raza» como el «pensamiento de especie» se basan en las jerarquías de «humano», «subhumano» y «no humano». En la parte más alta de la jerarquía racial y de las especies se encuentra la figura de lo que Aph Ko y Syl Ko denominan el «ser dominante». En *Aphro-ismo: ensayos de dos hermanas sobre cultura popular, feminismo y veganismo negro*, estas autoras demuestran que lo «humano» y lo «animal» son categorías racializadas y elementos opuestos racialmente, construidos y dotados de estatus moral[78]. Como explica Syl Ko: «La jerarquía racial ordena no solo por el linaje del color, sino también por el de especie». Todo el mundo tiene una posición en la jerarquía humana-animal. En la cúspide, el hombre humano blanco; en la parte más baja, la figura «umbría y necesariamente opuesta de "lo animal"»[79]. Elaborada por aquellos a quienes más beneficia, «la humanidad es una forma conceptual que establece el proyecto de la blanquitud europea como la manera ideal de ser *Homo sapiens*»[80]. Este modelo, asumido y concebido desde un punto de vista humano, ofrecía a los relacionados con «lo humano» ventajas estructurales, acceso a los recursos y otros privilegios para justificar la historia larga y violenta de colonización, genocidio y esclavitud de aquellos racializados como «animales». Así pues, ser humano no solo consiste en pertenecer a la especie *Homo sapiens*. Y de manera parecida, ser animal no solo consiste en no pertenecer a la especie *Homo sapiens*.

Todas las transgresiones de los animales a través de las fronteras suponen un desafío tanto a su estado de subordinación como el «Otro» (un aspecto central en los proyectos de domesticación, capitalismo y colonialismo) como al «ser dominante». Al responder a la idea de que los situados en la parte inferior de esta jerarquía carecen de voz, son pasivos y están sometidos, la resistencia animal planta cara a la violencia arraigada en la división jerárquica humano / animal y a la categorización homogénea de las especies no humanas que viven en la tierra como «el animal» en oposición a «el humano».

## Interrupciones de los animales

Como Emily, muchos animales en granjas quiebran las fronteras de la ganadería con sus actos de resistencia y rebelión. En 2016, un camión que transportaba diez toros a un matadero volcó en Eggenfelden, Alemania. Ocho de las víctimas se quedaron atrapadas dentro del vehículo y dos consiguieron huir. Una de ellas se refugió en una tienda de comestibles. En ese instante excepcional, el animal se encontraba junto a los mismos productos en los que estaba previsto que se convirtiera, en un entorno cuyo funcionamiento dependía de que los consumidores se olvidaran de su existencia como ser vivo. La policía le disparó en uno de los pasillos y murió frente a la carne envasada de sus congéneres. La abogada por los derechos animales Anna Pippus difundió una foto de la tragedia en las redes sociales, que se hizo viral. Para llamar la atención sobre la implicación de los consumidores en la lamentable situación de las vacas, Pippus añadió: «No nos damos cuenta de que el malo de la película no es el matadero. Somos cada uno de nosotros, los humanos, quienes hacemos que los mataderos funcionen»[81]. Más tarde informaron de que la policía también había disparado al otro toro fugado.

Al año siguiente, los neoyorquinos fueron testigos de la huida de un toro que duró casi tres horas. Se había escapado saltando la valla de un matadero de Queens. La policía lo persiguió con agresividad mientras los transeúntes difundían fotos y vídeos en Facebook y Twitter, los medios de comunicación lo retransmitían en directo y los drones lo sobrevolaban en círculos. El toro atravesó a toda velocidad un barrio residencial y casi consiguió escapar después de que lo acorralaran varios coches de policía. En un momento dado, se detuvo a coger aire en el jardín de una casa, exhausto por la persecución. En aquel instante, le quedaba mucha vida por delante, pues en el matadero le habían concedido la libertad. Pero, por desgracia, al cabo de tres horas le dispararon ocho tranquilizantes y murió de camino a la protectora de animales de Nueva York. Incluso con varios sedantes, había reanudado la carrera. Meredith Turner-Smith, una portavoz de Farm Sanctuary (el primer refugio de apoyo a los animales considerados de granja), expresó así su pesar por este incidente: «El toro tenía muchas ganas de vivir e hizo todo lo que pudo para sobrevivir»[82]. En las redes sociales, muchos expresaron su sorpresa tras encontrárselo por la calle. Un usuario de Twitter afirmó: «Voy de camino al trabajo y acabo de ver un toro en el barrio de Jamaica, en Queens. Increíble». Algunas personas se compadecieron por su situación, como manifestó este tuit de Eyewitness News de Nueva York: «No podemos culpar al toro, ¡yo también habría echado a correr!»; o este otro: «Estamos contigo, compañero»[83]. Hubo incluso quien añadió: «Me sorprende que siga habiendo mataderos dentro de la ciudad». Como dice Tim Cresswell, las transgresiones de las fronteras nos permiten «darnos cuenta de que esos límites existen»[84]. El traspaso de fronteras del toro puso de manifiesto la división entre el matadero y sus alrededores, así como las barreras conceptuales que ocultan su ubicación en la ciudad.

Las medidas violentas y exageradas utilizadas como respuesta a los intentos de liberación de los animales considerados de granja reflejan la preocupación que existe cuando estos cruzan barreras y entran en ámbitos de los que suelen estar excluidos; al mismo tiempo, señalan la desconexión entre los consumidores y la realidad de los animales criados y sacrificados para convertirlos en productos. En la sociedad industrial moderna, estamos desconectados de la producción de los alimentos. Este distanciamiento se da gracias a los considerables esfuerzos de la agroindustria animal. Aunque se trata de la mayor industria animal de Norteamérica (y del resto del mundo), los sistemas de la agroindustria están alejados conceptual y materialmente de la mayoría de la sociedad, a pesar de su posición central en una cultura que consume grandes cantidades de productos de origen animal como el beicon, las hamburguesas, los *nuggets*, la leche, los huevos, el cuero, la gelatina y la lana derivados de sus cuerpos.

Si es más fácil sentir empatía por los animales en granjas que escapan que por los que permanecen en cautividad, es porque su fuga los vuelve visibles como individuos, como seres singulares con historia, existencia y ganas de vivir. Jenny Brown, del santuario Woodstock Farm, aborda esa respuesta general de empatía hacia el que huye, mientras que cada año se sacrifica a miles de millones de animales solo en Estados Unidos. Cuando le pregunté a Brown sobre la reacción de los medios de comunicación ante un ternero fugitivo llamado Mike Jr. que pasó a ser residente del santuario, me contó:

> Se da un fenómeno interesante cuando un animal, un mamífero, se escapa y aparece en las noticias. Ves que el animal corre, que vuelve al centro zoosanitario o adondequiera que lo tengan, y la gente empatiza con él porque, de repente, ese animal es un individuo. Cuando piensas en los diez mil millones de animales en granjas sacrificados cada año para el consumo humano, las cifras son asombrosas. Y cuesta pensar en ellos como individuos, así que, cuando uno escapa, y recibe un nombre, ese animal, a ojos del público, pasa a ser «alguien» en vez de «algo», se convierte en un individuo y deja de ser solo un número[85].

La historia de Sam el gallo también demuestra que los animales fugados pasan de ser números a ser individuos a ojos del público. En enero de 1976, Sam se escapó del camión de un matadero que había parado a repostar y se quedó a vivir en las inmediaciones de la gasolinera. Al cabo de un par de semanas, un periodista analizó la conexión entre Sam y los cuerpos de las gallinas que acaban en las estanterías de los supermercados. Como narra el artículo «Escaped Chicken»: «Ayer, Sam el gallo podría haber acabado en una bandeja plastificada en la estantería de un supermercado en vez de estar comiendo galletas en una estación de servicio en el número 201 de la avenida Fourth, en Seattle. Luther Sutton, el dependiente de la gasolinera que alimenta a Sam, dijo que al principio era tímido. Ahora, aparece para desayunar cuando él enciende las luces a las 7:30 de la mañana. Por las tardes, cuando la estación cierra a las 18:00, Sam se refugia en un edificio cercano. Y al alba vuelve a saludar a su nuevo amigo en espera de su comida». No tuvo que pasar mucho tiempo para que Sam fuera conocido como «alguien».

Imagen 10. Sam y Luther Sutton. «Escaped Chicken». *Seattle Times*, 29 de enero, 1976. (Foto de Vic Condiotty/*Seattle Times*).

Mientras que la huida del cautiverio les proporciona a los animales la oportunidad de ser libres, por cada individuo que tiene la buena fortuna de lograrlo o de acabar en un santuario hay muchos otros que vuelven al matadero o que son asesinados en la persecución. En este sentido, una vaca captó la atención internacional en 2006 cuando escapó de un matadero en Montana. Saltó la valla, de un metro y medio de altura, echó a correr por Great Falls y cruzó a nado el río Misuri. La policía la persiguió mientras el público se congregaba para reclamar su libertad. Antes identificada como la 468 por el crotal de su oreja, pasó a recibir el nombre de Molly B la Insumergible (véase imagen 11). Tras un intento infructuoso de buscarle un hogar, Molly B recibió cobijo en el santuario New Dawn Farm de Montana. Aunque su historia apareció en muchos titulares, el destino de los demás individuos que huyeron de Mickey's Packing Plant aquel día pasó más desapercibido. Alguien que vivía cerca de la fábrica escribió una entrada en Facebook sobre el incidente: «Vivo un poco más arriba de las instalaciones. Cuando salí de trabajar, descubrí que una cabeza me observaba desde la esquina de mi casa. Al ir a mirar me topé con tres ovejas. Por desgracia, su historia no tuvo el mismo final feliz que la de Molly B». Mientras que el caso de esta última captó suficiente atención como para que los trabajadores le perdonaran la vida (votaron diez a uno en favor de no sacrificarla), los demás fugitivos no fueron tan afortunados.

A Sam, a Molly B y a otros desertores a menudo los percibimos como individuos cuya vida posee un valor inherente; mientras que otros muchos animales viven en cautividad y son enviados al matadero a diario sin protesta alguna por parte del público. Esta desconexión demuestra que la especificidad posibilita la empatía.

Imagen 11. Una vaca llamada Molly B corre por la calle después de haber escapado de un matadero en Great Falls, Montana, 2006. (Foto de Robin Loznak).

Las estrategias de distanciamiento protegen a las empresas, pues aseguran la continua explotación de aquellos que se convierten en números y dejan de ser sujetos. Las empresas se esfuerzan por ocultar la conexión entre el proceso de cría y sacrificio de los animales y los productos que se encuentran en las tiendas. Pero ¿cómo sucede este distanciamiento? ¿Cómo pasamos de unos individuos con historias concretas y con vidas relevantes a una población abstracta que solo suscita indiferencia?

El sistema de los mataderos es un claro ejemplo de cómo funcionan las estrategias de distanciamiento institucional, que, tal como describe Timothy Pachirat, les permiten permanecer «ocultos a plena vista». En este caso, el distanciamiento se da por medio de los límites físicos de los muros, las vallas y las fronteras; de las jerarquías categóricas del trabajo, la raza, el género y la especie; y del distanciamiento lingüístico de las barreras del lenguaje[86]. Pachirat explica que ese distanciamiento físico resulta más evidente en la separación entre la planta donde se sacrifica a los animales y todo lo que viene después. Se trata de una división espacial que sirve para «fragmentar la visión, fracturar la experiencia y neutralizar el trabajo de la violencia»[87]. Desde fuera, el matadero industrial «se funde por completo con el paisaje»[88]. Pero, una vez que se accede a la zona aséptica del edificio, la engañosa neutralidad queda por fin al descubierto: un muro metálico que oculta las líneas de despiece y la planta de sacrificio sirve para delimitar y propiciar las jerarquías de raza, clase y ciudadanía que divide las zonas de privilegio y de producción[89]. Estas jerarquías quedan patentes en la diversidad lingüística, pues muchos trabajadores del matadero no hablan inglés y en numerosas ocasiones temen las consecuencias de contar lo que sucede (en un sector donde los despidos e intimidaciones son frecuentes).

Las estrategias de distanciamiento también funcionan a través de los medios de comunicación. La individualidad de los animales cautivos en las granjas, los mercados, los mataderos, los laboratorios, los acuarios y las exhibiciones queda al descubierto cuando oponen resistencia y se hacen públicos. Cuando eso ocurre, las empresas enseguida actúan para reparar los daños. Los medios de comunicación de masas insisten en que su fuga es «única» y «especial», y celebran que el animal se haya «ganado» la libertad. La idea, extendida por los medios (y promovida por las industrias animales), de que algunos consiguen escapar porque son más inteligentes o porque merecen la libertad más que otros consigue que los consumidores no cuestionen los sistemas de explotación. Con todo, pese a los esfuerzos para acallarlas, las historias de los que huyen para salvar su vida inspiran, por fuerza, solidaridad.

Los santuarios de animales, al subrayar la individualidad de sus residentes, cumplen con una función esencial: animar a la gente a cuestionarse la práctica normalizada de su consumo. Dichos centros proporcionan un hogar a los animales que han salido (a veces por sus propios medios) de lugares de maltrato y abandono, albergando incluso a individuos de numerosas especies que necesitaban refugio y comunidad. Hay muchas vías para que un animal entre en un santuario. Un hecho habitual, sobre todo en las ciudades, es que los fugados que recupera la policía o los servicios zoosanitarios vayan a parar allí (siempre y cuando no haya un «propietario» que los reclame).

Un caso menos común es el de Charlie, un ternero rescatado en el mismo momento en que se fugaba de una granja. Lo que se sabe de su historia comienza en 2010, cuando se cruzó por una carretera del sur de Ontario con Siobhan Poole, la fundadora del santuario Cedar Row Farm. Durante una visita al lugar, le pregunté por este suceso. Ella me contó que, un día que se dirigía al supermercado, divisó a Charlie, que corría por el pavimento congelado de la carretera a diecisiete grados bajo cero. Al principio, creyó que se trataba de un perro grande, pero se sorprendió al descubrir que era un ternero de unos cuarenta kilos.

Entonces detuvo el vehículo, Charlie la miró y «siguió corriendo por la carretera»[90].

Imagen 12. Charlie en el santuario Cedar Row Farm. (Foto de Jo-Anne McArthur/We Animals).

Poole se fijó en el crotal que llevaba en la oreja. Sabía que probablemente a Charlie lo hubieran criado para «carne de ternera» en alguna de las granjas de leche cercanas. Si se quedaba en la calle, había muchas posibilidades de que alguien lo devolviera a su pesadilla, así que era consciente de que tenía que llevarle al santuario, pero estaba sola y el ternero pesaba demasiado. Cuando consiguió interceptarle en la nieve profunda, se percató de un nuevo problema: ¿cómo lo metería en el coche?

En ese instante, en un afortunado giro de los acontecimientos, una joven que había observado desde la distancia el intento de rescate se acercó a toda prisa para echar una mano. Juntas, levantaron al ternero de la nieve y lo subieron a la parte trasera del vehículo. De camino a casa, el animal intentó colocarse en el asiento delantero. Poole dijo que, mientras tanto, «en lo único que pensaba era en cómo le iba a contar a Pete, mi marido, que llevaba un ternero en el asiento de atrás del coche»[91]. Un examen veterinario reveló que padecía varias enfermedades, pero sobrevivió. Muy pronto le presentaron a una vaca llamada Chickpea y a otros residentes del santuario. Charlie se convirtió en uno de los poquísimos afortunados que encuentran la libertad en un mundo donde la mayoría de los terneros que viven en granjas no tienen tanta suerte.

De forma errónea, la producción láctea se ha considerado benigna en comparación con la industria cárnica, pero ambas están instauradas en la violencia. La gente no siempre sabe que, en las granjas lecheras, a las vacas las inseminan cada trece meses para que mantengan la producción continua de leche. Esta práctica da lugar a un excedente de terneros a los que separan de sus madres poco después de nacer. A los machos los aíslan en jaulas hasta que los matan para consumo humano. Al principio, las madres se defienden, pero muchas se vuelven insensibles cuando les roban a sus hijos de forma reiterada. Además, viven con dolor físico y son propensas a sufrir cojeras y mastitis. Cuando las glándulas mamarias se les deterioran, las envían al matadero pese a que su vida natural es mucho más larga. La mayoría de las hamburguesas están fabricadas con la carne de estas vacas.

No podemos ni imaginar cómo ha sido la vida para Emily, Sam, Charlie o para cualquiera de esas vacas que huyen de los camiones y echan a correr por las calles de la ciudad mientras la multitud las persigue. ¿Qué piensan al ver, tal vez por primera vez, la luz del sol, el campo, los coches y los árboles? Las historias que cuentan los trabajadores de los santuarios ayudan a comprender el «punto de vista animal, su manera de estar en el mundo»[92]. Los empleados de los santuarios tienen una conexión estrecha con los residentes y pasan una cantidad de tiempo considerable escuchándolos y cuidándolos. Sus historias sirven, en la medida de lo posible, para llenar los huecos en las de los propios animales. Por ejemplo, en su libro *The Lucky Ones*, Jenny Brown intenta comprender su perspectiva. Al referirse a una cabra fugada llamada Albie, con la que estableció un vínculo estrecho, Brown escribe: «Intentamos imaginarnos el momento en que se fugan los animales que han logrado escapar. ¿Acababan de llegar y salieron corriendo cuando los descargaban? ¿Los sacaban de los corrales antes de trasladarlos al matadero? ¿Se los llevaba alguien a su casa para una celebración o algún tipo de encuentro religioso? Por lo general, no lo sabemos, pero, en cualquier caso, nuestra principal preocupación es ponerlos a salvo»[93]. El análisis de la resistencia animal y el intento de comprender por qué los animales ejercen resistencia se producen en oposición directa a las estrategias de distanciamiento de las empresas explotadoras de animales.

## Animales políticos

La resistencia animal es política. La oposición de los animales a las fuerzas opresivas se desarrolla en el contexto de su posicionamiento social y político como mercancías y propiedades vivas. En este sentido hablamos de una lucha y un intento por librarse de su cautiverio y de otras condiciones opresivas, donde los animales transgreden los límites construidos por los humanos o toman represalias contra ellos. Exista o no una estrategia y una autorreflexión en la intención, la resistencia es un acto que implica un deseo de liberación y una determinación subyacentes.

Además, puede ser clandestina o pública, ir contra un opresor individual o contra un sistema o una profesión opresivos. Las rebeliones de los animales, con un efecto acumulativo, despiertan la atención sobre la violencia «oculta a plena vista».

La definición de Oxford University Press para el término «resistencia» respalda la afirmación de que los demás animales poseen esa capacidad. De hecho, incluye varias acepciones relevantes: 1) el rechazo a aceptar algo o a obedecer, que puede implicar el uso de la fuerza y la violencia para oponerse a alguien o a algo (por ejemplo, «No ofreció resistencia cuando se la llevaron»), o mediante una organización secreta que se opone a la autoridad; 2) la habilidad para que no te afecte algo, sobre todo si es desfavorable; y 3) el impedimento o detención ejercido por un objeto material sobre otro[94]. Aunque todavía no se haya desatado una rebelión mundial simultánea de animales domesticados y salvajes como en la novela satírica *2007* de Robyn Williams, los animales no humanos desafían la autoridad, de modo individual y colectivo, mediante la organización secreta o el uso de la fuerza, «para oponerse a algo o a alguien».

Quienes se dedican a la explotación animal lanzan a menudo acusaciones de «antropocentrismo» para evitar que la gente se tome en serio la vida de los animales y para negar su capacidad de elección[95]. Chris Wilbert trata el antropomorfismo y las representaciones de la resistencia animal aparecidas en el artículo «Travesuras de animales» —una página de relatos sobre resistencia animal extraídos de la prensa publicada en *Do or Die: Voices from Earth First!* (n.º 5, 1995)— y en el artículo «Revolt of the Bats» —publicado en la revista *Fifth Estate* (n.º 343, 1993), donde se celebra que cientos de murciélagos interrumpieran unos juicios en Texas y que unas vacas escaparan de los mataderos y de otros lugares de dominación[96]—. Wilbert sugiere que esos homenajes a los insumisos como «símbolos del bien» hallados en los textos eco-anarquistas, unidos a la complicidad de los activistas medioambientales que luchan contra la industrialización, podrían ser una muestra de antropomorfismo selectivo. Sin embargo, reconoce que, a diferencia de otras acusaciones de antropomorfismo más despectivas, estas representaciones y argumentos son, en sí mismos, «transgresivos con respecto a las formas más modernas de análisis del comportamiento animal»[97].

«Revolt of the Bats», por ejemplo, reivindica los animales en libertad como símbolos de la resistencia y la rebelión contra la avaricia empresarial. El artículo enumera varias acciones que pueden o no haber sido intencionadas. Uno de los casos es el de un águila calva cuyo nido detuvo, en 1991, el proyecto multimillonario de expansión de una autopista en Oregón central: «A veces los animales en libertad se encuentran en una posición estratégica para enfrentarse a la codicia y al beneficio... Un águila apostada en el camino de la motorización demencial es una bonita imagen»[98]. Desde una perspectiva que celebra las alteraciones que provocan los animales en el sistema capitalista, una aguja azul del Atlántico, que atacó un oleoducto de la BP en 2014 y provocó un parón de cinco días en el transporte de petróleo (con una pérdida de unos cien millones de dólares y el bloqueo de unos novecientos mil barriles que no llegaron al mercado), estaba luchando contra la destructiva empresa multinacional de gas y petróleo. Aunque a este caso se le podría atribuir un error de identidad, no es absurdo pensar que esta acción estuviera provocada por la hostilidad: los animales marinos y terrestres, los entornos ecológicos y las comunidades humanas siguen sufriendo las consecuencias de los vertidos petrolíferos en el golfo de México. El propio Wilbert concluye que el mundo está compuesto de motivaciones interrelacionadas y que la resistencia diaria de los no humanos es un hecho[99].

Estos estudios van más allá de lo corriente en una sociedad europea occidental donde se ignora de forma sistemática las ex-

Imagen 13. Adaptación del aguafuerte de Goya «El sueño de la razón produce monstruos» para la portada de «Revolt of the Bats» de Mary Wildwood, *Fifth Estate*, 1993, Fifthestate.org. El tema ofrece una representación temprana de la resistencia de los animales como acto político.

periencias sociales y cognitivas ricas y diversas de los animales. Los seres humanos solo conocen a otros animales hasta un determinado nivel (y en distintos grados). Sin embargo, aunque no alcancemos a comprender del todo a otros humanos ni logremos hablar en su nombre, seguimos esforzándonos por entender su vida. Lo mismo hacemos con las demás especies cuando intentamos, de manera fundamentada, reconocer su punto de vista, es decir, cuando nos servimos de un «antropomorfismo cauteloso», que, como Bekoff y Pierce apuntan, requiere cierta precaución a la hora de abordar la vida de los demás animales. En palabras de estos autores: «El antropomorfismo perdura porque es una necesidad, pero también hay que manejarlo con cautela, con conciencia, con empatía y desde el punto de vista del animal, siempre preguntándonos: ¿cómo es ser ese individuo?»[100].

Al principio de este capítulo, pensábamos en cómo responderíamos si nos encontráramos con una vaca forajida en el bosque. Ahora consideremos otra cuestión importante: ¿cómo es ser un individuo insumiso? Resulta relativamente fácil imaginar las razones que llevaron a Emily a lanzarse en pos de la libertad: tal vez la ansiedad colectiva de quienes la rodeaban, el olor del matadero y los ruidos fuertes y desconocidos. Fuera lo que fuera —es probable que todos esos factores unidos—, descubrió una vía de escape y la tomó. Ese salto hacia lo desconocido —y entonces cualquier cosa parecería mejor que lo que le esperaba— le salvó la vida. No fue una acción «de apariencia humana» ni una respuesta «propia de una vaca», sino la reacción de un individuo único que más tarde recibió el nombre de Emily. Eso sí, aquella decisión influyó en algo más que en su propia vida.

Su fuga ayudó a cambiar el relato de lo que significan los animales en la sociedad humana. Inició debates acalorados acerca de su valor y de sus derechos, tal y como observamos gracias a la gran difusión mediática de su historia. Después de que la noticia recibiera atención nacional e internacional, muchas personas quedaron conmovidas. La revista *People* la describió como una «pimpinela bovina», porque «la veían en todas partes pero no la atrapaban»[101]. Para otros fue una inspiración artística. Ben Tousley compuso una canción infantil para ella, publicada en el álbum *Lookin' for a Rainbow* en 1997. En una época en que el miedo a la enfermedad de las vacas locas se extendía por Inglaterra, un columnista invitado que firmó con el nombre «Emily» sugirió, como alternativa a matar al ganado del país:

«¿Por qué no las metemos a todas en unas grandes gabarras, las enviamos a las islas Malvinas y las dejamos que pasten y vivan en paz?»[102].

Al inspirar la imaginación de las personas, la fuga de Emily apeló a una transformación de la conciencia que se tradujo en cambios de vida tangibles. Impulsó a la gente a reflexionar sobre sus propias luchas y sus propios sueños y a enfrentarse a los obstáculos que siempre habían querido superar. Por ejemplo, una mujer, tras conocer a la famosa vaca, decidió dejar a su pareja, que la maltrataba. «Se dijo: "Si ella puede, yo también" y, tras dejar la relación, le atribuyó el mérito de su "fuga" a Emily»[103]. Los Randa sostienen que obligó a la gente a plantearse la violencia de la industria lechera, a disminuir el consumo de productos de origen animal y a adoptar dietas vegetarianas o veganas. ¿Y a quién no le encanta una historia de *Evasión o victoria* donde los oprimidos vencen a los opresores y se largan hacia la puesta de sol (o, en este caso, hacia la espesura) en busca de una vida mejor? Y más aún cuando tiene que ver con alguno de nuestros amigos animales. Como un autoproclamado excarnívoro concluyó al hablar del suceso: «Pásenme el tofu, por favor»[104].

Además, aquella huida despertó la conciencia acerca de la ubicación física de las zonas de producción de «carne». Algunos vecinos no sabían que había un matadero cerca de su casa. Como apuntó un periodista, cuando Emily saltó la valla de metro y medio, la existencia del matadero sorprendió tanto como el propio salto. Por último, la fugitiva movilizó a la gente a ayudar a los demás. Sharlet Ramsland y su hijo Charlie tomaron la determinación de dejar de comer animales y fundar un santuario animal. Ramsland lo cuenta así: «Emily nos cambió. Es muy poderosa»[105]. También condujo al refugio a la cabra Belle, que saltó desde un camión que se dirigía al matadero, pues una mujer que estaba al tanto de la noticia encontró a aquella cabra alpina americana de cinco años y la llevó con la familia Randa. Emily y Belle se conocieron en un banquete de maíz, espinacas, nueces y pastel de calabaza.

El legado de Emily sigue vivo. En la actualidad, cuando los visitantes acuden al Pacifist Memorial para ver la estatua de Gandhi, al descubrir la de la célebre vaca se interesan por su historia. Lewis Randa cree que eso siempre induce a la gente «a dar el salto hacia una dieta más vegetal, una alimentación sin crueldad y acorde al movimiento Extinction Rebellion»[106].

Pese a los numerosos obstáculos que encuentran, los animales a menudo se han negado a obedecer a los causantes de sus calamidades. Sus sublevaciones demuestran que los humanos no son los únicos con motivaciones, deseos, objetivos y estrategias, a pesar de que las empresas de explotación animal han empleado las tácticas de distanciamiento para evitar que el público los vea como algo más que una vida mercantilizada. Cuando intentamos imaginar por qué se resisten y miramos el mundo a través de sus ojos, trabajamos en oposición directa a dichas estrategias. Las perspectivas de los empleados de los santuarios nos ayudan en este proceso, pues nos ofrecen una comprensión más completa de las luchas que llevan a cabo los insumisos y de sus vidas. Al reconocer la resistencia y la rebelión animal, estamos obligados a considerar las circunstancias que la propiciaron, nos cuestionamos el control humano sobre nuestros prójimos y asumimos cambios para contrarrestar la explotación. Como demuestra la historia de Emily, las acciones de insurrección animal, significativas y muy pedagógicas, tienen un efecto dominó y suelen provocar actos más transgresivos: cambios individuales (por ejemplo, hacerse vegano o involucrarse en el activismo), cambios culturales (por ejemplo, crear arte de protesta o música subversiva) y cambios sistémicos (por ejemplo, influir en las estructuras legales y en el cambio social). Al transgredir múltiples fronteras asentadas en la sociedad humana, los animales alteran su entorno, modelan la sociedad, la política y la cultura a lo largo de la historia.

## 2
## CONDICIONES SOCIALES DE LA OPRESIÓN ANIMAL

En 1902, una pantera se escapó del Bronx Zoo de Nueva York, un lugar del cual se habían fugado ya bastantes animales. Era un bochornoso día de julio cuando la Sociedad Mexicana de Zoología envió al zoo una pantera macho de siete meses como regalo. Los empleados dejaron que el recién llegado pasara la noche en el cajón de madera en el que lo habían transportado. A la mañana siguiente, la caja estaba roída y el animal había desaparecido.

Según el *Times*, la noticia de que había una pantera suelta se extendió con rapidez y la ciudad, tomada por el pánico, se puso en alerta máxima. Los transeúntes observaban impresionados a los guardas del zoo y a tres unidades de policía equipados con cadenas, redes y cuerdas a la caza de un gran gato grisáceo que saltaba de árbol en árbol. Lo vieron varias veces antes de que se acercara a comerse las sobras de un pícnic. Después de huir por un castañar en el extremo norte del Jardín Botánico del Bronx, la pantera se lanzó al río, nadó en busca de la libertad y cruzó a la orilla opuesta en cuestión de segundos. Como se describe en el diario: «Entonces la silueta se sacudió, miró atrás triunfante y se adentró despacio en la espesura». Al tomar esa ruta de escape y desaparecer entre la maleza, la pantera siguió el mismo camino que había emprendido un oso el verano anterior. Aunque la búsqueda continuó al día siguiente, un portavoz señaló que era como «buscar una aguja en un pajar».

Más de un siglo después, esta fuga inspiró al artista Ido Michaeli para la elaboración de una serie de cuadros y tapices llamada «Pantera negra se escapa del zoo del Bronx». A Michaeli esa historia le pareció una alegoría política muy adecuada para la época actual: «Era como la evasión de una cárcel. Al animal salvaje lo habían sacado de su hábitat natural y lo habían metido en una jaula, y luchó hasta que consiguió escapar»[107]. Esta obra artística recopila algunos de los puntos principales de la grave situación de los animales en la era moderna, arraigada en el proceso combinado de domesticación, colonización y capitalismo que ha conformado las relaciones contemporáneas entre los humanos y los animales, así como las condiciones con las que —y contra las que— estos oponen resistencia.

En la obra de Michaeli, la pantera está situada en la acera, entre el parque y la calle, rodeada de policías a caballo y de perros. Al fondo, un pícnic familiar con tajadas de carne ha quedado interrumpido y una de las concurrentes acaricia a un perrito que lleva bajo el brazo. Esta escena evoca la práctica arbitraria de consumir ciertos animales mientras se cuida a otros a los que se les considera compañeros. Los perros y los caballos de la policía se entienden como otra forma de vida apropiable: son propiedades, tanto en el caso de los compañeros domesticados como en el de los utilizados para la protección y la seguridad policial, y los caballos lo son en calidad de trabajadores que llevan a los humanos en su lomo. El aprisionamiento y la entrega de la vida de la pantera para el entretenimiento —al igual que sucede con los animales que se convierten en «comida», con los que consi-

Imagen 14. Ido Michaeli, *Pantera negra se escapa de zoo del Bronx*. Tapiz. (Cortesía de Ido Michaeli).

deramos «mascotas» y con aquellos que sirven como «medio de transporte»— provienen de un largo proceso de doma, control, confinamiento y, por último, la completa posesión del cuerpo del animal. Sin embargo, la imagen aporta luz sobre otro asunto importante: a pesar de los numerosos obstáculos, la insurrección animal persiste. La policía sostiene un megáfono que recuerda la imaginería del cuerno utilizado en las cacerías, pero, en vez de honrar la caza, la escena capta el desafío feroz de la pantera con la garra levantada contra el orden establecido. Es una historia narrada desde abajo.

Este hecho está estrechamente ligado a las prácticas de la Europa colonial en las que se capturaban e importaban animales salvajes para obtener beneficios. Si una pantera se escapara en el mundo actual, digitalizado e hipercapitalista, la atención de los medios no se limitaría a un artículo en prensa. Sería algo más parecido a lo que sucedió cuando una lince llamada Ollie se escapó del Smithsonian's National Zoo, en Washington D. C. Ollie se escabulló por un agujero de unos pocos centímetros cuadrados que había en su recinto y experimentó un breve lapso de libertad antes de que volvieran a atraparla en las instalaciones del zoo. Tras su fuga, se produjo una gran campaña mediática seguida de un frenesí comercial grotesco. Como un empleado de la tienda de regalos apuntó: «Antes de que desapareciera, nadie compraba los artículos de linces... Ahora, los juguetes de linces están agotados»[108].

## Domesticación animal

Los lobos fueron nuestros primeros animales de compañía cuando los humanos se decidieron a domesticar animales. Estos camaradas conservaban el calor junto a nuestras fogatas, compartían nuestras viviendas y liquidaban nuestras sobras. Aunque los humanos y los demás animales han estado íntimamente vinculados durante más de dos millones y medio de años, es posible que la domesticación se originara con el encuentro entre un humano y un lobo en Asia hace quince o veinticinco mil años (tal y como demuestra la presencia de estos cánidos en algunos cementerios, incluido un cachorro acurrucado junto a la cabeza de una anciana)[109]. Los casos habituales de niños que adoptaban lobeznos dieron lugar a una larga y complicada relación entre estos y el *Homo sapiens*[110], que de algún modo marcó la evolución, favorecida por el ser humano, del lobo al perro. A partir de la domesticación para la caza y más tarde para las carreras y el pastoreo, las sociedades humanas empezaron a controlar las poblaciones de animales, ya fueran ovejas en Oriente Medio, gatos en Oriente Próximo u otros como dromedarios, gallinas, vacas, cerdos, llamas, caballos, abejas, gusanos de seda y patos. Asimismo, es probable que los humanos de finales del Paleolítico socializaran (jugando, alimentándolos y cuidándolos) con las crías de los animales sacrificados[111].

Aunque la domesticación de perros podría haber sido colaborativa en sus inicios, ante todo implicaba la doma, el control y la supresión de la resistencia animal. Los animales domesticados para la obtención de comida, ropa, entretenimiento o con otros propósitos se rebelaban contra el cautiverio. Pero los humanos trabajaban con ahínco para controlar a los animales que dominaban: era un proceso violento. Aunque tal vez suene exagerado afirmar que la domesticación es violencia, lo cierto es que la mayor parte ha sido coercitiva. Nibert ofrece el término alternativo «domesecration» (que podríamos traducir como «profanasticación») para referirse a ella, ya que expresa la profanación que los demás animales han sufrido desde los albores de la sociedad agrícola[112].

Ya en la Antigüedad (5000 a. e. c. - 500 e. c.), los humanos les daban una gran importancia a las vacas, lo cual se demuestra en su reiterada aparición en la imaginería cerámica. El arte mesopotámico con frecuencia representaba una confrontación entre los humanos y otros animales, por lo general los toros[113]. Como explica Linda Kalof, las inscripciones de los pequeños sellos cilíndricos sumerios del año 3500 a. e. c. demostraron el choque entre la naturaleza y la civilización, así como la aparición de los toros en la sociedad humana, y representaron «una lucha continua entre el hombre, la bestia y un ser teriántropo (mitad hombre, mitad animal)»[114]. La insurrección animal se insinuaba en las esculturas realistas, que solían formar parte de grandes composiciones que incluían osos, asnos salvajes, leones, hienas y chacales, que aparecían sujetos con correas junto a otros animales sueltos. Asimismo, las excavaciones en cementerios y tumbas han revelado instrumentos musicales y esculturas decoradas que contenían imaginería animal relacionada con la lucha entre lo salvaje y lo domado, lo doméstico y lo civilizado[115].

Imagen 15. Ilustración del libro de Dennis Magner *The Standard Horse Book, Comprising the Taming, Controlling and Education of Unbroken and Vicious Horses*, Chicago, Werner Company, 1895.

La llegada del arado trajo consigo más resistencia animal, ya que los animales obligados a trabajar con él se rebelaban ante semejante imposición. Desde el año 4500 a. e. c. aproximadamente, los bueyes estuvieron enyugados con las primeras versiones en madera del arado metálico que conocemos hoy en día. Lucio Junio Moderato Columela, un conocido escritor del Imperio romano entre los años 4 y 70, describió la manera de desalentarlos para obligarlos a tirar de él. En primer lugar, los encerraban en un establo, atados a dos postes horizontales «de tal modo que las cuerdas les dejaran muy poca movilidad» y, si eran más «salvajes e indómitos de lo habitual», permanecían así durante muchas horas[116]. Estas medidas eran necesarias debido a la fuerte voluntad y a la naturaleza de los bueyes. Esta herramienta agrícola no solo tuvo implicaciones significativas en la vida de los animales, sino que también marcó una nueva división social del trabajo[117].

Con la expansión del capitalismo colonial en la era capitalista moderna, los propietarios de la industria animal buscaron nuevas maneras de controlar los cuerpos de los animales. Los sistemas restrictivos tradicionales, como las redes y las cercas, se combinaron con otros nuevos. Se adoptaron diversas medidas para asegurar la dominación: látigos, fustas y puyas, yugos triangulares, lastres de madera, bridas y bocados, cadenas, espuelas y aguijadas. Hacia mediados del siglo XIX, cada vez fueron más frecuentes los manuales de entrenamiento para «desbravar» a los animales con distintos métodos destinados a mermar su fuerza o reducir su agresividad. Uno de ellos, lleno de descripciones e ilustraciones sobre algunas medidas dolorosas e incómodas para «domar y controlar» a los caballos, aludía directamente a su resistencia, ya que explicaba el trato que había que dispensar a los animales «fieros» y «dispuestos a resistir cuando alguien los tocaba» hasta lograr una «sumisión absoluta»[118].

Además de estas prácticas, la domesticación entrañaba otras formas de confinamiento y control. Para obtener beneficios, se modificaba a los animales mediante la cría selectiva, que incluía la manipulación genética para transmitir a la descendencia las características deseadas: tamaño, tipo de pelo, color o textura de la lana e incluso el tamaño de las orejas y el rabo. Obtener productos animales para la industria mediante de la domesticación era parte de lo que Michel Foucault denominó «biopoder», un concepto que se refiere al poder del estado sobre los cuerpos y el control de las poblaciones. De hecho, se controlaba el cruce de los animales no solo para aumentar su productividad para el consumo humano, sino también para eliminar los rasgos naturales que podían ayudarlos a escapar. Además, se les cortaban las alas a las aves de suelo, se castraba a los mamíferos para volverlos sosegados y sumisos y se alteraban sus cuerpos para que pesaran demasiado y les resultara difícil moverse. Por lo general, mataban primero a los más insumisos. Los humanos eliminaban los genes de la insurrección y favorecían la complacencia y docilidad. A lo largo de los siglos, los rasgos más agresivos disminuyeron y los descendientes fueron más sumisos que sus antepasados pendencieros.

El confinamiento fue esencial para la domesticación: encerraron y amarraron a los animales en grandes naves, los sumergieron en pequeños tanques, los aprisionaron en plazas de toros, los contuvieron en redes, los enjaularon en granjas peleteras, laboratorios y zoos, y los encadenaron y azotaron en circos. Les cortaron o amputaron las alas, los despicaron, les cortaron los tendones de las patas, les cegaron, les arrancaron las uñas y les colocaron instrumentos restrictivos para evitar que corrieran, saltaran, volaran y arañaran. Todos estos sistemas inmovilizadores y violentos continúan existiendo, al igual que las prácticas continuadas para amansarlos. Se construyeron barreras para contener a algunos dentro y dejar a otros fuera; al principio, fueron setos y vallas de madera, pero, como no resultaron efectivos a la hora de disuadir a los cautivos, pronto los reemplazaron por alambre de espino (después de su invención en el siglo XIX).

Las alambradas de púas, asequibles para los ganaderos, les permitían cercar grandes terrenos para aumentar el número de animales cautivos y favorecer el confinamiento sistemático. A finales del siglo XIX, se extendieron por los campos y los ríos y cortaron las cañadas por donde transitaba el ganado. Las consecuencias fueron devastadoras para los animales, que se vieron obligados a caminar muchos kilómetros para acceder a nuevos pastos. Las vallas de separación que apartaban a las vacas del norte de Texas de los pastos del sur resultaron desastrosas. En numerosas ocasiones, después de intentar trasladarse al sur para pasar el verano, miles de ellas acabaron apiladas contra las alambradas, donde quedaron atrapadas y murieron congeladas[119].

A finales del siglo XX y principios del XXI, las tecnologías de control avanzaron aún más. Cuando un panda rojo llamado Sunny huyó del zoo de Virginia en Norfolk, los empleados utilizaron un dron y una cámara termográfica para localizarlo. Sin embargo, esos intentos resultaron infructuosos pues, hasta la fecha, el paradero de Sunny sigue siendo un misterio. En ocasiones se han utilizado escopetas con tranquilizantes para detener a los huidos, como en el caso de los tres grandes renos escandinavos que se escaparon del zoo de Buffalo tras trepar por unos montículos de nieve acumulada en su recinto durante una ventisca[120]. A veces se emplean pistolas paralizantes, como se hizo con un emú que saltó una valla, corrió hacia el tráfico y murió después de que la policía le suministrara una descarga eléctrica. Se han diseñado otros sistemas suplementarios para gestionar las fugas: depósitos que por ley deben albergar a los animales vagabundos durante un determinado periodo de tiempo para que los «propietarios» tengan oportunidad de recuperarlos o modificaciones corporales rutinarias con hierros candentes, collares, crotales en las orejas, anillos en la nariz y cercenamiento de la cola. Estos actos son tan comunes en los zoos que en algunos el personal se forma en los protocolos adecuados. El de Edimburgo cuenta con un equipo para las «colecciones vivas» especializado en métodos de captura y control[121]. Del mismo modo, la Asociación Británica e Irlandesa de Zoos y Acuarios lleva a cabo dos veces al año una serie de simulacros de «fugas de animales peligrosos». Se exige que los empleados posean licencia de armas y que participen en prácticas de tiro.

La domesticación reduce la resistencia, pero los humanos no han conseguido eliminarla por completo. Aun hoy, a los cabecillas los colocan en el punto de mira para evitar que otros animales del grupo sigan su ejemplo. Eso mismo sucedió con un bisonte conocido como Blue 560 al que, después de que hubiera escapado derribando una valla (lo cual facilitó el paso de otros cien bisontes más que lo imitaron), fue asesinado. El ganadero declaró que tendría que haberlo sacrificado mucho tiempo atrás[122]. Algunos granjeros temen que los insumisos les enseñen formas de resistencia y rebelión a los demás individuos cautivos. Jeffrey Moussaieff Masson explica que a algunos ganaderos de ovejas les preocupa la fuga recurrente de los corderos en Nueva Zelanda, que han aprendido a abrir los pestillos de las puertas («parece que no es una destreza tan insólita») y que son capaces de enseñársela a otros. De modo que les disparan «para que no puedan transmitir sus conocimientos»[123]. Otra de las prácticas comunes para eliminar la insurrección es el sacrificio de las vacas y las cabras de la industria láctea que se defienden después de que les arrebaten a sus crías de manera reiterada.

En contra de los discursos dominantes que afirman que la domesticación ha posibilitado el progreso humano, la captura, el confinamiento y la cría de animales no ha favorecido la instauración de una sociedad pacífica. Es más, la domesticación propició las sociedades poderosas y elitistas que promovieron la guerra y la violencia a gran escala en diferentes momentos de la historia. La explotación, el confinamiento, el pastoreo y la matanza de animales domesticados guardan relación con las primeras escisiones y la violencia en las tribus que condujo a la división de clases, a la extensión de la violencia y al aumento del capitalismo global y la colonización desde el siglo XVI. Una colonización que se apoyó en los trabajos forzados de los animales para la militarización, en el sacrificio para la obtención de víveres y en la necesidad de apacentar al ganado para justificar el saqueo de tierras[124].

## La colonización animal

Impulsada por la epistemología civilizada, la colonización es el sistema material, social, económico y ambiental en que el depredador humano (es decir, el colonizador) toma el control de los «recursos» (humanos o no humanos) a la vez que consume y domina un territorio remoto. El colonialismo implica la incursión en una tierra ya ocupada y su conquista por parte de un grupo colonizador, que usurpa el trabajo y los recursos de los habitantes originales o los sustituye por completo mediante el desplazamiento o el genocidio. Los colonizadores también pueden introducir en el territorio a otros grupos esclavizados para explotarlos. En el colonialismo de asentamiento, este exterminio se da en pos de la riqueza material. Eve Tuck y K. Wayne Yang explican que esa colonización «denota la expropiación de fragmentos del mundo indígena, animales, plantas y seres humanos, para transportarlos hasta los colonizadores —con el fin de construir su riqueza y su privilegio o de alimentar sus deseos—, que quedan señalados como el primer mundo»[125].

La colonización está interconectada con el capitalismo global, ya que es la nación imperialista quien extrae la riqueza y controla las economías. En la mentalidad de los colonizadores, todo lo salvaje está disponible para el consumo y la explotación. Esa es una de las razones de que las teorías raciales modernas, construidas por el hombre blanco europeo con la apariencia de una epistemología civilizada, hayan representado a los africanos, los indígenas americanos, los chinos, los mexicanos, los surasiáticos y a otros pueblos no blancos como similares a los animales y más cercanos a la naturaleza. Tanto antes como ahora, destruyen culturas, redistribuyen tierras, eliminan comunidades y esclavizan a individuos; acciones todas ellas justificadas por una ideología que los presenta como «menos que humanos».

Muchos de los primeros animales considerados de granja que llegaron a América transportados por los colonizadores lograron escabullirse por el bosque y nadie los volvió a ver. A mediados del siglo XVII, era común encontrar en las puertas de los juzgados carteles de cerdos y vacas extraviados. En algunas zonas del este de Massachusetts y de las llanuras costeras del río Virginia, era «más fácil divisar una vaca o un cerdo que ver un ciervo»[126]. A los animales considerados de granja se les permitía estar sueltos, ya que los colonizadores ingleses decidieron que sería la manera más fácil de alimentarlos. Las vacas pacían en los prados y en el sotobosque, los cerdos comían nueces, semillas y raíces, y destrozaban el suelo. En consecuencia, cada vez tenían que alejarse más de las haciendas. Muchos de los fugados se quedaban en el bosque y se asilvestraban parcial o totalmente. Como escribe Virginia Anderson, «nunca estaban del todo controlados por el ser humano» y se comportaban «de un modo que sus propietarios ni preveían ni deseaban»[127]. Como cada vez necesitaban más tierra para pastar, los nuevos rumiantes introducidos en el paisaje llegaron hasta las comunidades indígenas. Los colonizadores, que, por supuesto, los siguieron de cerca, ampliaron su ámbito geográfico apropiándose de tierras que se extendían más allá de las ciudades y asentamientos iniciales.

Aunque hay mucho que decir sobre los efectos de la colonización en los humanos y en los ecosistemas, esta sección se centra en cómo esta dependió de los animales no humanos y los explotó, y en la relación que este hecho guarda con otras historias más conocidas sobre el tema. La afirmación de que los animales son individuos colonizados se basa en la idea de que son seres sintientes y sujetos de su propia vida. No existen para que el ser humano los utilice. Los animales han sido sujetos co-

Imagen 17. Un caballo escapa de la matanza en el campo de batalla durante la Primera Guerra Mundial. Ilustración de la revista semanal *Illustrierte Geschichte des Weltkrieges*, 1914.

lonizados, asesinados y utilizados para facilitar las prácticas coloniales. En todo el mundo, la búsqueda colonial de ganancia económica sucedía a lomos de unos animales obligados a trabajar, utilizados para el transporte y sacrificados para el suministro de víveres. Su explotación fortalecía el poder militar (al utilizarlos como transporte y alimento para los ejércitos), el capitalismo (al consumirlos y venderlos o vender las sustancias extraídas de su cuerpo) y la incursión en territorios ya ocupados (al ganar espacio para los pastos y los cultivos de forraje y apropiarse de las fuentes de agua).

Algunos animales, como los cachalotes, no fueron sujetos colonizados como tales, pero su matanza sirvió para acumular capital para las colonias americanas y las fuerzas coloniales. La caza de estos cetáceos comenzó a principios del siglo XVIII y se convirtió en un negocio muy lucrativo entre finales de dicho siglo y principios del XIX debido al aceite y el ámbar gris que se extraía de sus cadáveres. Para obtenerlos, el barco ballenero lanzaba al mar varios botes pequeños, cada uno con su tripulación y un arponero en la proa. Los cachalotes se resistían a esas emboscadas y a veces aporreaban las embarcaciones con la aleta caudal. También se vengaban de los cazadores. Muchos dirigían sus ataques, de forma deliberada, contra los que habían dañado antes a sus compañeros. Existen muchos registros de estas represalias, entre los que destaca el famoso contrataque de un gran ejemplar contra el ballenero *Essex*, de Nantucket, en 1820, mientras la tripulación perseguía y atacaba a otros tres miembros de su manada. Asimismo, varios cachalotes hundieron los barcos *Lydia y Two Generals* en 1836 y el *Pocahontas* en 1850. Además, embistieron al *Pusie Hall* en 1835 y al *Alexander* en 1851, aunque ambas naves se mantuvieron a flote. Una vez que los animales comprendían la amenaza que suponían, trataban de acabar con sus captores como fuera.

La introducción de vacas, cerdos y ovejas criados en pastos les permitió a los colonizadores ocupar territorios de las comunidades indígenas y se convirtió en una estrategia fundamental para la colonización europea. Las invasiones de las Américas iniciadas en el siglo XV que más tarde, en el siglo XVII, se extendieron por Norteamérica fueron posibles gracias a la introducción de los animales considerados de granja. La ganadería fue primordial también en la colonización que llevaron a cabo los europeos durante el siglo XIX en todo el mundo en territorios como Irlanda, África, Australia, Nueva Zelanda y Tasmania. En esos lugares, los desposeimientos y los genocidios de los pueblos indígenas confluyeron con los de los animales libres y los animales cautivos[128]. La cantidad de animales considerados de granja que las élites destinaban al sacrificio (tanto para el consumo local como para una exportación que maximizara los beneficios) solía guardar relación con el número de seres humanos desplazados de sus tierras: cuanto mayor era la operación ganadera, mayor era la violencia que se infligía a las poblaciones indígenas[129]. Del mismo modo, en Estados Unidos, mientras los colonizadores inspeccionaban los estados del oeste en busca de tierras de pastoreo y de agua para criar vacas, desplazaron y asesinaron a los pueblos indígenas y a los animales en libertad. Los colonos poblaron las llanuras de ganado (traído desde Europa), pero decenas de miles de animales murieron de sed en temporada de sequías o de hambre y frío durante los duros inviernos. Apresaron y cazaron a los animales libres para obtener cuero y pieles, y a otros (percibidos como amenazas para las operaciones ganaderas o considerados «plagas») los mataron (y aún los matan) con veneno, armas de fuego y otros métodos.

Los bisontes están entre los muchos animales libres que sufrieron la colonización americana. Después de que el ferrocarril alcanzara las Grandes Llanuras en el siglo XIX, miles de hombres entraron en masa en su territorio. Al principio, los cazadores como William F. Cody (Buffalo Bill) los mataban para alimentar a las cuadrillas de albañiles explotados, pero más tarde los aniquilaron en operaciones respaldadas por el estado, ya que invernaban en lugares donde los americanos europeos querían asentarse, cultivar y establecer sus ganaderías. Para cargar con sus pieles utilizaron bueyes, que tiraban de las carretas de los colonizadores y transportaban sus bienes, entre los que se contaban, además de dichas pieles, el cuero y la carne de otros animales oprimidos. Para el asentamiento del Oeste americano se explotó, junto con la cría de vacas cautivas y la mercantilización de los cuerpos de animales libres, el trabajo de millones de caballos y mulas y de cientos de miles de bueyes.

Un cazador que viajaba en una de esas caravanas de carretas narró un caso de resistencia por parte de un bisonte. En septiembre de 1831, el hombre se encontraba en la caravana de Charles Bent, formada por diez carretas, cada una de las cuales tirada por cuatro bueyes, de regreso a Santa Fe desde Independence.

La historia apareció en el *Chambers's Edinburgh Journal* (un prestigioso periódico que se publicó en Edimburgo desde 1832 hasta 1850 antes de que se trasladara a Londres) con el título de «Hunting Escapes: An Adventure with a Buffalo». Aunque demasiado adornada, sirve como recordatorio de la insurrección de los bisontes contra la violencia colonial. El testigo describe que pararon para descansar y él cogió su caballo para ver si cazaba algo. En el camino se encontró con dos bisontes. El cazador disparó y mató a uno de ellos, pero el otro escapó. Después, ató su montura a un árbol y se dirigió hacia el bisonte abatido. Sin embargo, el superviviente no permitió que el intruso que acababa de asesinar a su compañero se marchara sin más, así que volvió, con claras muestras de venganza, a por él. El narrador lo describe así: «Apenas había terminado de afilar mi cuchillo cuando un ruido me sobresaltó. Miré a mi alrededor y enseguida comprendí lo que sucedía. Un objeto enorme y oscuro se acercaba hacia mí corriendo desde la cima de la montaña. Era el búfalo, el mismo que se había marchado hacía un momento».

Según contó, el bisonte primero corrió hacia el caballo (y provocó su fuga) y luego hacia él, que erró el tiro y no consiguió detenerle, aunque escapó por los pelos saltando una gran zanja. Sin embargo, el enorme animal, «espoleado por su resentimiento», encontró el modo de superarla también y continuó la persecución. Aquí la historia se vuelve aún más teatral: el cazador trepó al árbol donde había atado el caballo, le lanzó un lazo a su perseguidor y lo mató. Este suceso es el reflejo de una época en que los bisontes se enfrentaban a las violentas intrusiones de los colonizadores y oponían resistencia. Hacia finales del siglo XIX, los millones de ejemplares que una vez vagaron por las llanuras en grandes manadas salvajes quedaron en gran medida erradicados. Entre 1850 y 1880 mataron a setenta y cinco millones, de hecho. Los cazadores dejaban que la mayoría de los cadáveres se pudrieran, lo cual atraía a los lobos y a otros animales salvajes, a los que mataban por deporte o para obtener las pieles.

Imagen 17. Un búfalo toma represalias después de que un cazador mate a otro búfalo. «Hunting Escapes: An Adventure with a Buffalo». *Chambers's Edinburgh Journal*.

Hoy, la mayoría de los bisontes vive en cautividad, ya sea en cotos de caza, en zoos o en reservas naturales. A pesar de los numerosos obstáculos, esos individuos aún mantienen la inclinación desafiante de sus antepasados. En julio de 2017, más de una docena de ellos (de una manada de veinticinco) cruzó una valla en una zona boscosa del coto donde vivían y huyó por Gilford, New Hampshire. El grupo escapó del Albergue Privado de Caza

Bolduc, una granja que lleva veintiocho años criándolos y sacrificándolos. Aunque cuenta con casi ciento cuarenta hectáreas de pastos y bosque, los bisontes se encuentran en un estado continuo de amenaza. Como la finalidad es convertirlos en carne, presencian cómo se llevan a los miembros de su familia para sacrificarlos antes de que los maten a ellos también. En aquella fuga, hasta cortaron el tráfico porque los animales tomaron las calles. Varios reportajes describieron la escena como propia del Lejano Oeste. Durante casi siete horas, persiguieron al grupo, formado por machos, hembras y crías jóvenes, por los barrios y los bosques de las localidades de Laconia y Gilford. Al final, la policía acorraló a la manada, con pocas posibilidades de escapar, ya que el vecindario al completo participó en la redada. Con todo, cuando se encontraban a apenas cincuenta metros del coto, la manada huyó de nuevo, aunque esa misma noche regresaron por su propio pie. En una entrevista, el dueño de la finca explicó que «se dieron cuenta de que no pintaban nada allí afuera» y añadió que estaban preparados para dispararles en caso de que no volvieran[130].

El comentario del ganadero refleja la realidad a la que deben enfrentarse los animales fugados. No tenían adonde ir. Pese a que los bisontes se escaparon dos veces, se vieron obligados a volver al lugar del que querían escapar con desesperación. Este ejemplo demuestra que la colonización es un proceso continuo. Los colonizadores humanos consideran a los bisontes, cautivos en su propio territorio, recursos susceptibles de ser explotados de manera sistemática a cambio de un beneficio. Su resistencia era la respuesta al control al que estaban sometidos. Su regreso al cautiverio ilustra la desposesión de los animales bajo el colonialismo de asentamiento. La pérdida de las tierras salvajes implica que les queden pocos lugares donde refugiarse. Muchas especies están sujetas a controles particularmente estrictos y sus «vías para la resistencia y la rebelión» están extinguidas[131]. Los espacios construidos en un primer momento para el uso humano están delimitados por barreras que evitan que los animales se muevan con libertad. La policía y los vecinos se encargan de vigilar y asegurar la zona para mantener el orden social. Incluso si un animal consigue escapar, gran parte de su éxito depende de la ley y de las decisiones humanas. No resulta sorprendente que, en una sociedad que relega a los animales como bienes de consumo y propiedades, resulte habitual ocuparse de los fugitivos disparándoles.

Alrededor de 1913, un ternero blanco que, según se cuenta, tenía «unos cuernos de una enorme envergadura», desafió a sus opresores en repetidas ocasiones. Old Whitey, como lo llamaron, había llegado desde Chihuahua, México, junto a cinco mil vacas más, a un rancho de sesenta mil hectáreas en el norte de Sierra Blanca. Desde el primer momento, «no dejaba de levantar la cabeza para mirar hacia la cordillera de Monte Diablo». No tardó mucho en huir hacia ella. Un ganadero apuntó que «aquellos montes eran su hogar natural»[132]. Estuvo varios meses vagando por ellos. Iban a sacrificar a las vacas en el otoño siguiente, así que, cuando pasó el invierno, lo capturaron en una batida, pero el ternero consiguió escapar de nuevo a las Diablo, donde disfrutó de otro año de libertad. Sin embargo, en esta ocasión fue efímera: la falta de follaje y de árboles en aquellas tierras áridas y escarpadas no le permitió seguir oculto mucho tiempo. Al año siguiente volvieron a apresarlo, y esta vez sus captores emplearon todas las precauciones. Una noche, mientras preparaban su sacrificio, metieron con mucho cuidado a todas las vacas en rediles, incluido a Old Whitey. Pero, a la mañana siguiente, descubrieron que había vuelto a emprender el camino a las montañas. Durante meses, lo avistaron en numerosas ocasiones, vivo y con buen aspecto. Aun así, no hubo compasión alguna para ese animal que había luchado por vivir alejado de la civilización humana. El ganadero insistió en localizarle, lo abatió y se comió su carne[133].

Imagen 19. Ila Turner McAfee, *Texas Longhorn: Una estirpe en desaparición*. Mural de óleo sobre lienzo colgado en la oficina de correos de Clifton, Texas. Creative Commons 4.0. (Foto de Larry D. Moore).

Como demuestra la historia de Old Whitey, no había misericordia para los animales, ni siquiera para los más admirados por los imperialistas humanos (cuyo instinto de libertad se respetaba debido a su naturaleza persistente, feroz e ingeniosa). Pensaban que las vacas fugadas seguían «la ley de lo salvaje, la ley férrea de "libertad o muerte" contraria a la tiranía». Según J. Frank Dobie, «no había mayor forajido que un ciervo o un gato montés que huyera del hombre»[134]. Esos individuos parecían contradecir el relato de la domesticación y eran apreciados por sus rasgos solitarios y salvajes. Tenían fama de ser «fieros», «fuertes», «tenaces» y «perspicaces». En la romántica descripción que ofrece este autor sobre los animales fugados destaca la intensa perspectiva ecológica que valora a los seres en su estado natural y desprecia a aquellos que son sumisos y están domesticados. Según Karen Davis: «Los animales que evocan imágenes de cosas "naturales, salvajes y libres" concuerdan con el espíritu "masculino" de la aventura y la conquista idolatrado por nuestra cultura. Los animales que evocan imágenes de cosas "artificiales, mansas y encerradas" representan un modo de vida que la cultura occidental menosprecia»[135]. Para evitar la resistencia de las vacas rebeldes, los ganaderos adoptaron medidas invasivas y violentas, entre las que se incluyeron el corte de los cuernos, el sellado de los párpados y el amarre de la cabeza a las patas delanteras[136].

El negocio que suponía la captura de los fugitivos provocó el nacimiento del rodeo. En los ranchos del Oeste, era difícil encontrar trabajadores que lograran apresar a las vacas fugadas en los bosques o en las áreas montañosas cercanas[137]. Por eso, los más habilidosos se volvieron célebres y, en consecuencia, surgió una cultura del rodeo que emulaba las técnicas que los vaqueros empleaban para «identificar, intimidar y controlar» al ganado y para prevenir las fugas antes de que llegara al matadero[138]. La gente disfrutaba al observar el espectáculo de aquellos laceros de vacas y el rodeo enseguida se convirtió en una empresa capitalista que romantizó y popularizó la vida vaquera.

Para reforzar la ley de los gobernantes, en Estados Unidos se ha desarrollado una especie de sistema de policía-vaquera que defiende a los llamados «buenos ciudadanos (americanos)» y expulsa de la sociedad, mediante actos violentos, a los animales y humanos infravalorados. Un informe de 1934, de hecho, señalaba que a los animales fugados los recapturaba la «policía vaquera»[139]. Tal fue el caso de una ternera que buscó cobijo en las tiendas de Fifth Avenue, donde el espectáculo de los huidos recordó al «salvaje y confuso Oeste»[140]. Otra noticia de agosto de 1892 informaba de que cinco terneros causaron un «enorme espectáculo propio del salvaje Oeste» en las calles de Nueva York[141]. Tanto la policía que imitaba a los vaqueros —la figura masculina por antonomasia del imperialismo americano, el «destino manifiesto» y la blanquitud— como los propios vaqueros (o aspirantes a vaqueros) participaron en esta cacería «salvaje» (es decir, idealizada y peligrosa). La cultura de policías y vaqueros quedó patente cuando, en 1883, unos agentes que perseguían en carretas a un ternero «comenzaron a dispararle con sus pequeños revólveres»[142], y cuando, en 1885, una docena de oficiales de policía abatió a otro con la ayuda de «todos los hombres del vecindario que poseían un arma»[143]. De acuerdo con estas descripciones, podríamos pensar que perseguían a los famosos fugitivos Bonnie y Clyde, y no a una vaca asustada que acababa de huir del matadero.

Las referencias a este arquetipo continúan durante el siglo XX en los informes sobre animales fugados[144]. Cuando diecinueve novillos escaparon del matadero Lehman Brothers en 1927, la prensa se refirió a la persecución como un «rodeo de Brooklyn». Uno de los más rebeldes se apartó del grupo, salió por la puerta del matadero y abandonó el recinto vallado hasta alcanzar el tráfico. La policía disparó a tres de ellos. Dos horas más tarde, capturaron a los otros dieciséis y los enviaron al que siempre había sido su destino[145]. Un mes más tarde, varias terneras que huyeron de un criadero del West Side de Manhattan protagonizaron otra fuga masiva que se describió como un «rodeo a la antigua». El carro tirado por caballos que las transportaba hacia un matadero del este se detuvo y «de pronto, de manera inexplicable, la puerta trasera se cayó y cinco animales saltaron a la calle»[146]. Consiguieron acorralar a la terneras, que volvieron al matadero. Cientos de espectadores presenciaron el suceso con aparente «regocijo». Un año más tarde, la policía atrapó con un lazo a un novillo negro en una «persecución de rodeo», según la llamaron. El novillo de las Grandes Llanuras iba a ser sacrificado en un matadero de la zona este. Aunque podríamos pensar que estos ejemplos son cosa del pasado, la idea del policía vaquero llega hasta el siglo XXI. En enero de 2017, cuando dos vacas escaparon y echaron a correr por una autopista en el condado de Henry, un *sheriff* del centro norte de Georgia pidió que algún vaquero lo ayudara en la persecución. Así fue, y este las atrapó con el lazo desde el capó del coche patrulla. Cuando las vacas (y otros animales) interrumpen la distancia entre el consumo y la producción de productos a partir de sus propios cuerpos, su voluntad queda suprimida para proteger el sistema capitalista, que se entremezcla con las lógicas continuadas de la colonización.

## Capital animal

La colonización de los animales, como trabajadores forzados y como recursos para el crecimiento del poder colonial, tuvo un papel fundamental en la aparición del capitalismo. Asimismo, la domesticación fue un componente clave en tanto en cuanto la cría y la manipulación genética favorecieron la sobreproducción de sus cuerpos y la acumulación de un enorme excedente en manos de la clase capitalista. La posesión de animales considerados de granja proporcionó posición y poder a las clases dominantes (principalmente masculinas) y desembocó en la propiedad de otros seres humanos y animales susceptibles de ser explotados por estar conceptualizados como bienes.

El control sistemático de otros animales empezó con la domesticación y la posesión de las vacas. En la contrarrevolución contra el igualitarismo durante la primera parte del Neolítico, hace unos doce mil años, la posesión de ganado permitió que una minoría de seres humanos se elevara por encima de los demás y que la élite determinara las prioridades e intereses de las sociedades para adaptarlos a sus propias necesidades[147]. Dicho ganado, junto con otros animales, quedó definido según su utilidad para nuestra especie, es decir, para servir de alimento al ser humano[148]. Las clases epistemológicas dieron lugar a las clases socioeconómicas, donde unos agentes conocían, poseían y eran dueños, mientras otros eran conocidos, poseídos y explotados. La acumulación originaria, la privatización de tierras en el paso del anquilosado sistema feudal al sistema capitalista, tuvo efectos devastadores en todos los explotados, esclavizados y asesinados para mantener el *statu quo*. Respaldado por instituciones que influían y manipulaban la conciencia pública, el capitalismo manejó la opresión de los humanos y de los animales desde el siglo XVI. Con el desarrollo de las grandes instituciones financieras, hacia mediados del siglo XX alcanzó una escala global con actores internacionales militarizados que impusieron y defendieron las jerarquías de clase y la propiedad privada.

En este sistema, los animales se limitan a ser «formas de capital, tanto desde un punto de vista cultural como carnal»[149]. Su capitalización requiere de su mercantilización, de su estatus como propiedad y de su apropiación. Sus cuerpos se explotan para sacar provecho de su reproducción (por ejemplo, para carne y huevos), de la alimentación destinada a su descendencia (por ejemplo, la leche), de sus pelajes (por ejemplo, la piel y la lana), de su instinto de supervivencia (por ejemplo, en el entretenimiento) y de la experimentación para diversos propósitos perversos. Para los capitalistas, esto supone un elevado excedente, porque los animales nunca abandonan sus puestos de trabajo ni reciben un salario por las tareas realizadas, además de que su reproducción (mediante inseminación artificial) garantiza que el suministro de nuevos artículos de consumo sea constante. Las estrategias de distanciamiento ocultan este proceso, que a su vez se ve favorecido por la profunda implicación de la especie humana en el círculo vicioso del capitalismo. Al tratarlos como bienes que se pueden comprar y vender, los animales se convierten en mercancías, al igual que su trabajo. Los cuerpos son mercancías en vida y tras su muerte. Con independencia de la escala de producción, la violencia está instituida en ellos porque están imbuidos de este estatus de mercancía y porque, como propiedades, se los considera susceptibles de ser poseídos[150].

La designación del estatus de propiedad y mercancía no se limita a los animales domésticos. En diciembre de 2016, una loba se escapó durante un breve lapso de tiempo del Yellowstone Bear World, una reserva natural privada. En este parque de atracciones pseudoconservacionista situado en Rexburg, Idaho, los clientes pagan para observar desde un vehículo ciervos, osos y lobos, entre otros. El instante en que la loba escapó quedó documentado en una fotografía donde aparece deambulando por el campo nevado, tal vez en dirección al bosque que se observa a lo lejos. Su libertad duró una hora. ¿Qué se le pasaría por la cabeza antes de que el propietario del Yellowstone Bear World, el señor Ferguson, la matara de un tiro? Después de que lo alertaran de la fuga, el hombre siguió su rastro por la nieve. Como esa transgresión violaba su estatus de propiedad, a la loba no le estaba permitido existir fuera del espacio que le habían asignado los humanos. Tras el disparo, en una declaración bastante representativa del derecho a la propiedad sobre los demás animales que creen tener los humanos, un oficial conservacionista dijo: «Hay una diferencia entre la propiedad privada y los animales salvajes. Esa loba era propiedad del señor Ferguson. No era como los lobos a los que disparamos durante la temporada de caza. Los lobos que cazamos les pertenecen a los ciudadanos de Idaho». Incluso algunos lobos en libertad se consideran una suerte de propiedad, ya que los permisos de caza concedidos por las autoridades los convierten en un bien del estado. Estas vidas salvajes, al igual que los lobos cautivos del Bear World, están mercantilizadas como una forma de «entretenimiento»; tanto los cazadores que compran las licencias como los visitantes que pagan la entrada al parque de atracciones indican una forma mercantilizada de relacionarse con este animal (algo que se remonta a los programas de caza que comenzaron a mediados del siglo XVII con las recompensas otorgadas por las cabezas de lobos)[151].

Los animales considerados «mascotas» también cuentan con unas protecciones legales ínfimas. En marzo de 2019, a una cebra llamada Shadow la mataron después de que se hubiera escapado del rancho Cottonwood en Callahan, Florida. Shadow corrió más de tres kilómetros por la carretera con varios coches a la zaga. Aunque estaba considerada una «mascota», su «propietario» le disparó en presencia del *sheriff* local y de varios policías. ¿La justificación? Shadow estaba herida. Sin embargo, varios transeúntes discreparon de esta afirmación y explicaron que a Shadow la mataron para evitar que hiriera a alguien (ya que, en ese caso, el responsable habría sido el propietario)[152]. De cualquier modo, la injusticia que supuso el estatus de propiedad en este caso queda manifiesta: al hombre lo acusaron por tener una cebra sin el permiso correspondiente, pero no por haberla matado, algo que demuestra que a menudo se acaba con las vidas de estos animales para evitar que sus propietarios sean responsables de los posibles daños personales o materiales ocasionados.

El estatus de propiedad funciona como un impedimento deliberado para la fuga. Cuando un ternero de cuatro meses llamado Herbie se escapó mientras lo transportaban de un camión a otro en una calle muy transitada de Brooklyn, la policía lo sedó y planeó devolvérselo a su dueño para que lo criara y lo enviara al matadero. Sin embargo, en un afortunado giro de los acontecimientos para Herbie y para los partidarios de su libertad, no encontraron los papeles que demostraban su propiedad[153]. En consecuencia, acabaron llevándolo al centro zoosanitario municipal. Una vez allí, lo adoptó un santuario de animales provenientes de granjas. Si el tipo que conducía el camión hubiera demostrado que era suyo, la policía habría estado obligada por ley a devolvérselo, a menos que hubiera renunciado a su propiedad en favor de otra persona.

La primera revolución agrícola, la Revolución Industrial y el cambio de sistema económico en el siglo XVIII dependieron del trabajo de los animales, que transformaron las estructuras urbanas, comerciales e industriales de la era capitalista moderna durante largas jornadas dedicadas a tareas pesadas y con escaso descanso[154]. Sus trabajos forzosos estuvieron muy vinculados al nacimiento del capitalismo, pues los animales tuvieron un papel central en el funcionamiento de las granjas, las minas, las fábricas textiles y las plantaciones. Ellos impulsaban la maquinaria —de las segadoras hasta las gradas y los arados— y molían y transportaban las cañas desde las plantaciones de azúcar. De hecho, el primer transporte industrial dependió de los animales para impulsar los barcos, los autobuses, los tranvías y los coches. Incluso su relación con la guerra fue inmensa, ya que desplegaban la artillería y las provisiones y llevaban en su lomo a los humanos.

Tras la Segunda Guerra Mundial, cuando las tasas de consumo ascendieron en los estados capitalistas neoliberales, su profanación como seres susceptibles de ser poseídos también se intensificó. El uso sistemático de los animales domésticos para la ganadería y el pastoreo allanó el terreno para la ganadería intensiva y propició el crecimiento de la industria alimentaria global, del sector industrial y del sector textil. El nuevo transporte industrial, favorecido por el desplazamiento generalizado y la supresión de los animales de las áreas urbanas (y de otros lugares donde eran muy visibles), posibilitó su explotación en una proporción mucho mayor. Los avances tecnológicos han conducido a procedimientos intensivos artificiales denominados Operaciones de Alimentación Animal Concentradas (CAFO por sus siglas en inglés), que confinan a un número creciente de individuos en áreas cada vez más pequeñas. En las CAFO, se propicia el crecimiento rápido de miles de individuos hacinados en edificios ciegos, mugrientos y pestilentes dentro de pequeños cajones, compartimentos o jaulas (por ejemplo, doscientas cincuenta mil gallinas ponedoras) en los que se les da de comer. Sus instintos naturales (formar una familia, husmear el suelo, construir un nido, caminar, correr o volar) quedan, pues, inhibidos. Además de eso, se les somete a procedimientos rutinarios dolorosos y se les niega, hasta el día en que los sacrifican, necesidades básicas como el espacio, el ejercicio, una dieta saludable, cuidados veterinarios, vida social, aire fresco y luz del sol.

La vida de los animales también se explotó desde un punto de vista ideológico con el avance del capitalismo y del nacionalismo[155]. Pero su matanza pública está muy bien documentada, por ejemplo, desde el año 186 a. e. c. hasta el 281 e. c., cuando a los animales no humanos (y a los humanos) se los sacrificaba como una forma de entretenimiento. En Roma, la tradición se remonta incluso mucho antes de los espectáculos en la arena[156]. Los juicios a animales en Europa durante la Edad Media incluyeron rituales de ejecución pública, sobre todo de animales domésticos que oponían resistencia. Siguiendo esta espantosa costumbre, los mataderos de principios del siglo XX (sobre todo aquellos en los que se sacrificaban cerdos) se convirtieron en destinos turísticos lucrativos donde tanto los animales como los trabajadores humanos participaban como protagonistas del «evento» e incluso los chillidos de terror de las víctimas se utilizaban para obtener un beneficio económico[157]. Dominic Pacyga cuenta que la Union Stock Yard de Chicago, que abrió al público en 1865, fue toda una atracción hasta finales de los años cincuenta del siglo pasado, cuando todavía llevaban de excursión a los escolares para asistir al sacrificio de los cerdos. A las primeras visitas a los mataderos y plantas de envasado acudían excursiones de escolares, pero la industria no tardó en organizar rutas completas con sala de espera, guías y galerías por encima de la zona de sacrificio. Pacyga explica que esta demostración apelaba a cierta modernidad: «Y lo cierto es que la presentación de la modernidad era tan enigmática como aterradora. Era un espectáculo»[158].

A principios del siglo XX, la presión pública apartó las industrias animales de la mirada de la gente. Hoy, las mayores granjas de cría intensiva se esconden del escrutinio general. Aun así, como una reminiscencia de las visitas guiadas a los mataderos de Chicago a principios del siglo XX, los vídeos de los activistas y los informes de los delatores han obligado a la industria a defenderse

Imagen 19. Una gallina fugada se posa en un ponedero industrial. (Foto de Jo-Anne McArthur/Animal Equality).

Imagen 20. Piel de oveja con un crotal amarillo en la oreja que muestra su estatus de propiedad. (Foto de Jo-Anne McArthur/We Animals).

con un nuevo enfoque: el agroturismo en las instalaciones de cría procura que «el capital mimético se extraiga no de la muerte de los animales, sino de su nacimiento, lo cual además de generar ganancias es una muestra de buena voluntad»[159]. Con una elevada intervención, al ocultar las plantas de sacrificio, la nueva industria del «agroturismo» hace las veces de campaña de relaciones públicas de la agroindustria.

Jan Dutkiewicz explica que Fair Oaks Farms, en Indiana, es un modelo contemporáneo de agroturismo. En esta granja, los visitantes pueden pasear por un criadero de cerdos. Como muestra Dutkiewicz, lejos de la transparencia que enarbolan, estos lugares se basan en discursos cuidadosamente programados que enmascaran la violencia inherente a la industria mientras omiten que los cerdos, confinados en jaulas o tumbados sobre barras metálicas, no pueden salir al exterior, construir su hogar, cavar ni tener relaciones sociales normales. A diferencia de las visitas en Chicago, donde el matadero era el foco de atención, el parto de las hembras se convierte ahora en el centro de la experiencia. Los turistas no se limitan a pasear, también se les anima a que se tomen fotos mientras recorren distintas fases del proceso de cría, que acaban con una «pequeña estampida» cuando todo el mundo echa a correr para posar con los lechones recién nacidos[160]. El agroturismo animal existe dentro del marco de las leyes mordaza agropecuarias y la ley estadounidense contra el terrorismo en las empresas ganaderas, que tratan de criminalizar a cualquiera que ponga en evidencia estas industrias mediante la documentación, la investigación o la protesta[161]. En efecto, la propiedad privada funciona para proteger a la clase capitalista, pues proporciona un marco legal que castiga a los humanos y no humanos que intentan desafiar el sistema.

## Las empresas animales y nuestra distopía moderna

Entonces, ¿adónde nos lleva esta historia de domesticación, colonización y capitalismo? Cada uno de estos procesos globales continúa conformando las relaciones sociales contemporáneas. Los animales ofrecen resistencia a los opresores humanos a gran escala debido a la crisis que estos procesos globales han creado. Esta rebelión sucede tanto por el tratamiento que reciben —el modelo habitual hiperintensificado del capitalismo global se basa en la doma, el control y la profanación del cuerpo y la vida de los demás animales— como por la creciente destrucción de sus hábitats. La acumulación de capital y poder, así como el interés por controlar los recursos, potencia la lógica colonial; depende de la colonización, esclaviza a humanos y animales y los convierte en recursos. Un proceso que se intensifica con la matanza de poblaciones enteras, la captura de animales en libertad (percibidos como obstructores de las operaciones ganaderas) y el uso generalizado de los animales en industrias que los mercantilizan por completo.

En 2017, una cerda saltó al tráfico desde un camión que la transportaba al matadero en la interestatal de Washington y permaneció en el arcén una hora. En todo ese tiempo, varios conductores se detuvieron para que el tembloroso individuo se alejara de la calzada y unos agentes de la policía de tráfico tuitearon su foto. Mientras tanto, nadie hizo nada por salvar su vida. Cuando el conductor del camión se percató de lo que había sucedido, se dio la vuelta, la recogió y continuó su camino. Un periodista describió la escena: «Así es el destino de muchos: a la cerda la vencieron los impasibles obstáculos y los aplastantes engranajes de esta distopía moderna nuestra»[162].

En la era capitalista global, otros animales se han visto envueltos en una cruel violencia diaria que se desarrolla en cada esquina. Es difícil sondear el número de ellos utilizados para las industrias de alimento, moda, transporte, entretenimiento y experimentación. En todo el mundo, se sacrifica diariamente a más de ciento cincuenta millones de animales terrestres solo para comer, lo que supone unos setenta mil millones de muertes al año sin contar los miles de millones de peces que viven en criaderos (de treinta y siete a ciento veinte mil millones) y los billones de peces pescados en libertad[163]. La ganadería intensiva, que no ha dejado de crecer desde la década de 1960, ahora confina a miles de millones de animales etiquetados, mutilados y genéticamente modificados. Hoy en día son prácticas comunes la modificación genética, la clonación, la sustracción de órganos, células y tejidos para el cuerpo humano, y la cría para sacarles rentabilidad. El análisis de ADN y sus alteraciones, junto con la constante necesidad de crear razas más eficientes, demuestra la gran influencia del biopoder en la gestión de las poblaciones animales. Por ejemplo, el *enviropig* (algo así como «ecocerdo») era un cerdo modificado para que su estiércol contuviera menos fósforo; por otra parte, los cerdos sin retrovirus endógenos (uno de los últimos avances en xenotransplante) representan a los «animales más modificados genéticamente en cuanto a su número de alteraciones»[164].

El nivel de sufrimiento que experimentan los cautivos en las empresas de explotación animal está bien documentado. Esta información está disponible para cualquiera que desee enterarse de la dura realidad. Las leyes suelen negar los intereses de los animales utilizados para comida, investigación y otras prácticas «normalizadas» como «usos ganaderos aceptados»[165]. A pesar de que las vacas, los pollos, los cerdos, los peces y otros animales considerados de granja son individuos únicos con vida social, como los perros y los gatos, están por completo excluidos del amparo de la ley. Muchas prácticas mayoritarias (y aceptadas) en la sociedad occidental de masas están, por definición, «exentas de potenciales acusaciones de crueldad»[166]. Estas exenciones, permitidas en las prácticas ganaderas, constituirían un delito de crueldad en otros contextos. Mientras que los animales más domesticados están relegados a las jaulas de la ganadería industrial y su carne empaquetada se vende en las tiendas, otros son tratados como «mascotas» y miembros de la familia, aunque también los consideran desechables, dada la inmensa cantidad que acaba a diario en perreras y refugios o en cámaras de gas (para una «eutanasia» masiva).

## Ganadería intensiva global e injusticia medioambiental

En septiembre de 2018, el huracán Florence golpeó las dos Carolinas provocando daños e inundaciones catastróficos. Las consecuencias para quienes vivían en la zona fueron muy graves. Para millones de animales en granjas, significó la muerte por ahogamiento. Miles de cerdos y vacas y millones de pollos quedaron abandonados con las crecidas en los lugares en los que vivían. Debido al coste del rescate para los ganaderos, prefirieron dejarlos morir. Lo mismo ocurrió con muchos animales de compañía, como perros y gatos.

En medio del desastre, algunos individuos lograron huir a nado por las peligrosas aguas. Una foto de We Animals mostraba a dos cerdos que, después de haber escapado de un horror, nadaban en otro: la tormenta había provocado que emergieran las lagunas tóxicas de estiércol que rodean las granjas. Fueron de los pocos que consiguieron escapar y, además, llegar a un santuario[167]. Uno de ellos fue Champ, al que Ziggy's Rescue adoptó junto con otros cuatro cerdos más. Champ estaba encerrado en una de las granjas intensivas inundadas por el huracán. Sobrevivió con una pata fracturada en una zona pantanosa y boscosa durante dos semanas. Cuando sus rescatadores aparecieron, estaba tendido en el barro, ya sin esperanzas. El santuario lo llevó

Imagen 21. Unos cerdos que escaparon de una granja nadan por una zona inundada en Carolina del Norte. (Foto de Kelly Guerin/We Animals).

al hospital veterinario, donde pasó cuatro meses recibiendo cuidados. Al final, cuando se curó, se dirigió a su nuevo hogar. Allí lo recibieron con campos de hierba fresca, una casa construida para él y otros cerdos rescatados.

Se prevé que cada vez haya más huracanes, tan fuertes como Florence, a consecuencia del cambio climático. También estamos viviendo un aumento impresionante de los incendios, las sequías y las olas de frío y calor. El Florence, provocado por la subida del nivel del mar y de las temperaturas oceánicas, es solo un ejemplo de que el cambio climático desencadena la devastación medioambiental cuando impacta contra sistemas humanos frágiles, tóxicos y volátiles como el de la ganadería industrial. La cría intensiva de animales tiene un papel fundamental en el origen y la perpetuación de estos acontecimientos, ya que es uno de los mayores contribuyentes de las emisiones de gases de efecto invernadero, la pérdida de biodiversidad, la degradación de la tierra, la polución, la sobrepesca, la sedimentación costera y la extinción masiva global.

La tierra se ha convertido en una granja global que siembra el caos en los ecosistemas[168]. Desde 1970, la población salvaje se ha reducido a la mitad, mientras que los animales en granjas se han triplicado. Ahora, de hecho, hay incluso más que seres humanos, con un total de unos diecisiete mil millones de animales terrestres vivos[169]. Aunque los recursos de nuestro único planeta son finitos, se destinan grandes áreas a la cría que consumen agua y cereales y que emiten metano, y este proceso requiere la utilización de cantidades desproporcionadas de terreno, agua y energía. En la actualidad, un tercio de la tierra sin hielo se convierte en desierto y está ocupada por animales en granjas y forraje para ellos. Un tercio del agua también se les dedica (comparado con la treintava parte destinada a los hogares), lo cual agrava peligrosamente la crisis de los recursos hídricos[170]. La ganadería también es responsable de al menos el dieciocho por ciento de las emisiones de gases de efecto invernadero, más que el sector del transporte. Las Naciones Unidas la describió como «uno de los dos o tres principales causantes de los problemas medioambientales más graves a cualquier escala, desde la local a la global»[171]. En 2018, Greenpeace informó de que está previsto que, si no se controla, la ganadería intensiva produzca el cincuenta y dos por ciento de las emisiones globales de gases de efecto invernadero en las próximas décadas[172]. En la selva amazónica, alrededor del noventa por ciento de la deforestación está causada por la ganadería intensiva, ya que las tierras salvajes se han convertido en áreas de pasto, unidades de engorde a gran escala y campos de cultivo para alimentar a los animales, incluyendo millones de hectáreas de soja para las vacas, los cerdos, las gallinas y los peces de criadero (una superficie mucho mayor que la utilizada para el consumo humano). El número sin precedentes de incendios que han devastado las selvas en 2019 está relacionado con la tala que llevan a cabo los ganaderos. Se críe como se críe a los animales, siempre son «transformadores de alimento ineficientes»[173].

Todos estos aspectos —la explotación de los animales como capital que hace avanzar las lógicas coloniales, el proceso de domesticación que ha alcanzado dimensiones frankensteinianas y la destrucción global de los hábitats y los ecosistemas debido a la ganadería— provocan la resistencia de los animales en dimensiones crecientes. Este es el único recurso del que disponen los animales sujetos a la violencia diaria de las «prácticas ganaderas aceptadas» ejercidas por los humanos (cómplices o responsables directos de dichas prácticas). El desarrollo de los discursos sobre la intencionalidad y los intereses de los animales es una tarea vital para acercarlos a la historicidad, ya que, como afirma Nicole Shukin, «la versión del capital, sin duda, queda rebatida por los propios animales, que ni viven "fuera de la historia" ni con la pasividad histórica que por lo general se les atribuye»[174]. A medida que la civilización humana amplía su alcance, quedan cada vez menos lugares donde los animales puedan refugiarse, pero, a pesar de su explotación en el actual sistema de violencia instaurada, la insubordinación animal persiste. Dentro de este proceso siempre ha habido una corriente de lucha subyacente, una tensión que continúa en nuestros días, pues la historia de la opresión animal se entrelaza con la historia de la insurrección animal.

# 3
# MOTIVACIONES PARA LA INSURRECCIÓN ANIMAL

Marcado por los avances en la digitalización, la innovación técnica y la intensificada globalización de la sociedad de consumo, el siglo XXI ha traído consigo un aumento tanto de la explotación animal como del interés por la vida y el bienestar de los animales. En internet abundan los descubrimientos y las anécdotas sobre la cognición animal. Todos los días, entre fotografías, vídeos y trabajos científicos, se comparte un saber que rebate la idea de que los humanos son la piedra de toque de la inteligencia y la moralidad, a la vez que se demuestra que los demás animales tienen una amplia vida social y emocional. Sin embargo, como prueba de la profunda disonancia cognitiva de nuestra sociedad, la explotación animal para obtener alimento, ropa, experimentación y entretenimiento persiste. Los animales se pasan la vida encerrados en jaulas tan pequeñas que no pueden ni darse la vuelta y viven en habitáculos artificiales, estériles e incómodos. Se les hacina en unidades de engorde, sometidos a una experimentación constante y obligados a actuar para los seres humanos. La mayoría están relegados a las jaulas masificadas y cubiertas de desechos de las instalaciones industriales intensivas y explotados mediante la maquinaria y la violencia del «complejo industrial-animal»[175]. Este capítulo examina algunas de las condiciones derivadas de la domesticación, el colonialismo y el capitalismo: el cautiverio, la desposesión, la explotación y la opresión contra las que resisten. En concreto, las razones individuales por las que muchos se enfrentan a sus circunstancias, propiciadas por el ser humano. Aunque la insurrección de los animales está anclada en el deseo de libertad, hay otros factores en juego.

## Autodefensa

En la economía capitalista, la cautividad de las orcas (y de otros mamíferos marinos) ha sido inmensamente lucrativa. Al obligarlas a actuar en acuarios y parques temáticos, estas industrias han obtenido grandes ingresos. A las cautivas, después de haberlas arrancado de sus océanos de origen y de sus familias, las obligan a nadar en círculos en pequeños tanques con agua tratada químicamente. Estas condiciones surgen en una sociedad que prioriza el beneficio y que define a los animales no humanos como «propiedad».

La vida en cautividad de la orca Tilikum estuvo marcada por las carencias, el confinamiento y el maltrato, lo cual motivó sus numerosas represalias, en ocasiones con consecuencias mortales. Pero la lucha de su especie comenzó mucho antes. El documental *Blackfish*, que va más atrás en esta historia, se remonta a la captura de una ballena cerca del estrecho de Puget, en el estado de Washington[176]. Es aquella zona precisamente trabajó hasta 1976[177] uno de los primeros expertos en capturar orcas, Don Goldsberry (nombrado director corporativo de colección de SeaWorld en una fecha tan reciente como 1987). En 1970 varios barcos pesqueros persiguieron y acorralaron con redes a una manada entera para elegir al ejemplar más joven y pequeño. En su intento de proteger a los suyos, las orcas sin hijos desviaron a las embarcaciones mientras las madres y las crías intentaban alejarse pasando desapercibidas. Por desgracia, como muestra la película, fueron incapaces de escapar de la vista de los helicópteros que sobrevolaban el área. Mataron a tres individuos. Otros se quedaron cerca gritando y llorando. Después de 1976, el estado de Washington prohibió la captura de orcas, por lo que Goldsberry se trasladó a Islandia.

A Tilikum lo capturaron en la costa islandesa en noviembre de 1983. Lo apartaron de su familia con solo dos años. La ballena debutaría en el acuario Sealand of the Pacific de Victoria, en la Columbia Británica. En 1992 lo trasladaron al SeaWorld de Orlando, Florida. Tilikum era el protagonista ideal para *Blackfish* debido a que había pasado su vida entera en cautividad, a su empleo como semental y (lo que generó más atención) a su implicación en la muerte de tres personas a lo largo de sus treinta años de vida. Murió con treinta y siete años en 2017 de una infección pulmonar causada por una neumonía. SeaWorld no hizo público el informe de la autopsia. Este ocultamiento de información es legal desde 1994, cuando los parques marinos que fundaron SeaWorld consiguieron el derecho a no mostrar los resultados de dichas pruebas.

La realidad del cautiverio de los mamíferos marinos presentada en *Blackfish* no deja en buen lugar a Seaworld. La película destaca las condiciones laborales poco seguras de los adiestradores y la negativa deliberada de la empresa a reconocer el sufrimiento y la agitación provocadas por el cautiverio; además, cada vez que sucedía algún desastre, el departamento de relaciones públicas se apresuraba a culpar a los trabajadores. Los adiestradores profesionales que trabajan con mamíferos marinos cautivos como las orcas y que establecen una relación con ellos a menudo reciben embestidas o acaban bajo el agua. En esos casos, su único recurso es permanecer en calma y esperar a que los suelten. En una escena del documental, se ve a un adiestrador jovial que está hablando con el público cuando, de repente, Tilikum arremete contra él. El hombre se sumerge para esquivarlo y consigue escapar por los pelos. Enseguida, después de recomponerse y con una levísima interrupción de su sonrisa de oreja a oreja, trata de calmar al público quitándole hierro al asunto. Solo era la orca haciendo el bobo. La represalia de Tilikum se minimizó para ocultar las condiciones contra las que se rebelaba y, sin más, el espectáculo continuó. Asimismo, cuando Tilikum tiró al agua a la adiestradora Dawn Brancheau, de cuarenta años, y la ahogó, SeaWorld le dio la vuelta a la situación afirmando que se trataba de un caso poco habitual y etiquetó a la ballena de «manzana podrida». Como Michel Loadenthal declaró, los medios de comunicación le restaron importancia al ataque evitando «debates sobre la domesticación, el especismo y la dominación de los animales no humanos para obtener beneficios económicos en la industria del entretenimiento»[178].

Las expresiones de autodefensa de Tilikum fueron el resultado de su cautiverio en la sociedad capitalista. Vivía en unas condiciones tan frustrantes y dañinas que se pasaba horas en el tanque sin moverse y se destrozó los dientes de tanto morder las paredes de su pequeño habitáculo. Como otras ballenas le infligieron heridas, lo obligaron a permanecer aislado (para que SeaWorld no perdiera la inversión realizada). Aunque otras películas de ataques de animales, como *Orca*, suscitan el miedo a estos animales (como «ballenas asesinas»), no hay constancia de que hayan dañado nunca al ser humano estando en libertad. Tal y como se sabe ahora, son criaturas sociales complejas e inteligentes que poseen una cultura que se transmite de generación en generación y que viven en grandes grupos familiares muy unidos. Es bajo la dominación humana cuando cambian su com-

Imagen 22. Tilikum durante una actuación en SeaWorld, Orlando, dos meses antes de matar a su adiestradora después de un espectáculo similar, 21 de diciembre, 2009. Creative Commons 3.0. (Foto de David R. Tribble).

portamiento; la cautividad impuesta reúne a ballenas de distintas comunidades, que hablan diferentes dialectos y lenguas, en entornos diminutos, artificiales e insalubres. Las carencias que sufren las llevan a oponer resistencia. La dura situación de Tilikum y su insurgencia tuvieron un papel importante a la hora de captar una atención sin precedentes acerca de las pésimas condiciones de los mamíferos marinos en cautividad. La película provocó un escándalo público, cambios legislativos y una pérdida económica para SeaWorld. Después de su estreno, el valor de las acciones del zoo marino cayeron en picado[179].

Otro ejemplo notable de autodefensa animal contra los humanos se observa en los jabalíes de Japón. La caza de estos individuos en libertad ha estado permitida mucho tiempo, incluso durante la época en la que emperador Tenmu, en el año 675, prohibió comer animales. En efecto, estos tenaces individuos rara vez se rinden sin defenderse o sin plantear una batalla de ingenio, demostrando así con sus valerosos esfuerzos sus ganas de vivir. Los cazadores japoneses tienen una palabra para el jabalí: *kashikoi*, que podría traducirse como «inteligente» y que hace referencia a sus impresionantes espectáculos de resistencia. Estos animales, conocidos por su inteligencia y su capacidad de improvisación, se sirven de un despliegue de trucos y recursos para engañar a sus perseguidores. De hecho, estos creen que los conducen a propósito hacia terrenos difíciles y que tienen especial cuidado para que no los acorralen. Incluso cuando parecen estar ya cerca, consiguen escapar de un modo milagroso. Presentando unos patrones complejos, los jabalíes corren hasta el final de su territorio y de pronto se dan la vuelta para confundir a los cazadores y a los perros. Otras veces siguen un recorrido circular o en forma de ocho y se escabullen de pronto.

Asimismo, son lo bastante listos para enmarañar sus huellas en el hielo o el barro, cambiar la dirección de estas y guiar a los cazadores hasta caminos sin salida para que no sepan hacia dónde han ido. Durante años, los hongū han mostrado su perplejidad ante su capacidad para anticiparse a sus movimientos. Muchos creen que estos animales tienen un conocimiento calendárico que guía sus elusivas tácticas de fuga. Si el cazador consigue acorralarlos sin posibilidad de escapar, no suelen resignarse, sino que cultivan lo que en japonés llaman *shinimonogurui*, la «ira del que va a morir», y cargan contra su captor. Con una fuerza intimidante y unos colmillos y dientes peligrosos, se sabe que con sus embestidas son capaces de matar a cazadores y perros en su último acto de autodefensa. Además, los machos alejan a los cazadores de las hembras y los jabatos. Un hombre de Tanzawa contó que una vez, mientras apuntaba con la escopeta a una hembra, un macho lo embistió por detrás antes de que le diera tiempo a disparar[180]. Es decir, que oponen resistencia por su propia conservación, pero también para proteger a su familia.

En el parque nacional de Los Volcanes, en Ruanda, los gorilas han saboteado trampas para protegerse y proteger a los demás. Cada año, los cazadores furtivos colocan miles de lazos en la zona para cazar antílopes y otros animales. Los furtivos atan la soga a una rama de bambú, la inclinan hacia el suelo y la sostienen con un objeto pesado como un palo o una piedra. Después, tapan el artilugio con hojas y palos. Cuando un animal se acerca confiado y lo golpea por casualidad, la rama se endereza y el nudo corredizo se ciñe alrededor de la víctima. El cautivo se queda así, a veces colgado en el aire, hasta que los cazadores vuelven. Si los jóvenes gorilas caen en la trampa, mueren colgados o por las heridas que se hacen al intentar escapar porque los furtivos, que no tienen ningún interés en ellos, no se molestan en liberarlos.

Al reparar en la existencia de las trampas, un grupo de gorilas tomó medidas preventivas. Los investigadores del parque se sorprendieron al descubrir que dos ejemplares de cuatro años colaboraron para desarmar los lazos que había en la zona y avisar a otros del peligro. El episodio sucedió pocos días después de que una joven gorila, que pertenecía a una familia llamada «clan Kuryama», cayera en una de las trampas y muriera antes de que dieran con ella. Un equipo se encontraba inspeccionando el parque para retirar las trampas cuando un rastreador local, John Ndayambaje, divisó una de ellas cerca de los Kuryama. A punto estaba de hacerlo cuando un macho dominante del clan le hizo una señal de advertencia para que se apartara. Según el informe, «De pronto, dos jóvenes —Rwema, un macho, y Dukore, una hembra, ambos de unos cuatro años— corrieron hacia la trampa. Ndayambaje y unos cuantos turistas vieron cómo Rwema saltaba sobre la rama doblada y la rompía mientras Dukore soltaba el nudo»[181]. En apariencia, les resultó tan fácil que los investigadores llegaron a pensar que eran conscientes de su peligro. Desde luego, aquella no era la primera que desmantelaban.

Como después se supo, los mismos gorilas habían destrozado otra con la ayuda de un compañero. Tal vez no se dieron cuenta de que el rastreador pretendía desarmarla y reconocieron el peligro potencial al que se enfrentaba. Su atenta actuación mostró empatía y preocupación más allá de la línea de las especies.

## Amor y afiliación

Aunque la domesticación ha posibilitado el control, el sometimiento y la explotación de otros animales, no ha mermado su compasión y su empatía. Por tanto, ofrecen resistencia en defensa propia cuando ellos o sus familiares y amigos están en peligro. En los últimos años, se han hecho virales algunos vídeos desgarradores donde animales de distintas especies intentan que los humanos no maten a sus seres queridos. En uno de ellos aparece un cerdo que corre hacia un grupo de humanos que está preparando la matanza de un compañero. En otro, un pato defiende a un amigo que está a punto de ser sacrificado. Uno más recoge el momento en que una vaca ataca a un ganadero cuando este se dispone a llevarse a su ternero[182]. Por desgracia, las lógicas mercantilistas con frecuencia separan a los animales de sus amigos y familiares, impidiendo su capacidad de socialización.

Se sabe de vacas que han recorrido grandes distancias para buscar a sus hijos robados. En 1993, Blackie y su ternero se vendieron por separado en el mercado Hatherleigh de Devon, en Inglaterra. Los efectos alienantes del capitalismo provocaron la fuga de la madre, que se escapó de la granja adonde la habían enviado, en Okehampton, saltó un seto y recorrió varios kilómetros hasta una zona que no conocía. Al día siguiente, la encontraron con su ternero en Samford, Courtenay, a once kilómetros de distancia. El hombre que había comprado el ternero identificó a Blackie por los crotales emparejados que les habían puesto a ambos en la subasta. Esa misma mañana, la cuñada del granjero había visto acercarse a Blackie. Al parecer, se fue directa hacia los establos y comenzó a amamantar a su cría. En una noticia similar publicada en *Soviet Weekly*, una madre fue a buscar a su ternero después de que lo vendieran. Ambos aparecieron juntos aunque los separaban cincuenta kilómetros.

Los lazos sociales también pueden provocar, por el contrario, que algunos se muestren reacios a escapar cuando tienen la oportunidad. En enero de 2017, unos cazadores condujeron a una supermanada de trescientos delfines hasta la cala de Taiji, en Japón. Después, los rodearon con una red y los dejaron atrapados durante varios días, mientras se desarrollaba la matanza. A ochenta de ellos, muchos recién nacidos, los apresaron para venderlos a acuarios y parques marinos de todo el mundo. Los más viejos enloquecieron al ver que asesinaban a sus familiares con métodos que se prolongaban bastantes minutos. Algunos murieron a causa del estrés, el miedo y el hambre. Sin embargo, uno de los delfines consiguió escapar. Una foto difundida por Sea Shepherd Conservation Society mostraba que el fugado se quedó nadando en círculos para no alejarse de los suyos, pese a que nada le impedía volver al mar abierto. Su rechazo a abandonar la manada demostraba los fuertes vínculos sociales de esta especie[183].

La «reciprocidad generalizada» según la cual los animales ayudan a otros cuando ellos, a su vez, han recibido amabilidad, se ha constatado en muchas ocasiones[184]. El ternero Justice se hizo famoso por su empatía. Después de escapar de un camión que se dirigía al matadero, lo rescató el santuario Peaceful Prairie. Al llegar, Justice continuaba extremadamente asustado, pero la empatía que recibió de otro ternero supuso un gran cambio en su vida. Como su cuidadora Michele describió:

> Cuando Justice llegó al santuario, estaba aterrorizado. Su única experiencia previa en un camión había sido durante su traslado

al matadero, y eso lo marcó de un modo terrible. Así fue como se rompió el cuerno izquierdo, dándose golpes para salir de allí. Sherman, otro ternero que vivía entonces en el santuario, se acercó a él y comenzó a lamerlo a través de la valla que los separaba para calmarlo. Desde entonces, Justice, que no lo ha olvidado, lo repite con cada recién llegado, sin importar su especie. Por ejemplo, con Rowdy, uno de los corderos, que estaba asustadísimo. Rowdy no paraba de gritar cuando apareció Justice corriendo por el cerro para ayudarlo[185].

En el santuario, Justice ayudaba a los recién llegados, les daba la bienvenida y compartía con ellos el mismo consuelo y compasión que él había recibido. Sus actos afectuosos no deberían sorprendernos. Como los etólogos cognitivos han demostrado, las vacas se comunican con voces únicas, establecen amistades relevantes, disfrutan aprendiendo cosas nuevas y expresan preocupación por el futuro[186].

## Venganza y resentimiento

En la otra cara de la moneda, como sostiene Frans de Waal, los animales son capaces de expresar resentimiento o incluso actuar movidos por la venganza[187]. En este sentido, Marc Bekoff escribe que, según distintas pruebas anecdóticas, «algunos se toman la revancha» cuando la violencia se dirige contra ellos[188]. La venganza requiere «una reacción cognitiva compleja que implica memoria, consciencia de uno mismo, lógica, dolor, justicia, reproche, etc.»[189]. Edward Westermarck, un antropólogo y sociólogo finlandés cuya perspectiva sobre las emociones animales contradijo los paradigmas imperantes en su época (finales del siglo XIX y principios del XX), escribió sobre un camello vengativo que había recibido las palizas del joven que se encargaba de él. Aunque el animal al principio mostró pasividad, cuando se quedó a solas con el camellero «agarró la cabeza del desdichado muchacho con su monstruosa boca y lo levantó por los aires para arrojarlo al suelo»[190]. Westermarck describió estos actos como emanados de «emociones retributivas», un concepto que incluye tanto emociones positivas como negativas, pues consideraba que las emociones retributivas eran los cimientos de la moralidad[191].

En ocasiones, las represalias llegan con cierto retardo. Las acciones negativas contra individuos que presentan un comportamiento indeseable son una forma de justicia, pero tienen un propósito educativo, ya que enseñan que sus acciones son intolerables. Aunque menos abstractas que los sistemas de justicia humanos, las represalias pospuestas comparten ese mismo deseo de venganza. Por ejemplo, cuando un hombre atropelló y mató a un babuino en Arabia Saudí, el conductor se convirtió al instante en un objetivo para la venganza. Durante los tres días siguientes, una tropa de babuinos esperó en el arcén de la carretera donde había muerto su amigo. Al tercero, el mismo coche apareció de nuevo por allí. Al pasar por delante del grupo, uno de los babuinos chilló para alertar a los demás y todos comenzaron a apedrearlo hasta que le destrozaron el parabrisas[192].

Una tigresa siberiana de cuatro años llamada Tatiana reaccionó al rencor que sentía. El 26 de diciembre de 2007, mató a un adolescente e hirió a otros dos en el zoo de San Francisco. Previamente, los tres jóvenes visitantes la habían molestado desde el exterior del recinto gritando obscenidades y sacudiendo los brazos. Según algunas declaraciones, hasta le lanzaron varios objetos. Una persona que afirmó haber visto al mismo grupo molestando a los leones un rato antes apuntó que los felinos parecían enfadados. Motivada por la ira, Tatiana saltó un muro de más de tres metros y medio de alto y los atacó. De inmediato, mató a uno de ellos mientras los otros dos escapaban. Después, deambuló por

Imagen 23. Tatiana en el zoo de San Francisco dos meses antes de que la mataran tras haber escapado de su recinto. 26 de octubre, 2007. Creative Commons 2.0. (Foto de Matt Knoth).

el zoo unos veinte minutos, durante los cuales contó con innumerables oportunidades para atacar a empleados, a miembros del servicio de emergencias y a otros visitantes. Sin embargo, no agredió a nadie más hasta llegar a la cafetería, donde los otros dos adolescentes trataban de esconderse. Tatiana los hirió a ambos antes de que la policía le disparara y la matara. Un año antes, le había mordido el brazo a su adiestrador. Al parecer, solo atacaba a quienes percibía como una amenaza o una molestia. Aunque podría haber arremetido contra todos o haber escapado en cualquier momento, «buscaba venganza»[193]. Tatiana nació en un zoo y sus actos fueron una advertencia seria y trágica de que la vida en cautividad es tremendamente angustiosa.

Las acciones deliberadas de Tatiana son el reflejo de las de sus compañeros en libertad, como las del felino descrito en el libro de John Vaillant *El tigre: una historia real de venganza y supervivencia*. En lo más profundo de la taiga siberiana, esta obra explora la cumbre y el descenso de la relación cooperativa del ser humano con el tigre de Amur. Muchos de los libros que narran historias sobre una bestia feroz y salvaje que siembra el caos y la violencia sitúan al agresor en el papel del antagonista; el de Vaillant ofrece una imagen más matizada. La historia se desarrolla en el año 1977 en una pequeña localidad remota del extremo oriente ruso. El 5 de diciembre, Yuri Trush, el líder de una de las seis Unidades de Reconocimiento de la zona, informó de que un tigre había atacado a un hombre llamado Vladimir Markov. Las Unidades de Reconocimiento investigan los delitos que tienen lugar en el bosque, sobre todo los relacionados con los tigres. Trush envió la información desde el territorio de Primorie. Según su declaración, el hecho es real y, para anticiparse al posible escepticismo, afirma que él mismo fue testigo.

La vida en esos territorios no es fácil, ni para el ser humano ni para los tigres. Aunque antes ambas especies vivían en una aparente armonía, entre 1992 y 1994 los humanos mataron a la cuarta parte de la población de tigres —unos cien individuos— y los llevaron a China para elaborar medicamentos y vender sus pieles. Primorie, la región montañosa y boscosa donde habita el tigre de Amur, sufre un mercado negro floreciente, un Gobierno corrupto y una inmensa pobreza debido a la reapertura de la frontera entre Rusia y China, de modo que los hijos y los nietos empobrecidos de los colonizadores de la zona han retomado la caza furtiva.

*El tigre* analiza las teorías evolutivas de la coexistencia de los grandes felinos y los humanos y examina la idea de que los humanos y los tigres mantuvieron una relación armónica y simbiótica. Los pueblos indígenas vivieron entre tigres y los adoraron durante siglos, incluso compartieron con ellos las presas cazadas. Los bosquimanos de Kalahari y los artistas de la cueva de Chauvet también. Pero en el este de Rusia, a comienzos del siglo XX, los asentamientos en expansión se trasladaron a otras zonas y las dinámicas cambiaron. Según Vaillant, en 1997 en el valle de Bikin, «este entendimiento primordial se alteró y el riesgo de ataque se convirtió en un asunto prioritario»[194]. La sociedad moderna modificó la relación entre los humanos y los tigres, que se volvió tensa y frágil.

Como respuesta a la presión de las agencias de conservación internacionales, el Gobierno local creó las Unidades de Reconocimiento, provistas de cámaras y armas, para reestablecer el orden, detener a los furtivos y prevenir conflictos. El libro recoge la historia de Markov, un cazador a quien mató un tigre de Amur. Todo el mundo lo atribuyó a un acto de venganza. La situación se salía tanto de lo normal que un compañero de Trush, Sasha Lazurenko, se planteó en voz alta la siguiente pregunta al ver los restos de Markov: «¿Por qué el tigre está tan enfadado con él?»[195]. Cuando los miembros de la Unidad de Reconocimiento siguieron el rastro del animal, percibieron un patrón en sus ataques. Creían que las víctimas no eran aleatorias, más bien parecían objetivos concretos de una gran trama de venganza continuada.

Un pequeño grupo de hombres decidió cazar al tigre en pleno invierno. Después de que, movidos a su vez por un fuerte e implacable afán de venganza, mataran y diseccionaran a su víctima, se dieron cuenta de que esta había recibido docenas de disparos, no solo los de Markov y sus cazadores. El tigre de Amur «había absorbido las balas como Moby Dick absorbía los arpones», escribe Vaillant. De hecho, «tal vez Markov no fue el origen, sino más bien la gota que colmó el vaso»[196]. Como Denis Burkhin aventuró, «quizá después de que alguien le disparara se enfadó con el mundo entero»[197]. Esta observación concuerda con los descubrimientos de la ciencia: los tigres tienen una memoria excelente, recuerdan datos y aprenden de la experiencia.

Aunque estos ataques mortales a humanos son poco frecuentes en Rusia, hay más historias de venganza. Vladimir Schetinin, un experto en tigres de Amur, dijo que llevaba treinta años recopilando relatos similares anteriores a 2007. «Mi equipo y yo investigamos al menos ocho casos», afirmó, y llegaron a la misma conclusión: «Si un cazador disparaba a un tigre, el animal lo acababa localizando, aunque tardara dos o tres meses. Es obvio que los tigres esperan al cazador que les ha disparado»[198]. Un antiguo leñador de la zona, Sergei Boyko, no se sorprendió al enterarse de cómo había acabado Markov. Él y otro cazador tuvieron un altercado con un tigre al que le arrebataron un botín de caza después de que el animal huyera. Aunque le dejaron una parte para cuando volviera, al día siguiente vieron que la carne seguía intacta. Según Boyko:

> Desde entonces el tigre nos destrozaba todas las trampas y espantaba a los animales que se acercaban a los cebos. No nos permitía cazar. Si se aproximaba alguna posible presa, rugía para que huyera. Aprendimos por las malas. El tigre no nos dejó cazar en todo el año. Se trata de un animal inusual: muy poderoso, muy listo y muy vengativo[199].

La insurrección de este animal no es espontánea. El capitalismo global y el inevitable crecimiento de la pobreza y la desesperación alimentan el desequilibrio de poder entre los humanos y los tigres de Amur. Algunos tigres recibieron múltiples disparos antes de atacar. No cabe duda de que la alteración de la naturaleza causada por la sociedad moderna y un fuerte sentido de la justicia del perseguido son los causantes de estos actos de resistencia.

## Soledad y aburrimiento

El aislamiento y la carencia de un contexto social propio es un fuerte incentivo para la insurrección de los animales. Los individuos cautivos presentan señales de aburrimiento y depresión como automutilaciones, andares errantes y una profunda resignación. Aunque muchas jaulas están escondidas a los ojos de los visitantes, las exhibiciones de los zoos son un lugar donde el sufrimiento asociado al cautiverio se vuelve tremendamente evidente.

Se sabe que, para enfrentarse a esos entornos tan poco estimulantes, los orangutanes elaboran planes de fuga detallados. Trabajan a diario, a veces durante varias semanas, para perfeccionar el arte de la evasión. Fu Manchu es un joven orangután cuyos numerosos intentos de fuga obligaron a los empleados del zoo a modificar y vigilar las instalaciones de manera continuada. Fu Manchu vivía en los bosques tropicales de Sumatra, pero unos cazadores furtivos lo capturaron y lo llevaron a Estados Unidos. Pasó de estar en libertad con su familia a vivir encerrado en el zoo de Omaha. Durante una temporada, se escapaba con frecuencia de su jaula. ¿Cómo? Una vez, escaló hasta el techo y arrancó la chimenea; el zoo se vio obligado entonces a eliminar una cadena que le servía como columpio. En varias ocasiones, forzó la cerradura con un alambre y, como después lo escondió, tuvieron que «rastrillar la hierba y buscar bajo los matorrales a diario»[200]. En vista de aquello, Fu Manchu le dio galletas a la orangutana de la jaula contigua para que le suministrara el alambre que ella misma arrancaba. Además, indujo a otros orangutanes a escapar o a involucrarse en sus fugas[201].

Un joven orangután de Borneo, Ken Allen, también llegó a dominar el arte de la evasión desde muy temprana edad. Cuando todavía era adolescente, desatornillaba el cerrojo, se daba un paseo por la guardería, volvía a la jaula y montaba de nuevo el cierre. En 1985, ya de adulto, se escapó, no una, sino numerosas veces de una jaula a prueba de fugas del zoo de San Diego. La primera vez, escaló el enorme muro de su recinto. Aunque, después de atraparlo, el zoo elevó el muro un metro y medio más, Ken Allen volvió fugarse por el mismo sitio. En la siguiente ocasión, consiguió la ayuda de otra orangutana cautiva, su amiga Vicki, para abrir una ventana utilizando a modo de palanca una barra olvidada por los empleados. Durante esas salidas, deambulaba por el zoo. La combinación de ingenio con su apariencia tranquila le granjeó fama mundial e incluso llegó a tener un club de fans autodenominado La Banda del Orangután. Al principio, el zoo, desconcertado con sus fugas, gastó miles de dólares en revisar el recinto y aumentar la seguridad. El personal incluso se hizo pasar por visitantes para localizar desde la clandestinidad las vías de escape, pero sus esfuerzos no bastaron para evitar que volviera a huir y que les enseñara a sus amigos el modo de hacerlo. Tras su última captura, Ken Allen no volvió a su recinto. Por desgracia, le diagnosticaron un cáncer terminal y murió en diciembre de 2000 con veintinueve años.

Los intentos de fuga de Fu Manchu y de Ken Allen sucedieron a consecuencia de su cautiverio. Elaborar planes de fuga les ofreció un breve respiro en aquellos aburridos recintos tan alejados de la exuberante extensión y la diversidad social del ambiente natural de los orangutanes. El hecho de que los captores los modificaran una y otra vez es una prueba de la capacidad intencional de estos animales.

## Ganas de vivir

Cuando los animales ofrecen resistencia, demuestran sus ganas de vivir. No es raro que sus actos tercos y desafiantes se desarrollen en los últimos momentos de su vida, cuando los llevan al matadero y por unos instantes quedan expuestos públicamente (en un camión o mientras los cargan y descargan) o durante los horribles minutos previos a su muerte.

Por ejemplo, en 1914, una vaca se escapó de un rebaño de camino a un matadero de Nueva Jersey. Era su última oportunidad. Como informó el periódico *Abbeville Progress*:

> Una de las vacas del gran rebaño que se dirigía al matadero echó a correr por las vías del ferrocarril y sembró el caos en los horarios previstos de varios trenes entre Nueva York y Filadelfia. En su huida por las vías, la vaca se hirió de gravedad al quedar atrapada entre los andamios de unas obras a la altura de Assanpink Creek. Después de que los empleados del ferrocarril la liberaran, los embistió y derribó al agente especial Murphy y a un guardafrenos, tras lo cual tuvieron que perseguirla de nuevo hasta capturarla[202].

Al desafiar la situación en la que se encontraba como un cuerpo susceptible de ser poseído, la vaca, con su insurrección, alteró su estatus de objeto y su posición en el negocio de la ganadería. Su lucha por la libertad transgredió las ordenanzas espaciales humanas en la época de la Union Stockyard, donde los mataderos se ubicaban en la áreas urbanas, y demostró un fuerte deseo de vivir.

Hoy, los animales en granjas llegan al matadero en camiones, no en rebaños por las calles de la ciudad. Los trasladan local, nacional e internacionalmente en una extensa red de comercio con numerosos propósitos intrínsecamente crueles. En los primeros envíos a través de Estados Unidos, muchas veces era necesario que recorrieran a pie largas distancias hasta llegar a un mercado, donde los vendían para transportarlos en los nuevos ferrocarriles que unían las ciudades del oeste con las del este. Iban hacinados en vagones con escasa ventilación en los que solían pasar varios días, a menudo sin comida ni agua. Durante el peligroso trayecto, morían decenas de individuos[203]. Las ovejas saltaban con frecuencia desde los vagones en marcha hasta que construyeron techos a prueba de fuga[204]. En una ocasión, un novillo, nada más llegar a Nueva York, trató de salvarse y huyó antes de que lo metieran en un barco ganadero (un medio de transporte donde sufrían mucho). Después de correr por la ciudad una media hora (desde 12 Avenue con 41 Street hasta 9 Avenue con 53 Street), lo atraparon y lo sacrificaron. Un artículo que informó de este acontecimiento apuntó que el novillo o bien tenía grandes ansias de libertad, o bien «una ligera idea» del destino que le esperaba[205].

Los animales considerados de granja no han dejado de escaparse de los vehículos que los transportan, donde se les sigue negando la comida y el agua y se les obliga a soportar penurias durante cientos de kilómetros a temperaturas extremas. Animals Australia, un grupo defensor de los animales que ha investigado los barcos que transportan a millones de vacas, ovejas y cabras cada año, ha informado de que estas son maltratadas de un modo persistente antes de que las sacrifiquen. En noviembre de 2016, una vaca a la que habían llevado en camión hasta uno de los barcos de la compañía de exportación de animales Wellard trató de huir saltando al agua en Fremantle Harbour, Australia. Al llegar al puerto, nadó hasta la orilla y echó a correr por la playa. Estuvo en libertad veinticuatro horas. Tras recorrer más de siete kilómetros, la vieron en North Coogee, un barrio costero del oeste. Se escaparon nueve más, pero a una la mataron al instante y a las otras ocho las acorralaron enseguida para que emprendieran su azaroso viaje. La vaca hallada en North Coogee murió de agotamiento.

En 2014, en la región china de Guangxi Zhuang, se registró otro caso de resistencia animal durante el transporte a un matadero. Un conductor que se encontraba detrás del camión tomó imágenes del salto de casi cinco metros que dio una cerda desde el techo del vehículo hasta la calzada. La cerda, desesperada, se lanzó después de trepar por uno de los laterales. Se sabe que los policías presentes la recogieron, la llevaron a la comisaría y dijeron que preferían adoptarla antes que mandarla de nuevo al matadero. Uno de ellos afirmó: «Se merece una oportunidad de vivir, se la ha ganado. Aquí nadie se la va a comer»[206]. El «propietario» podría haberla reclamado; sin embargo, parece que no lo hizo para evitar posibles acusaciones de transporte inseguro de animales. Según los informes, a Babe, que es como llama-

Imagen 24. Sue Coe: *La fuga de la langosta*, 2016. Linograbado. Copyright © Sue Coe. Cortesía de Galerie St. Etienne, Nueva York.

ron a la cerda, le proporcionaron un corral donde se ubicaba el limpiador de la comisaría, Wang Shen, quien la alimentaba con manzanas y bellotas.

En California otra cerda escapó de un vehículo en marcha cuando la llevaban al matadero. Rita, que fue como la llamaron después, se fugó de su jaula metálica y se lanzó desde la parte trasera de un camión de plataforma[207]. Unos conductores la vieron saltar a la Autopista 50 cerca de Sacramento, donde aterrizó ilesa sobre la hierba del arcén. Los agentes de una sociedad protectora de gatos y perros la recogieron y se la llevaron al refugio, donde sorprendió a todos al dar a luz a catorce cerditos, de los cuales sobrevivieron nueve. A Rita la acogieron poco después en Animal Place, un santuario de Grass Valley, California. Aunque no estaba preparada para confiar sus crías a los humanos, con un poco de cariño (y un montón de uvas y melón) por fin simpatizó con sus cuidadores. Hay fotos del santuario que muestran a los cerditos mamando, corriendo por el heno y husmeando en el barro.

Las langostas, que pertenecen a una gran familia de crustáceos marinos, son conocidas por prestar resistencia momentos antes de ser arrojadas al agua hirviendo. En *Hablemos de langostas*, David Foster Wallace imagina qué se siente al ser una y que te cuezan vivo y cómo es la «incómoda» sensación de que alguien que está a punto de preparar la cena saque una langosta viva de la bolsa de la compra. Con un profundo conocimiento del sufrimiento y de los intereses propios de los crustáceos, Wallace escribe:

> Por muy aturdida que esté una langosta como resultado del viaje a casa, suele volver alarmantemente a la vida cuando uno la mete en agua hirviendo. Si uno está volcando el recipiente dentro de la olla humeante, a veces intentará agarrarse a los lados o incluso enganchar las pinzas en el borde como una persona que intenta no

caerse desde un tejado. Y es peor cuando la langosta está sumergida. Hasta cuando tapas la olla y te das la vuelta, por lo general puedes oír el repicar y el claqueteo de la tapa que el animal trata de levantar a empellones. O bien las pinzas de la criatura arañan los laterales de la olla mientras se retuerce. La langosta, en otras palabras, se comporta más o menos como nos comportaríamos ustedes y yo mismo si nos echaran en agua hirviendo (con la excepción obvia de los gritos). Una forma menos delicada de decir esto es que actúa como si estuviera sintiendo un dolor terrible, lo cual provoca que algunos cocineros salgan de la cocina y se lleven con ellos uno de esos pequeños relojes de horno de plástico a otra estancia para esperar allí hasta que todo el proceso haya terminado[208].

En los océanos de donde proceden, las langostas viven hasta cien años. Utilizan las antenas para oler y los pelos sensitivos de las patas para saborear. Su sensibilidad corporal y su visible resistencia a que las hiervan vivas, demostrada cuando trepan por los bordes de las ollas con agua hirviendo, nos muestran que deben de sentir un dolor inmenso. Que las langostas a menudo arañen las cazuelas e intenten empujar la tapa es prueba irrefutable de su sufrimiento. El hecho de que algunos cocineros salgan de la cocina y pongan un cronómetro demuestra que, a pesar de que sus ganas de vivir son evidentes, en vez de escuchar sus súplicas, algunos humanos prefieren ignorar su voz.

La voluntad de vivir de los animales queda asimismo patente en las complejas estructuras diseñadas para prevenir su resistencia y su fuga en el matadero: las rampas estrechas, los pasillos, las capuchas y las plantas de sacrificio hacia las que se dirigen. Dentro de las instalaciones, cuelgan a los animales bocabajo para prepararlos antes del despiece. En la mayoría de los casos los despellejan o los arrojan a tanques de agua hirviendo aún con vida. En un matadero industrial, se sacrifican animales «cada doce segundos durante nueve horas laborales al día»[209]. En estos espacios de terror, lo más importante es mantener la eficiencia en la línea de sacrificio[210]. El perno cautivo utilizado para aturdir a los animales antes de matarlos falla con frecuencia y no los deja inconscientes a la primera, de manera que ellos siguen luchando por salvarse. También ofrecen resistencia en las operaciones previas, donde se utilizan numerosas medidas como vallas, cadenas y otros elementos represivos.

Este capítulo ha profundizado en las motivaciones de la insurrección animal, en particular las provocadas por las condiciones de vida de los animales, que sufren las consecuencias negativas de la sociedad humana en la que están atrapados. En una sociedad capitalista que prioriza el beneficio y que convierte a los seres vivos en propiedades, aquellos que consiguen traspasar vallas, puertas, alambradas y otras barreras siempre tienen las de perder. Aun así, los animales persisten en su lucha contra los mecanismos y las ideologías diseñadas para cercenar su libertad. A continuación, exploraremos cómo resisten los animales; para ello, empezaremos por un examen de su intencionalidad social y política.

# SEGUNDA PARTE.
# ¿CÓMO RESISTEN LOS ANIMALES?

# 4
# LA INTENCIONALIDAD POLÍTICA Y SOCIAL DE LOS ANIMALES

La insurrección animal, en un sentido político y social, es una lucha de los animales y un intento para liberarse de su cautiverio o de otras condiciones opresivas mediante la transgresión o los ataques contra las barreras construidas por los humanos. Dicha insurrección se materializa en la fuga, las represalias, la liberación de otros animales y su actitud desafiante. A su vez, puede ser activa, como la de un caballo que tira a su jinete, o pasiva, como la de un tigre que se niega a efectuar piruetas en un circo. Los animales oponen resistencia de formas incomprensibles para los humanos. Aunque para ello no es necesaria una intencionalidad autorreflexiva, la insurrección animal conlleva el deseo de liberación, bien de un opresor individual, bien de un sistema u ocupación opresiva de mayor envergadura. A lo largo de la historia, a los animales los han tratado como «superficies pasivas sobre las que los grupos humanos inscriben imágenes mentales y ordenaciones de todo tipo». Sin embargo, estos no existen para servir de reflejo de los seres humanos[211]. Siempre que sus intentos de avanzar por el mundo con sus propias condiciones no encuentren impedimentos, las diversas especies de este planeta gobiernan su propia vida. Actúan con intención y propósito, y sus elecciones repercuten en su entorno social, político y medioambiental.

## Transgresiones animales

Según los geógrafos Chris Philo y Chris Wilbert, los animales no humanos «desestabilizan, transgreden o incluso se oponen a los ordenamientos humanos»[212]. Tanto los domesticados como los que viven en libertad transgreden los espacios sociales normativos artificiales, «creados y vigilados por los seres humanos», al apartarse de los lugares físicos y de los papeles que les han asignado en ellos[213]. Así pues, ya sea fugándose de sus recintos o saboteando instrumentos opresivos, los animales rompen las barreras del cautiverio y las funciones que se espera que cumplan. Colonizados, confinados y desplazados, sus transgresiones los llevan a ocupar emplazamientos en los que están considerados «fuera de lugar», como las calles de las ciudades. De hecho, están fuera de lugar cuando infringen las regulaciones de su cautiverio, pero también cuando, aún cautivos, se les priva de su entorno y su vida natural[214]. La resistencia en el contexto de su desubicación dentro de la sociedad dominada por los humanos difiere de la que ejercen en sus hábitats naturales frente a los depredadores no humanos o frente a las fuerzas naturales. Aun así, esa intencionalidad es significativa y nos ofrece una nueva percepción acerca de la insurrección contra los humanos. Aquellos que transgreden las regulaciones espaciales de las empresas de explotación animal demuestran ese «fuera de lugar» de un modo que resulta particularmente dramático y que apela a una crisis ética[215]. Por ejemplo, se supone que los animales considerados de granja no van a aparecer en las calles de una ciudad y, cuando se escapan de los mercados, las subastas y los mataderos, su presencia es recibida con incomodidad y una extensa cobertura mediática.

Nueva York es un lugar ideal para el análisis del comportamiento de estos animales y de sus inclusiones y exclusiones en el paisaje urbano. Por esta ciudad han deambulado muchos fugados y sus avistamientos están bien documentados porque: 1) los mercados de animales vivos recluían a los animales en los establecimientos hasta el sacrifico y la venta[216]; 2) los barcos con ganado atracados en el puerto los transportaban al matadero[217], y 3) los periodistas han recogido el espectáculo público que suponía cada huida. Solo en 2012, sin ir más lejos, se registraron más de cien fugas de los mataderos y mercados de la ciudad[218]. Por otro lado, el estado de Nueva York fue la cuna del primer santuario para animales provenientes de granjas.

La resistencia y la rebelión animal se ha documentado en Nueva York desde el siglo XIX, con la fuga de elefantes y lobos, toros y osos. Pese a que los mataderos no suelen contar como industrias urbanas porque tienden a ocultarse, muchos se ubicaron en la ciudad (y en sus inmediaciones). El *New York Times* publicó bastantes historias sobre fugas, en especial las protagonizadas por vacas, que huían aprovechando los traslados, que rompían verjas y vallas y que saltaban de vehículos en marcha. Los periodistas las describieron con todo lujo de detalles, como persecuciones trepidantes; por ejemplo: «Terneros salvajes sueltos: varios ejemplares se escapan de una manada. Emocionante persecución» (1877) y «La gran carrera de un ternero salvaje: persecución frenética» (1878). Para los huidos, la experiencia era terrorífica. Considerados incontrolables, infrahumanos, salvajes y anormales, eran percibidos como una amenaza para la comunidad y había que someterlos y desterrarlos.

La presencia de animales en las calles fue motivo de discusión. Los carniceros y las autoridades locales debatieron si las industrias de explotación animal debían localizarse no solo fuera de la ciudad, sino de los propios límites periurbanos (y trasladarse a las zonas rurales). En los siglos XVIII y XIX hubo mucha presión por parte de los ciudadanos para desterrarlos de los espacios públicos tanto por cuestiones éticas como de limpieza. Sin embargo, algunos defendían la presencia de ciertos animales, como los cerdos, porque se comían los desperdicios arrojados a las calles. Esta presión provocó cambios geográficos en la industria cárnica, con líneas de despiece de gran escala en áreas urbanas como Chicago y Cincinnati y distribución por ferrocarril con refrigeración hasta Nueva York y otros emplazamientos. Los neoyorquinos podían «darse festines con beicon de cerdos criados en Indiana y sacrificados en Chicago»[219].

En el siglo XIX, las vacas llegaban a Nueva York desde distintos lugares. Las transportaban desde Nueva Jersey en ferri, desde los condados de Winchester y Dutchess a pie y desde el norte del estado en balandras[220]. Las descargaban en Corlears Hook y en el oeste de Rutgers Street y las «obligaban a caminar por las calles todo el día»[221]. A partir de 1820, comenzaron a llevarlas desde los estados del oeste, mientras que a los cerdos y los pollos los criaban en Long Island[222]. Hacia mediados de ese mismo siglo, había doscientos seis mataderos repartidos por toda la urbe[223]. Muchos de ellos se concentraban en una zona llamada Abattoir Center, que se extendía desde la 42 Street hasta la 46 Street a lo largo de First Avenue. Eran famosos por los malos olores y, en 1869, se prohibió el ganado en Manhattan a partir de la 40 Street[224]. En 1920, las ordenanzas de zonificación prohibirían la presencia de la mayoría de los animales considerados de granja en todas las ciudades de Estados Unidos.

Un caso comparable sobre la cuestión de la intencionalidad animal y la presión para expulsar a los animales de las zonas urbanas lo encontramos en el trabajo de investigación de Chris Philo sobre la eliminación de las vacas, los cerdos y las ovejas del

Imagen 25. Godefroy Durand, «London Sketches, the Cattle Nuisance». Grabado. *The Graphic*, 27 de enero, 1877.

Londres de la época victoriana. En el siglo XIX, la reestructuración espacial de la industria «cárnica» provocó que los mataderos y los mercados de animales vivos se ubicaran en las grandes urbes. En Londres, trasladaban a los animales de un sitio a otro a pie, por lo que su sufrimiento, al igual que sus funciones fisiológicas normales, quedaban a la vista de cualquier ciudadano[225]. A veces algún individuo se escapaba, lo cual aumentaba la confusión general. El peligro que planteaban los fugados cuando rompían los cristales de los escaparates o mediante otros actos transgresivos y la crueldad ejercida contra ellos empezó a percibirse como una afrenta hacia la moralidad victoriana y la estabilidad económica. Las perturbaciones que conllevaban chocaban con el mito de la civilización moderna. Al final, buscaron soluciones espaciales para sacar de allí a los animales considerados de granja, ya que la ciudad «cada vez se identificaba más con un lugar para la gente y no para los animales». De este modo, los relegaron al campo y las afueras, que parecían «más apropiados para los animales, tan difíciles de dominar en los mercados y calles urbanas congestionados»[226]. Aquel hecho marcó, en Europa Occidental, la separación entre los humanos y el «ganado», y la creciente demarcación de lo urbano y lo rural.

Estas exclusiones e inclusiones —su «fuera de lugar» y su «dentro de lugar»— vinieron propiciadas por numerosas preocupaciones: la salud, la higiene, la moral y el crecimiento urbanístico. En una perspectiva que interpreta la historia desde abajo, ¿hasta qué punto esa oposición a la presencia de los animales en las calles de Nueva York dependió de los comportamientos transgresivos de estos?

Imagen 26. Taberna Bull's Head en el barrio del Bowery y un corral contiguo perteneciente a un matadero, s. XIX.

## El mundo que construyen los animales

Al igual que sucedió con la exclusión de los animales considerados de granja durante el siglo XIX en Londres, en las historias sobre los mataderos de Nueva York a menudo se citan las fugas como la razón o una de las razones principales de que las industrias de explotación animal se sometieran a un profundo examen y que algunas (no todas) acabaran cerrando[227]. Los animales considerados de granja que se escapaban por las calles de Manhattan contradecían la idea de que solo podían estar en las zonas rurales. Este hecho también arrojó luz sobre la cuestión de su intencionalidad. Por ejemplo, una guía de la ciudad publicada en 1939 explicaba que los métodos modernos de saneamiento en Manhattan habían eliminado «los aspectos más cuestionables del barrio de los mataderos». Además de las chozas ruinosas y los olores fuertes y desagradables, la guía apunta al «ganado que se escapaba» como uno de esos aspectos reprobables que se habían dejado atrás[228]. Aunque aquí se relacionaba el hecho con cuestiones de salud pública, que existiera la posibilidad de que la gente se topara cara a cara con quien podía convertirse en su almuerzo era otra de las razones.

Para dar otro ejemplo, al analizar la transformación del paisaje de los mataderos urbanos, Burrows y Wallace citan «la estampida ocasional de terneros y las cornadas a los transeúntes» (es decir, la fuga y la represalia) como una de las razones de que la taberna Bull's Head (véase imagen 26), un famoso bar que atendía a los ganaderos, los comerciantes de animales y los carniceros de Mulberry Street y sus inmediaciones, abandonara el barrio de Manhattan a principios del siglo XIX. Según Burrows y Wallace:

> El barrio del Bowery era famoso por sus mataderos y curtidurías repulsivos. Todavía en 1825, algunos pastores del norte del estado como Daniel Drew transportaban unas doscientas mil cabezas de ganado anuales a través del King's Bridge y, acompañados de hordas de cerdos, caballos y corderos lechales quejumbrosos, llegaban a la taberna Bull's Head de Henry Astor, en Manhattan, y a los mataderos circundantes. Algunos clientes querían transformar el

> Bowery en un barrio más elegante. Para acabar con el mal olor, los incesantes relinchos, mugidos y gruñidos, y los terneros que de vez en cuando se escapaban y corneaban a los transeúntes, decidieron que el Bull's Head tenía que salir de aquella zona[229].

Los mataderos centrales, situados cerca de la taberna Bull's Head, eran el destino de las vacas, los cerdos y las ovejas que recorrían la ciudad durante aquellos años, pero también eran un lugar desde el que podían escapar.

Como ya analicé en el capítulo 1 con la historia de Emily y veremos con más detenimiento en el capítulo 7, los encuentros con los insumisos llevan a transgresiones más profundas cuando los testigos sienten el impulso de cambiar. Desde los siglos XVIII y XIX, la rápida expansión industrial transformó de manera drástica la vida de los animales y los «ocultó a la vista». Ahora, en el digitalizado siglo XXI, aquellos que corren por las calles de Manhattan aparecen en vídeos que se hacen virales en las redes sociales, lo cual acarrea unas consecuencias que difieren mucho de las de los anteriores. Una vez que entran a formar parte del paisaje de las redes sociales, sus historias alcanzan y conmueven a una gran audiencia. Quienes se esfuerzan por mantener la situación tal como está, le restan importancia a la resistencia y afirman que los animales que se escapan son una anomalía, que carecen de conciencia o que actúan por puro instinto. Pese a que esta es solo una de las facetas que explora la insurrección animal, merece la pena plantearse si en verdad se les puede presuponer una voluntad.

## La intencionalidad animal

Los expertos se han preguntado si los animales no humanos poseen capacidades cognitivas como la intencionalidad y si sus acciones van acompañadas de experiencias internas conscientes[230]. Los millones de especies animales del planeta poseen diversos niveles de conciencia. Existe la conciencia primaria, un conocimiento perceptivo que incluye la conciencia del propio cuerpo. También está la conciencia reflexiva, que es la que corresponde a los pensamientos propios y que incluye la comprensión de que se está sintiendo o pensando algo. Aunque esta última antes se atribuía solo a los seres humanos, se ha identificado en los grandes simios y no cabe duda de que existe en otras especies. Para los seres humanos, la cuestión de la conciencia de las distintas especies seguirá siendo un misterio, pero sí sabemos, al menos, que tienen una conciencia del momento inmediato y que presentan un comportamiento intencional. La Declaración de Cambridge sobre la Conciencia en los Animales No Humanos, planteada por un grupo de destacados científicos en 2021, afirmaba: «Hay evidencias convergentes que indican que los animales no humanos poseen los sustratos neuroanatómicos, neuroquímicos y neurofisiológicos de los estados de la conciencia junto con la capacidad de mostrar conductas intencionales». Como esta declaración confirma, existen evidencias científicas de que muchos animales —incluidos todos los mamíferos, las aves y los cefalópodos— son criaturas conscientes.

Las formas de intencionalidad que se les atribuyen son variadas. Hay una intencionalidad que no es conscientemente reflexiva. Se da cuando un animal se escapa sin conceptualizar ni reflexionar acerca del hecho de estar escapando o sin considerar la fuga en sí. La segunda clase, por el contrario, es autorreflexiva, lo cual significa que el sujeto delibera, conceptualiza e incluso sabe que está actuando de manera intencional mientras lo hace. Algunos estudios con vacas que resuelven problemas para abrir puertas indican que las vacas reaccionan emocionalmente a sus propios logros[231]. Esta respuesta demuestra un componente clave en la conciencia autorreflexiva: la conciencia de uno mismo.

Esta intencionalidad tiene lugar cuando un individuo planea con atención una fuga, como en el caso de los famosos orangutanes Fu Manchu y Ken Allen.

En una entrevista con Animal Voices Radio sobre la insurrección animal, Jason Hribal distingue entre resistencia y respuesta instintiva. Mediante el ejemplo de los elefantes obligados a actuar en los circos, explica que los animales oponen resistencia cuando actúan de forma reiterada *contra* sus propios intereses para salir de situaciones opresivas:

> Todos los animales cautivos saben, por los años de experiencia directa y la respuesta aprendida, qué acciones les serán recompensadas y por cuáles recibirán castigos. A los elefantes, por ejemplo, casi siempre los entrenan con un focino y, si hacen algo mal, les dan golpes o pinchazos para que corrijan esas acciones y no las repitan. La desobediencia, por tanto, va en contra de sus propios intereses, porque nadie quiere que le peguen... Sin embargo, la historia está llena de casos de elefantes cautivos que hacen justo eso: se niegan a acatar órdenes o hieren aposta a los adiestradores aun sabiendo que les van a pegar. Y vuelven a hacerlo, una y otra vez, sin parar. Por eso digo que son actos de resistencia: porque estos animales están luchando contra su cautiverio y contra la dominación[232].

Como Hribal explica en esa entrevista, si un animal que sabe que ejercerán violencia contra él por su lucha persiste en su comportamiento, la resistencia es obvia.

En efecto, los elefantes y otros animales que se enfrentan de manera repetida a sus opresores, como por ejemplo los que se rebelan contra algún empleado del zoo o contra algún visitante en concreto, prestan resistencia con intención. Los elefantes cautivos en la industria del entretenimiento, aunque saben que se arriesgan a que los traten con violencia, ignoran cualquier instinto de ir a lo fácil; esto sugiere una intencionalidad reflexiva. Por otra parte, a veces demuestran dicha intencionalidad con una única exhibición de resistencia. Para ilustrarlo, tomaremos el ejemplo de Edie. En enero de 2011, la elefanta de veintiocho años del zoo de Knoxville le aplastó la cabeza a su domador contra unos barrotes de acero. El director del zoo lo denominó «un trágico accidente», aunque Edie estaba mirando fijamente al hombre antes de atacarlo. Una agencia gubernamental abrió una investigación por haber permitido que el adiestrador trabajara con la elefanta sin barreras físicas mientras utilizaba un focino. Como Tatiana y otros muchos, Edie se estaba oponiendo intencionadamente al tormento físico y psicológico de estar recluida en permanente exhibición rodeada de una actividad humana incesante.

Mi definición de resistencia animal incluye las acciones de individuos que no tienen por qué asumir por fuerza ese propósito consciente. Los animales que se rebelan no necesitan exhibir intencionalidad reflexiva ni demostrar ningún tipo de intencionalidad. Existen motivos para considerar que esos intentos de liberación son fugas. Al reflexionar sobre el carácter de la intención en dichas huidas, Stephen Bostock escribe:

> Los aparentes intentos de fuga de un animal —un leopardo que araña su jaula o un lagarto que rasca el cristal— tal vez sean lo que parecen. No siempre tenemos razones para considerar que en dichas acciones existe una intención de escapar, pero puede que el animal sí la tenga. Tomemos el caso extremo de una jaula muy pequeña o muy incómoda, por ejemplo, una caja. Si metemos a un perro dentro, la arañará con ímpetu para salir. ¿Tenemos alguna razón para describir sus reacciones de un modo diferente a como las describiríamos si fuera un ser humano? ¿De verdad sería antropomorfizante y no resultaría obvio que el perro trata de escapar igual que el humano?[233]

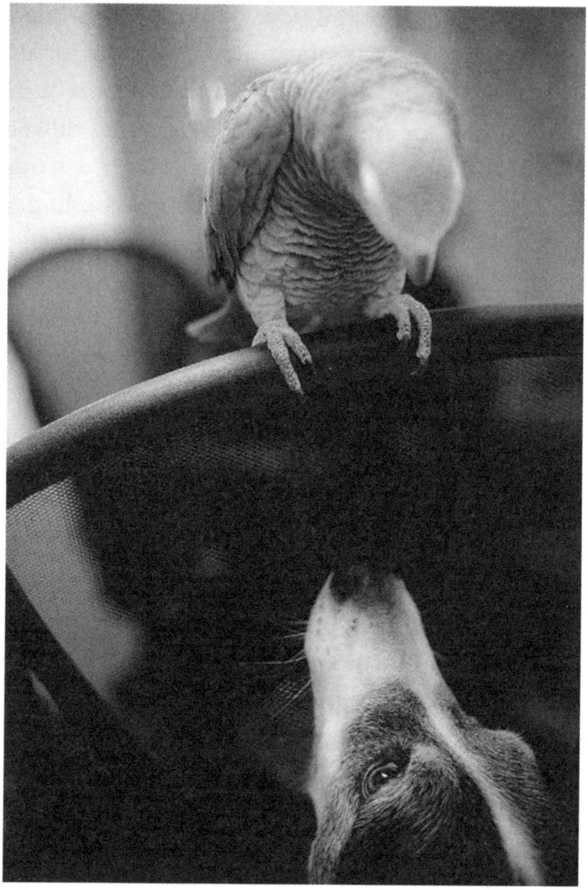

Imagen 27. Un pájaro y un perro rescatados se comunican. (Foto de Jo-Anne McArthur/ We Animals con Montreal SPCA).

Cualquier clase de intencionalidad que interpretemos en esos intentos de escapar implica un acto de resistencia.

El estudio de la cognición de los demás animales es necesario para enfrentarse a la filosofía cartesiana y a aquellos que aún actúan influidos por ella, pues durante mucho tiempo han negado que estos tengan una vida social y emocional. Cuando analizamos la intencionalidad o la resistencia de los animales, debemos evitar la tendencia universalizante que homogeniza a las numerosas especies no humanas que habitan este planeta mediante la noción general de «animal» en oposición a la de «ser humano». Una vaca, un águila, un ratón o un chimpancé tienen una experiencia cognitiva del mundo única y cada uno de ellos cuenta con su propia capacidad intencional. Al tratar a los individuos o a las especies según sus circunstancias específicas —igual que cuando Hribal sostiene que la resistencia repetida de los elefantes contra sus captores demuestra que esa resistencia es intencionada—, reconocemos que hay muchos contextos y situaciones potenciales donde estudiar la insurrección animal.

Pese a que se ha demostrado que existen diversas formas de conciencia en innumerables especies, al final, que los animales experimenten o actúen con intencionalidad tiene poco que ver con su valor inherente. Esa es solo una faceta de la resistencia animal conceptualizada. Al mismo tiempo, deberíamos evitar la idea antropocéntrica que niega que obren con una intención que va acompañada de experiencias internas reflexivas.

## Trabajo animal

La cuestión de la intencionalidad suscita la reflexión acerca del papel de los animales en los marcos de la justicia social construidos por los humanos. ¿Pertenecen los animales trabajadores, por ejemplo, a la clase trabajadora? ¿Deberían estar incluidos en los movimientos de justicia social de la clase obrera? En una sociedad capitalista existen dos clases principales: la trabajadora y la capitalista. Según Karl Marx, una de las características que definen a la primera es la explotación que reciben de la segunda. Jason Hribal argumenta que estos animales sí son miembros de la clase trabajadora. Esta noción queda recogida en su artículo

«Los animales son parte de la clase trabajadora. Un desafío a la Historia del Trabajo». El cuerpo de los animales y su trabajo en la industria alimentaria, manufacturera, del transporte y maderera fueron esenciales para la expansión capitalista industrial. Hoy, la vida de las vacas, los cerdos, las ovejas, los caballos y las gallinas sigue explotada y mercantilizada mientras trabajan junto a los humanos en el sistema capitalista. Al historizar su papel en la Revolución industrial y agrícola como productos, propiedades y trabajadores, aunque también como insumisos que «han combatido su expropiación y su explotación», Hribal contradice la noción de que solo los humanos son trabajadores. Defiende que «el movimiento de derechos animales debería ser parte del movimiento de la clase trabajadora, durante su formación siempre estuvieron vinculados. Los animales son parte de la clase trabajadora»[234]. En esta línea de pensamiento, continúa explicando que los procesos históricos se configuran mediante los factores combinados de clase e intereses: aquí el término «clase» denota las relaciones entre las diversas figuras históricas, como la relación entre el «propietario» y su «vaca lechera» o la relación entre la «vaca lechera» y otros trabajadores de la industria láctea.

Así pues, los aliados de los animales han luchado por los derechos de un sector de la clase trabajadora pocas veces reconocido: los animales no humanos que trabajan, a los que explotan y matan. Puede que no comprendamos hasta qué punto tienen conciencia de sí mismos como fuerza opositora frente a sus explotadores capitalistas ni hasta qué punto comunican sus quejas, pero, sin duda, tienen esa conciencia y comparten esas quejas. Dado que los conceptos marxistas de «trabajadores» y de «clase» son constructos humanos, cuando utilizamos dichos términos para admitir que se ha obligado a los animales a trabajar y que estos han ejercido resistencia dentro del capitalismo, es mejor ser prudentes para no proyectar la actividad política en ellos (pese a que, como ya traté en el capítulo 1, estos tipos de representaciones pueden ser subversivas). Considerar a los animales como trabajadores con intereses compartidos que transcienden las líneas de las especies es un modo poderoso de reconocer su singularidad y su voz política mientras se continúa defendiendo su libertad en un mundo dominado por los humanos. Los animales oprimidos están en desventaja porque no se organizan mediante instituciones formales como los partidos políticos o los sindicatos. Por más que una vaca ataque a quienes le roban sus terneros y su leche, el cierre del matadero donde al final la sacrificarán debe partir de la voluntad humana.

Hoy en día, la mayor parte de los animales reconocidos como trabajadores por la sociedad dominante se encuentra bajo el control absoluto de sus «propietarios» y domadores. Estos individuos tienen jornadas laborales muy largas con pocos descansos. Esta realidad suscita preguntas fundamentales sobre si es ético hacerles trabajar sin su consentimiento (en contraste con otras situaciones donde eligen libremente asumir un trabajo que

Imagen 28. Oliver, el ankole-watusi africano, al sol en una feria de Texas. (Foto de Jo-Anne McArthur/We Animals).

les gusta). Aunque tal vez esa vida sea mejor que acabar en la cámara de gas de un refugio o servidos en un plato, no nos deben nada porque los hayamos rescatado o eximido de los problemas causados por el ser humano. Por ejemplo, a Oliver, un ankole-watusi africano, puede que no lo vendieran como a los demás terneros del rancho de sus «propietarios» en Liberty, Texas, pero ha trabajado para ellos durante ocho años. Lo consideran una atracción popular: la gente paga para sacarse una foto con este amable novillo (véase imagen 28). Desde que era muy pequeño, recibió el adiestramiento de uno de los rancheros, que había sido jinete de toros, y según parece, acata ordenes gracias a «una brida con el bocado modificado» (el bocado es una banda que rodea el hocico y que ejerce presión en determinados puntos faciales del individuo)[235].

Por supuesto, la tristeza y el sufrimiento no conducen por fuerza a la resistencia. Como sucede en los seres humanos, que los animales no opongan resistencia no significa que les guste su trabajo ni que este sea apropiado para ellos. Todo el mundo procesa las experiencias traumáticas y el dolor de diferente manera. En muchas ocasiones los individuos abandonan la esperanza o soportan la carga en silencio. Como Kathrin Gillespie explica en su artículo «Nonhuman Animal Resistance and the Improprieties of Live Property», los animales en granjas se han sometido a unas prácticas de cría intensiva selectiva que elimina la tendencia a la resistencia y favorece a los más sumisos. En un estudio etnográfico sobre la producción láctea, un ganadero le explicó a Gillespie que «algunas de las vacas de su granja opusieron resistencia y se deprimieron después de que les retiraran el primer ternero, a veces también tras el segundo, pero que cuando se dieron cuenta de que era algo que ocurría con regularidad, parecieron resignarse»[236]. Como demuestra esta afirmación desgarradora, aunque la rebelión de los animales destaca su voluntad, la falta de resistencia visible no es en absoluto un indicativo de su satisfacción o de que su situación sea justa. La vida en cautividad y en un ambiente contaminado, con carencias constantes y la pérdida repetida de sus seres queridos, puede conducir a que los individuos se rindan en vez de sublevarse. Algunos están menos dispuestos que otros a asumir unos riesgos que aumentarían su sufrimiento, otros dudan de que su combate sirva para algo y otros no se atreven a dejar atrás a miembros de su familia o temen saltar al vacío.

La insurrección animal es un fenómeno social y político. Como muestra la documentación disponible, los animales han sido conscientes de su explotación y han luchado contra ella escapando de jaulas, tomando represalias en defensa propia y negándose a actuar, a obedecer y a producir. Sus transgresiones y su intencionalidad son evidentes cuando interpretamos las reacciones a sus fugas en Manhattan durante los siglos XIX y XX. Aquellos que ocuparon las calles y rebasaron los límites desafiaron el control sistémico y el abuso de su cuerpo. Contradijeron las nociones establecidas sobre el lugar donde deben estar y el mito de la modernidad civilizada en la que los humanos están separados de la naturaleza no humana y son superiores a ella. Como agentes y trabajadores, los distintos animales han transformado de manera activa su entorno en distintos contextos.

# 5
# MÉTODOS DE RESISTENCIA ANIMAL

Los animales han respondido a la dominación humana con diversas formas de resistencia que incluyen la fuga, la liberación, la represalia y la actitud desafiante. La fuga supone una huida del cautiverio ya sea mediante el uso de herramientas, de estrategias o aprovechando un fallo en el sistema. La liberación sucede cuando unos animales eximen a otros de su cautiverio, ya sea abriendo jaulas y puertas, derribando barreras o apartándolos del peligro. La represalia consiste en el contraataque de los animales hacia sus captores o hacia alguien percibido como una amenaza o como un impedimento para su libertad. La resistencia diaria suele manifestarse como desobediencia: animales que arrastran las pezuñas, que se niegan a trabajar, que abandonan sus puestos, que ignoran órdenes, que rehúsan actuar o que causan daños materiales como la rotura de utensilios y cercados. También existen formas de resistencia animal frente a la violencia humana que, como observadores, nunca comprenderemos del todo. Este análisis no pretende abarcarlo todo, sino examinar algunas de las más comunes con el fin de identificar y atender los mensajes que los animales no humanos nos envían a través de sus acciones.

## La fuga

A diario, los animales tratan de escapar de los mundos oprimidos de la dominación humana: la jaula de un laboratorio, el minúsculo corral de una gran nave o el recinto de una ruidosa exhibición. Algunos derriban puertas, saltan vallas, abren cerrojos o se tiran desde camiones. Corren por la calle, por el campo y por el bosque, nadan a través de lagos y ríos, se escurren por las tuberías, se deslizan entre los barrotes y sobrevuelan edificios y montes. A veces la recaptura es inmediata. Otras veces esos fugitivos con plumas, pelo, escamas, branquias o aletas se adaptan a la vida salvaje o encuentran su hogar en un santuario. En algunos casos, muchos individuos escapan juntos, como los tres pandas rojos que salieron de su jaula cuando la rama rota de un árbol les ofreció una vía de escape o como los ocho camellos que huyeron de un circo ambulante del norte de Baviera de un modo misterioso.

Varios flamencos se han hecho famosos por sus fugas triunfantes. Su habilidad para volar y adaptarse supone una ventaja. Los huidos han vivido durante años en la naturaleza y han emigrado de un sitio a otro. En 1988, cuando un flamenco llamado Pink Floyd escapó del aviario Tracy Aviary, se convirtió en una celebridad local en el área del Gran Lago Salado[237]. Pink Floyd pasaba el invierno en sus orillas, donde se alimentaba de artemias y socializaba con sus amigos plumados. En primavera y verano, volaba al norte, a Montana y Idaho. Una página web que le dedicaron dice que lo vieron en numerosas ocasiones con un grupo de gaviotas o volando desde el norte con una bandada de cisnes chicos[238]. Sus leales seguidores humanos presionaron a los gobernantes para que llevaran más flamencos que le hicieran compañía en el lago (y reunieron veinticinco mil dólares con dicho propósito). Cuando los funcionarios estatales rechazaron el plan por razones ecológicas, los seguidores de Pink Floyd improvisaron unos flamencos de plástico de tamaño real. La última vez que lo avistaron fue en Idaho en 2005. Aunque no se confirmó, parece que murió ese invierno.

El 27 de junio de 2005, una pareja de flamencos huyó volando del zoo Sedgwick County, en Wichita, Kansas. Ambos acababan de llegar de Tanzania. Los conocían por el número identificativo en su crotal. Ese mismo año, un grupo de ornitólogos avistó a 492, uno de ellos, en Wisconsin, pero estaba solo. Se dio por hecho que su compañero había muerto. En invierno, voló hacia el sur. Durante esas fechas, otro flamenco voló desde la reserva natural de Yucatán al norte. Entonces, para el deleite de los entusiastas de las aves en las orillas de Luisiana y Texas, la pareja de fugitivos, pese a sus diferentes procedencias, se reunió. Al recién llegado, un flamenco rosa más pequeño nativo de Mesoamérica y Sudamérica, lo identificaron por su crotal: HDNT. Tomaron una foto en la que HDNT y 492 están en una laguna poco profunda. Los dos tenían una anilla con su nombre en la pata que recordaba su pasado en cautividad. En 2015, diez años después de la fuga de 492, volvieron a verlo en el condado Refugio, otra vez solo. En mayo de 2019, lo avistaron de nuevo en Texas; tendría unos veintitrés años.

Para los orangutanes cautivos en los zoos, la fuga se convierte en una «obsesión singular»[239]. Estos animales poseen una estupenda combinación de ingenuidad, fuerza y dedicación, y a veces dedican varios días o incluso semanas a planear unas fugas que pueden ser bastante elaboradas: tienen que encontrar el material necesario, disimular sus intenciones y sus acciones y esperar el momento perfecto para llevarlas a cabo[240]. Algunos orangutanes trabajaron a diario semanas completas para quitar tornillos y cerrojos de sus jaulas y esconderlos de los empleados[241]. En una ocasión, un cautivo utilizó manojos de hierba a modo de guantes aislantes para protegerse las manos al escalar las paredes electrificadas de su recinto. Las historias de Fu Manchu y de Ken Allen narradas en el capítulo 3 demuestran que ambos se convirtieron en artistas de la evasión y que siguieron intentándolo a pesar de las contundentes medidas de sus captores para frustrar sus planes.

El Centro Nacional de Investigación de Primates de Tulane, situado en Covington, Luisiana, ha sido el escenario de múltiples fugas grupales. Hay más de cinco mil monos recluidos en estas instalaciones para experimentar con ellos con fines biomédicos. La primera fuga masiva sucedió en 1987, cuando cien monos rhesus se escaparon y huyeron a unas marismas cercanas[242]. Más recientemente, en 2005, cincuenta y tres monos se fugaron porque su jaula se había quedado mal cerrada. Después de utilizar su conocimiento observacional para abrirla, lograron salir. Alpha Genesis, un centro que cría y vende miles de monos a laboratorios para la experimentación, fue asimismo escenario de varias fugas cooperativas. Alpha Genesis es famoso por dejar morir a los monos de frío, de estrés, de sed y por las heridas que se hacen entre ellos. El 2016, diecinueve monos se dieron a la fuga del centro de Yemassee utilizando el saliente de una verja rota y trepando por una valla de más de tres metros y medio de altura. Durante los años anteriores, muchos otros habían escapado del centro, entre ellos un grupo de veintisiete individuos en 2014. Uno de aquellos consiguió que no lo atraparan. Como son tantos los monos fugados a lo largo de los años, muchos viven en libertad en Estados Unidos. Otros resultaron heridos o murieron al intentar fugarse de estos centros de experimentación[243].

La cooperación y la afiliación son importantes tanto en lo que respecta a la vida social de los animales[244] como a su resis-

Imagen 29. Una vaca y una cabra se escapan juntas de un corral en el condado de Pinellas, Florida. «Walk on the Wild Side», *Tampa Bay Times*, enero, 1987, vía ZUMA Wire. (Foto de Joan Kadel Fenton).

tencia. En el zoo Royal Burgers de Arnhem, Países Bajos, una colonia de chimpancés protagonizó un intento de fuga organizado de un modo impresionante. De hecho, está recogida en un documental del investigador Emil Menzel, que presentó la historia en una conferencia en los años setenta (una época en que el uso de las herramientas en los animales no humanos aún era un asunto polémico). Primero, el grupo encontró un tronco y, entre todos, lo movieron hasta apoyarlo contra el muro del recinto. Mientras varios chimpancés lo sujetaban, otros treparon por él. El plan era complejo: evitar la alambrada eléctrica. También emplearon gestos con las manos en los «momentos críticos» para recibir la ayuda de otros simios[245]. En otra fuga de las mismas instalaciones, unos chimpancés formaron una pirámide para que uno de ellos trepara hasta lo alto de la valla y, una vez arriba, ayudara a los demás a subir[246].

De vez en cuando también se producen casos de animales de distintas especies que huyen juntos de su cautiverio. Sin ir más lejos, en enero de 1987 una vaca y una cabra escaparon de un corral en el condado de Pinellas, Florida. Las amigas deambularon por el barrio de la escuela elemental Ridgecrest (véase imagen 29). Al parecer, para cuando llegaron las autoridades locales, ya habían vuelto a su casa. En noviembre de 2016, un cerdo llamado Ponyboy y un carnero llamado Johnny escaparon de un lugar indeterminado del sur de California y alguien los encontró vagando por la calle. Farm Sanctuary los rescató después de que el servicio de control de animales los hubiera capturado y enviado a un matadero local. Otra fuga multiespecie tuvo lugar cuando decenas de cabras y ovejas escaparon de un recinto de subastas en Hackettstown, Nueva Jersey, es probable que instigadas por Fred, otra cabra que se había fugado con anterioridad.

## Liberación animal

Los animales han intentado —y a veces han conseguido— rescatar a otros o tomar represalias en su nombre. Por lo general, han de liberarse ellos primero para después salvar a sus compañeros cautivos. Pensemos en la historia de Fred, una cabra macho que vivió en libertad durante un año en Hackettstown, Nueva Jersey. Hacia finales del verano de 2017, Fred estaba en una casa de subastas de animales, destinado a que lo vendieran y lo enviaran al matadero. Sin embargo, antes de que eso ocurriera, en un acto de valentía, se escapó[247]. Podríamos pensar que no se sabría más de él, pero no fue así. Decidió quedarse por el pueblo, donde se dejaba ver de vez en cuando, sobre todo cerca de la comisaría de policía local (un gesto arriesgado). Y, por supuesto, se hizo famoso.

En agosto de 2018, Fred Leyenda Urbana se convirtió en Fred Liberador Potencial cuando decenas de animales considerados de granja se escaparon de la misma casa de subastas de un modo inexplicable. ¿Mera coincidencia? Parece que no. El departamento de policía local confirmó que habían visto al pionero merodeando por las inmediaciones horas antes de la fuga masiva. Al día siguiente, una vez se había capturado a los animales, Fred volvió y golpeó con la cabeza la puerta que los retenía, según observó el director de la empresa, que intentó espantarlo y lo acusó de instigar al resto. Quizá Fred no solo estuviera interesado en su propia libertad; como otros animales activistas, a lo mejor quería que sus compañeros gozaran de ella.

En el refugio para perros y gatos Battersea, en Londres, los empleados estaban desconcertados porque los animales se escapaban todas las noches de las jaulas[248]. Por la mañana, al llegar, se encontraban los cheniles de uno de los módulos abiertos. Al principio fueron dos perros y después más de diez. En un primer momento, le echaron la culpa al personal por no cerrar bien, pero cuando instalaron videocámaras en el pasillo, en la cocina y en el chenil de un perro llamado Red (cuya jaula siempre encontraban abierta), descubrieron que se trataba de algo más interesante. Cada noche, Red abría el pestillo de su compartimento. Después de tomar un tentempié en la cocina, sacaba de sus jaulas a sus «mejores amigos». Había aprendido a soltar el pestillo con resorte entre los barrotes con la ayuda de los dientes. Tras este hallazgo, el personal del refugio aumentó la seguridad. Dos semanas más tarde, Red salió de su jaula de nuevo, pero esta vez para que lo adoptaran.

En otra demostración de apoyo mutuo, un loro llamado Chango, en Wichita, Kansas, no solo se liberó a sí mismo, sino que facilitó la fuga a un grupo de loros de cabeza amarilla. Cuando la pareja que le cuidaba se marchó un fin de semana, Chango aprovechó para desatornillar la jaula con el pico. Después, voló por el recinto para abrir las de los demás[249]. Cuando llegó la persona encargada de vigilarlos se los encontró revoloteando por la sala. Chango dejó que sus amigos probaran la libertad, aunque enseguida se la arrebataron. Esta historia demuestra, además de ingenio y empatía, que la libertad puede ser más dulce si la disfrutas con amigos.

También el osado Mocha Dick intentó liberar a algunas de sus compañeras ballenas. Desde el año 1810 aproximadamente, sobrevivió a numerosos encuentros con navíos, tal vez más de cien, en el océano Pacífico. El cachalote blanco de veinte metros se ganó fama de simpático y juguetón, y a menudo nadaba junto a los barcos, pero cuando se defendía o defendía a otras ballenas era feroz. A él le atribuyen más de una decena de hundimientos de balleneros. Denominado así por las isla de Mocha, en la costa de Chile (donde era fácil verlo), se dio a conocer en un artículo de Jeremiah Reynolds, «Mocha Dick or the White Whale of the Pacific: A Leaf from a Manuscript Journal», publicado en 1839[250]. Según se contaba en él, Mocha Dick murió en 1838 cuando intentaba ayudar a otra ballena cuyo hijo acababan de matar. Cuando la madre se dio cuenta de que su cría estaba muerta, intentó atacar al ballenero, pero la arponearon a ella también. Tras presenciar el terrible incidente, Mocha Dick trató de vengarse. Consiguió destruir un bote pequeño, pero le clavaron un arpón y murió poco después. Reynolds cuenta que en su cuerpo hallaron más de veinte arpones. Los hombres aprovecharon el aceite y el apreciadísimo ámbar gris que extrajeron de él.

Sin embargo, este incidente no fue el final de los avistamientos de Mocha Dick. El naturalista y experto en ballenas Richard Ellis explica que las noticias de sus ataques a barcos entre 1840 y 1842 continuaron[251]. Además, una década después de la publicación de Reynolds, un hombre afirmó haberle avistado con una impactante «colección de doscientos o trescientos arpones clavados; sus líneas quebradas, verdes por el musgo marino y salpicadas de percebes». Según ese testimonio, la ballena había navegado por el océano Ártico hasta Honolulú, donde la divisó

Imagen 30. Moby Dick vuelca un bote ballenero. Ilustración de Rockwell Kent publicada en la novela *Moby Dick* de Herman Melville (ed. 1930), inspirada en las historias de Mocha Dick.

el capitán del *Superior*, que no se atrevió a atacarla[252]. Tal vez se le atribuyeran actos de resistencia de otras ballenas viejas y grandes. Fueron muchas las que se defendieron y que defendieron a sus congéneres de los humanos que querían aprovecharse a través de la multimillonaria industria ballenera.

Los animales que acuden a ayudar a otros animales en cautividad o en situaciones de peligro también traspasan la línea de las especies. En la provincia sudafricana de KwaZulu-Natal se produjo un formidable intento de liberación cuando once elefantes trataron de rescatar a un grupo de antílopes cautivos en una reserva de caza privada. Uno de ellos utilizó la trompa para soltar el pestillo de la verja que los retenía[253]. Como demuestran estas historias, muchos desean liberar a sus semejantes, sean o no de su misma especie.

## Represalias

Los animales contratacan cuando reciben malos tratos. Embisten cuando les disparan y usan herramientas o el cuerpo para defenderse. El cambio climático, la deforestación y la contaminación del siglo XXI les obligan a ofrecer resistencia, al igual que sucede con la violencia humana directa. Como escribe Rebecca Solnit, «el cambio climático causado por el ser humano es violencia, una violencia profunda, horrible, duradera y generalizada» que daña a los humanos y a los demás animales. Por su parte, Rachel Carson, en su artículo subversivo sobre los efectos nocivos de la polución, se refirió a esta violencia como «la guerra del hombre contra la naturaleza»[254]. Mientras la guerra contra los animales continúe, a ellos no les quedará más opción que oponerse a la usurpación y la colonización humanas.

Al igual que Mocha Dick, numerosos cachalotes se hicieron famosos por tomar represalias contra sus opresores, ya fuera en su propio beneficio o en el de sus compañeros. Uno de estos actos de resistencia tuvo lugar cuando una gran ballena se vengó de la tripulación de un barco que había atacado y herido a otras tres. En la mañana del 20 de noviembre de 1820, los miembros de la tripulación del ballenero *Essex*, de Nantucket, persiguieron y atacaron desde tres botes a una manada de cachalotes. Uno de ellos, cuando lo arponearon, dañó con la cola el bote del primer oficial, Owen Chase. Más tarde, cuando Chase se encontraba reparándolo a bordo del *Essex*, la tripulación avistó otro cachalote, de unos veinticinco metros de largo, a cierta distancia. Al principio parecía que flotaba inmóvil en la superficie, pero tras expulsar varios chorros de agua, se hundió y volvió a emerger a menos de treinta y cinco metros del barco.

La gran ballena embistió el barco y, al pasar por debajo, golpeó el casco con tanta fuerza que derribó la falsa quilla. Tras alejarse, volvió a la carga. Esta vez destrozó el casco y, en consecuencia, la cubierta inferior se inundó. Al fin, se marchó mientras el barco se hundía y la tripulación corría de un lado para otro. Recogieron todo lo que pudieron y equiparon tres botes con mástiles y velas improvisados para emprender un largo viaje con escasez de víveres. En un momento determinado, varios recurrieron al canibalismo. Solo ocho sobrevivieron al naufragio. Tres de ellos llegaron a una isla y estuvieron a punto de morir, pero acudieron a socorrerlos. Más tarde, al recordar el incidente, Chase reconoció que el ataque de la ballena había sido un acto de represalia y escribió en su diario que el animal había acudido directamente desde las aguas poco profundas que acababan de dejar atrás, donde habían atacado a tres de sus compañeros, como movido por la venganza[255]. Se cree que este ataque al *Essex*, al igual que las numerosas crónicas sobre Mocha Dick, inspiraron a Herman Melville para escribir *Moby Dick*.

## Actitud desafiante diaria

La resistencia cotidiana de los animales a veces pasa desapercibida. Se esconden de la gente, actúan mal de manera deliberada en los espectáculos, ignoran órdenes, dejan de trabajar y muerden a sus explotadores. Esta actitud desafiante puede incluir el sabotaje de las herramientas que los oprimen y la destrucción de la propiedad que los mantiene recluidos, como cuando la elefanta Janet aplastó el focino de su domador contra una caravana. Estas reacciones también pueden implicar la apropiación y el uso de esas herramientas de opresión para conseguir un objetivo., algo que resulta evidente en un ejemplo descrito por George A. Kennedy en «A Hoot in the Dark: The Evolution of General Rhetoric». En referencia a un caso de «bricolaje» —es decir, donde se emplean los recursos disponibles—, Kennedy observó que los agentes de seguridad locales colocaban trampas para exterminar a la población de castores, pero estos se las apropiaban y las utilizaban como material para construir sus presas[256]. En este sentido, recordemos la palanca que dejaron olvidada en una jaula y que le sirvió a Ken Allen para escapar, y la colección de alambres que Fu Manchu utilizó para abrir la cerradura de su jaula.

La actitud desafiante cotidiana puede implicar el rechazo de órdenes y, en el caso de un caballo receptor de innumera-

Imagen 31. El colonizador Henry Morton Stanley y un elefante en Tanzania. Ilustración de Émile-Antoine Bayard.

bles premios llamado Chautauqua, la negativa a moverse. Un día, Chautauqua no salió de su puesto en una carrera. A partir de entonces, se negó a correr. Este acto fue relevante porque, desde muy joven, lo habían obligado a llevar montura y brida, y lo habían sometido a un proceso de doma. Era el corredor australiano más premiado y había ganado más de ocho millones de dólares para sus dueños. Tras siete ocasiones más en las que se quedó quieto en el sitio, recibió una última advertencia: si volvía a oponer resistencia, lo jubilarían. El 28 de septiembre de 2018, Chautauqua se encontraba en la línea de salida para participar en una carrera en Moone Valley, Melbourne, junto a otros caballos y sus respectivos jinetes. Se abrieron las puertas. Su jinete lo sacudió con pies y manos, pero él, desafiante, se quedó quieto. Los propietarios, que no aceptaron su desobediencia, trataron de «reeducarlo» y contrataron a un adiestrador que utilizaba las prácticas habituales en la industria para amedrentarlo, pero él no se achantó y, a pesar de la presión y el dolor con el que le podían castigar, logró que lo sacaran de los hipódromos[257]. No se sabe qué futuro le espera ahora. A finales de 2019, en vez de otorgarle la jubilación en un santuario, volvieron a entrenarlo para actuar en exhibiciones hípicas, aunque parece que un «pequeño revés» ha retrasado su regreso a las pistas.

Buddha fue otro individuo que se negó a obedecer a sus opresores, con resultados trágicos. Ninguna señal de alarma saltó cuando opuso resistencia por primera vez, aunque, como en el caso de Chautauqua, sus acciones eran clarísimas. Cuando el orangután, que había actuado una vez junto a Clint Eastwood, dejó de trabajar durante el rodaje de una película de Hollywood en 1980, recibió repetidos golpes por parte de su adiestrador ante el equipo de rodaje, que presenció cómo lo obligaban a entrar en el plató. Un día, cuando Buddha cogió varias rosquillas sin permiso, su adiestrador le pegó una paliza mortal con el mango de un hacha dentro de su jaula. La película ni siquiera lo mencionó en los créditos[258]. Buddha no mereció vivir esas atrocidades ni en su vida ni en sus últimos momentos.

La resistencia diaria es la respuesta a la violencia diaria. Kathryn Gillespie describe que, cuando los animales oponen resistencia, está normalizado que los humanos los castiguen con violencia. Los animales son víctimas de «actos de violencia diaria (como golpes, sacudidas y matanzas)» que son un modo de «banalizar» necesario para que su mercantilización y uso continúen[259]. Esta autora cita el caso de las casas de subastas de animales considerados de granja como espacios diseñados para someter a los insumisos. En dichos lugares no solo se favorece la mercantilización de los animales como seres susceptibles de ser poseídos que pueden comprarse y venderse (como sucede en otros espacios), sino que además se reprime su resistencia de un modo violento[260]. En las casas de subastas, los golpes, gritos y zarandeos son habituales. A veces, como en el caso narrado por Gillespie de un ternero que trató de escapar, el precio de la disidencia es la muerte fulminante.

Quienes consiguen escapar de las empresas de explotación animal, a menudo viven su primera experiencia fuera de un recinto rodeado de muros, rejas, redes o vallas. Aunque su primer impulso sea echar a correr, ¿se paran un momento para disfrutar de la brisa o la lluvia, para apreciar la hierba o la tierra y para paladear su flamante libertad, tal vez antes percibida como digna solo de otras criaturas como las aves, los insectos y los humanos? ¿Y qué sucede con los animales fugados que consiguen adentrarse en la naturaleza?

## 6
## EN LA NATURALEZA

En enero de 2018, el ornitólogo Adam Zbyryt estaba observando una manada de bisontes cuando uno de ellos despertó su curiosidad: «No es raro ver bisontes cerca del bosque de Bialowieza, pero había un animal que me llamó la atención. Tenía un tono marrón claro completamente distinto al del resto de la manada»[261]. Resultó ser una vaca domesticada, una fugitiva de una granja cercana. Aunque nunca había vivido en la naturaleza, la manada de bisontes en libertad la había aceptado de inmediato. Después de que los animales fugados crucen las barreras materiales que los mantienen cautivos, también cruzan barreras geográficas: entorno urbano y natural, ciudad y bosque, tierra y agua. Estas transgresiones alteran las fronteras conceptuales que dictaminan el lugar que deben ocupar dentro de la sociedad humana, como ocurrió en el desconcertante caso de esta vaca que, destinada a ser una propiedad, encontró un hogar con los bisontes. La libertad implicaba alimentarse y defenderse por sí misma, así como romper la barrera entre las especies, aunque todas pertenecieran a la subfamilia taxonómica *Bobinae*.

Algunos animales domesticados vuelven a sus raíces cuando se les presenta la oportunidad; se adaptan a la naturaleza —e incluso se desenvuelven bien en ella— para evitar la explotación. Este regreso a lo salvaje suele asociarse a los carnívoros, como los gatos, que viven parcialmente domesticados en las fronteras con lo asilvestrado[262]. Pero, como hemos visto, la fractura de las líneas divisorias entre lo domesticado y lo salvaje se da también entre los herbívoros. De hecho, tal y como apunta Jason Hribal, el término «cimarrón», que significa salvaje, hace referencia al ganado que huye al campo[263]. Las vacas de hoy en día, por ejemplo, son criaturas muy distintas a sus ancestros, los uros salvajes, famosos por matar a los cazadores con los cuernos. Sin embargo, cuando se les permite expresarse en un estado de libertad o semilibertad, sus rasgos, preferencias e intuiciones (y, en algunos casos, la ferocidad de sus antepasados) reaparecen de un modo bastante evidente.

## Bovinos en la frontera

En abril de 2005, después de escaparse de una casa de subastas de ganado en Vermont, una vaca cruzó un río y varias carreteras campo a través. Su búsqueda la condujo hasta una pequeña granja cerca de un bosque de unas quinientas hectáreas. El animal se retiró a una zona arbolada, pero para alimentarse se acercaba a la granja, que resultó pertenecer a Bill y Barbara Chamberlain, miembros de Farm Sanctuary, que por esas fechas no estaban en casa. Fue la encargada de rellenar el comedero de aves (con semillas que sustraía Annie Dodge, que es como llamarían más adelante a la vaca), la que se dio cuenta de que alguien más, aparte de los pájaros, estaba disfrutando del festín.

Al descubrir restos de maíz triturado y semillas de girasol junto al comedero, pensó que el visitante sería un alce[264]. Cuando los Chamberlain volvieron y examinaron las huellas con atención, se dieron cuenta que eran más redondeadas que las de los alces; y tanto, «eran las huellas de la vaca Annie»[265].

La primera vez que los dueños de la granja vieron a Annie fue al anochecer. Repararon enseguida en que acudía a última hora y comenzaron a aguardarla. Aunque una casa de subastas de animales se ofreció a sacrificarla para ellos, se negaron. Querían ayudarla, no que alguien le pegara un tiro o la capturara para llevarla al matadero. La pregunta era: ¿cómo? Poco a poco, se ganaron su confianza hablándole y ofreciéndole comida. Aunque los humanos seguían aterrorizándola, sus visitas se iban alargando. Los Chamberlain le ponían heno y agua cada vez más cerca del establo y añadieron cereales y manzanas silvestres a su dieta. El 25 de octubre de 2005, Annie al fin entró en el establo.

Fue entonces cuando Farm Sanctuary la recogió y la bautizó en honor de Annie Dodge Wauneka. Cuando llegó al santuario, los demás residentes vacunos la acogieron y la calmaron. Esa compasiva bienvenida ayudó a disolver la inquietud de sus nuevos cuidadores, que no estaban seguros de que lograra socializar después de haber pasado sola varios meses. Annie se hizo amiga de otras tres vacas que también se habían fugado de la agroindustria. Una de ellas era Cincinnati Freedom, una charolesa blanca que había saltado por encima de una valla de un metro ochenta para huir de un matadero de Ohio en 2002 y que permaneció escondida once días en el parque Mount Storm, en el barrio de Clifton[266]. La otras eran Queenie y Maxine, fugadas de los mercados de animales vivos de Nueva York, cuya historia se narra en el capítulo 7. Las cuatro amigas iban de acá para allá pastando juntas.

Bonnie fue otra bovina que les robó el corazón a los vecinos durante su etapa como fugitiva. En 2018, esta ternera marrón y blanca, con solo cuatro meses, huyó de una granja en Holland,

Nueva York, y se escondió en el bosque. El ganadero había fallecido hacía poco tiempo y el rebaño estaba a la venta. Cuando Bonnie oyó los gritos de su familia mientras los obligaban a subir a un camión, supo que algo no marchaba bien y se escapó. La noticia se extendió con rapidez. Aunque los vecinos la veían de vez en cuando, siempre desaparecía entre la maleza. Pasaron varias semanas y la gente empezó a preguntarse cómo se las arreglaba para vivir por su cuenta. Resultó que estaba en buena compañía. Unos cazadores pusieron unas cámaras en el bosque y, para sorpresa de muchos, descubrieron que no andaba sola. Bonnie se desplazaba, buscaba alimento y pastaba con una manada de ciervos que le ofrecieron la compañía que necesitaba después de haber perdido a su familia y la enseñaron a sobrevivir en la naturaleza. Es probable que contribuyeran a que no la capturaran: los ciervos tienen unos sentidos muy agudos y golpean el suelo con las pezuñas para alertar a la manada cuando notan algún peligro. De hecho, en julio de 2011, una ternera angus negra que huyó al bosque de Milford, Connecticut, también vivió con ciervos y escapó dos veces de sus captores gracias a los pisoteos de sus compañeros en sus cinco meses de libertad.

En Holland, muchos se posicionaron a favor de Bonnie. Algunos querían ayudarla a encontrar un santuario, pero a la vaca le daban pánico los humanos. Una vecina llamada Becky Bartels se puso en marcha. Pese a que Bonnie recibía ayuda de los ciervos, se enfrentaba a innumerables peligros. Los ganaderos amenazaron con matarla si entraba en alguna de sus propiedades. Para colmo, el prematuro invierno del noreste había traído consigo casi un metro de nieve. De modo que Becky decidió ganarse su confianza: todas las mañanas, a las seis y media, tiraba de un trineo lleno de comida y sábanas. Poco a poco, Bonnie se fue sintiendo más cómoda con su presencia y al final se acercó a ella. Antes de eso, los ciervos ya se habían atrevido a comer alguna chuchería de su mano. Era una rutina agradable que podría haber continuado, pero la mujer no olvidaba la amenaza de los vecinos. Así que, tras ocho meses de vida clandestina en el bosque, Farm Sanctuary pudo rescatar a Bonnie. La operación necesitó tres viajes y dos semanas, pero por fin lograron llevarla a su nuevo hogar[267].

Imagen 32. Bonnie en el bosque. (Foto cortesía de Farm Sanctuary).

Aunque es común oír historias de perros inteligentes y gatos solemnes, a los animales considerados de granja no se les suelen atribuir esas características supuestamente antropomorfizantes. En mayo de 2011, cuando una vaca de seis años llamada Yvonne se escapó de una granja lechera en el pequeño pueblo alemán de Muehldorf, su vida tomó un nuevo rumbo: se convirtió en un símbolo del sentimentalismo nacional (la independencia de una pequeña localidad) y de la lucha por la libertad y la justicia. Aunque en un tabloide local se ofrecieron diez mil euros por su captura, el alcalde afirmó que, debido a su creciente fama, nadie se atrevería a dispararle. Los medios de comunicación dijeron que Yvonne solo salía de noche y que era más lista que la policía. Un trabajador de una protectora de animales la definió como inteligente y despierta: «Sabe muy bien lo que hace y nos está engañando»[268].

De Yvonne no solo dijeron que se había labrado su propio destino, además la situaron del lado de la justicia. Después de escapar, como explicaba un artículo, «adoptó un estilo de vida que podía calificarse de sherwoodiano: apegada al bosque, eludía a la policía y recibía las alabanzas y el dinero de los turistas para su pintoresco pueblo»[269]. La referencia a este estilo de vida propio del bosque de Sherwood la equiparaba con otra figura elusiva y muy querida: Robin Hood, convertido en leyenda por robar dinero a los ricos para ayudar a los pobres (y por cuya captura también se ofrecieron numerosas recompensas). Esta alusión sitúa a Yvonne del lado de la gente y contra la nobleza que cazaba animales en ese mismo lugar. Para capturarla, trataron incluso de encandilarla con un atractivo buey llamado Ernst, que se suponía que le robaría el corazón. Al final la atraparon cuando paseaba por un prado propiedad de un ganadero que la describió como solitaria y nerviosa. El hombre recibió la recompensa y un santuario llamado Gut Aiderbichl, en Deggendorf, compró a Yvonne, así como a su hijo, Friesi, y a su hermana, Waltraud. La búsqueda de compañía, actuar con conciencia, el hecho de tomarles el pelo a sus perseguidores y de sufrir la soledad demuestran que existe otra manera de entender a los animales considerados de granja.

Mientras que Annie Dodge, Bonnie e Yvonne tuvieron la suerte de que les permitieran vivir en un santuario, la mayoría de los que escapan del cautiverio no son tan afortunados. A aquellos que transgreden las barreras establecidas entre lo domesticado y lo salvaje se los percibe como indisciplinados y peligrosos, y los que oscilan en un espacio liminal resultan inquietantes. El grado en que estos bovinos parecen turbulentos o aterradores depende de que sean considerados una amenaza para la comunidad.

Cuando cuatro vacas escaparon de una granja de Columbia, en Maryland, en 1993, se apresuraron a calificarlas de «salvajes» para justificar su matanza a tiros. Después de su fuga, se habían refugiado en el bosque. Durante seis semanas, la policía siguió su rastro a pie e incluso en helicóptero. Por la noche, el precavido grupo aparecía para comerse la hierba de un campo de golf. El director del complejo incidió en su carácter esquivo: «Era imposible acercarse a ellas. Eran rapidísimas, como ciervos»[270]. Al final, la policía disparó a dos de las vacas, mientras que las otras dos siguieron en libertad ocultas en el bosque. Un asesor policial, cuyo papel adicional como responsable de investigación en una granja lechera parece indicar su falta de neutralidad, declaró que los agentes habían actuado de forma correcta al dispararles porque se habían vuelto salvajes y «no había otra alternativa». En el discurso de la civilización, resultaba incomprensible que permanecieran en libertad.

El 11 de marzo de 2011, un rebaño de treinta vacas entró en los jardines de una urbanización de Gales del Norte después de haber escapado de una granja cercana. Al rato, se presentaron allí ocho policías. Las obligaron a desplazarse a un campo adyacente, y el ayuntamiento, el Gobierno de Gales y un organismo de bienestar animal tomaron una decisión conjunta: había que matarlas «por razones de bienestar», para evitar su sufrimiento. Los disparos resonaron en el pueblo cuando comenzó la masacre. Los niños que jugaban en las inmediaciones y que se acercaron para verlas chillaron horrorizados. Un testigo dijo que «algunos de los chavales estaban histéricos y se quedaron traumatizados». A aquellos chicos, la fuga de las vacas les recordó a los animales de algunos de sus cuentos favoritos, pero la realidad no se parecía en nada a la fantasía que les habían enseñado. (Existe una industria tremendamente lucrativa que fomenta ese amor de la infancia hacia los «animales de granja» para naturalizar su estatus y su ubicación en las granjas). Ese mismo año, una docena de vacas se fugó de un corral y se instaló en las calles del tranquilo barrio de Peaceheaven, Tredegar, en el condado galés de Blaeneau Gwent. Los vecinos las describieron como «temibles» para la comunidad, ya que miraban por las ventanas de las casas y pisoteaban los jardines. Un residente dijo: «Estamos acostumbrados a que nos dejen la botella de leche en la puerta, pero no la vaca entera»[271]. Como muestra este comentario, se tiende a pensar en las vacas según los productos de su trabajo y según el lado de la valla donde las ubican (o donde se ubican ellas).

En estas anécdotas, las vacas parecen desmadradas o «temibles» por la descontextualización que resulta cuando transgreden las barreras del cautiverio. Los discursos dominantes en nuestra sociedad crean historias sobre animales fugados y obvian a propósito las realidades materiales que propician dichas fugas y su aparición en los espacios destinados al ser humano: campos de golf, colegios, caminos asfaltados y zonas residenciales. Quienes tienen derecho a esos espacios, a la propiedad privada y a la seguridad de la comunidad ven a los animales fugados como un peligro. Como escribe Sara Ahmed: «Los extraños devienen objetos no solo de la percepción sino también de la gobernanza: cuerpos que gestionar. Y pueden gestionarte para sacarte de la existencia. La gentrificación es una política pública para gestionar extraños: una manera de eliminar a esas personas que podrían dañar la vista; a esas personas que podrían desvalorizar un vecindario; a esas personas cuya proximidad podría registrarse como desvalorizadora. Hay tecnologías que evitan que algunos cuerpos nos afecten; cuerpos que podrían estorbarnos en nuestra ocupación del espacio»[272]. El acuerdo, por parte de quienes están en el poder, de que los cuerpos de esos animales son peligrosos los vuelve aún más vulnerables y los conduce al sacrificio o a la masacre. En el siguiente capítulo, trataré de nuevo la cuestión de la respuesta pública frente a los animales insumisos, incluidas las consecuencias de los discursos sobre los peligros desconocidos que entrañan sus fugas.

## Encontrar un hogar salvaje

Algunas vacas que residen en la frontera entre lo urbano y lo salvaje han hallado un hogar. De hecho, un grupo de rebeldes de la región costera de Liguria, al noroeste de Italia, encontró consuelo en ese terreno montañoso de colinas ondulantes. Hacia mediados de los años noventa, llevaron a cabo en la zona un programa para reducir el riesgo de incendio en el que introdujeron un rebaño de vacas para que pastaran en campo abierto. Cuando los habitantes de la región se quedaron sin fondos, decidieron prescindir del proyecto. En consecuencia, las autoridades intentaron capturar a las vacas para sacrificarlas, pero solo atraparon a una parte de ellas. Varias permanecieron en libertad, redescubrieron su agilidad y su rapidez y, por tanto, revertieron su domesticación. Desde entonces, como la comida a veces escasea en la zona, sobre todo en invierno, las supervivientes a veces bajan a los pueblos para tomar un tentempié. Aunque se ganaron la fama de frecuentar los huertos ajenos, por lo general la gente las acogió bien. Pero estas vacas aún viven con una orden de matanza sobre ellas y con la amenaza de los cazadores furtivos. Una medida adaptativa que han adoptado en esta situación tan inestable es la de designar como vigilante a uno de los miembros de la manada mientras las demás pastan. Han aprendido a entrar en los pueblos solo cuando anochece y a quedarse en las montañas más altas durante el día. Un documental llamado *Rebel Cows*, dirigido por el cineasta Paolo Rossi, muestra imágenes de estos animales recogidas con cámaras de rastreo. Rossi expresó su preocupación por su supervivencia debido a los numerosos obstáculos a los que se enfrentan: «Para ellas ahora es muy difícil vivir en la naturaleza», dijo[273]. En sus grabaciones solo aparecen seis vacas, aunque es probable que haya más.

A lo largo de la historia, muchos animales han conseguido escapar del alcance humano. Un caso famoso es el del chimpancé Moe. La vida de Moe podría haber inspirado la película de 2011 *El origen del planeta de los simios*, que trata de un mono domesticado que acaba en un oscuro centro privado pero que se escapa y desaparece en el bosque de secuoyas de California. A la madre de Moe la habían matado unos cazadores en la selva y al chimpancé huérfano lo adoptaron James y LaDonna Davis, una pareja residente en California. Se supo que James llevaba a Moe en un carrito mientras trabajaba en su concesionario de coches. Moe, que iba siempre vestido, fue el padrino en la boda de la pareja. Veía la televisión y, de mayor, actuó en películas de Hollywood. A medida que envejecía, fue pasando cada vez más tiempo en una jaula exterior de 3 x 4 metros. En 1998, se escapó y echó a correr por el barrio. Para atraparlo hicieron falta varios trabajadores de los servicios zoosanitarios y policías, uno de los cuales recibió un mordisco en la mano. Tras treinta años con los Davis, todo cambió. Moe le mordió la mano también a una mujer que metió el brazo en su jaula, según parece porque sus uñas pintadas parecían regaliz rojo. Al día siguiente, a los David los obligaron a enviarlo a un centro de conservación. Vivió allí hasta que lo transfirieron a otro centro para chimpancés «peligrosos» (explotados en la industria del entretenimiento hasta que se volvieron demasiado imprevisibles) llamado Animal Haven Ranch.

Los Davis lo visitaban varias veces al mes con comida para todos sus compañeros de jaula. En su treinta y nueve cumpleaños, le llevaron una tarta. Nada más entregársela, ocurrió otra tragedia. Dos jóvenes chimpancés del centro se escaparon y atacaron a la pareja, a LaDonna la derribaron y le mordieron el pulgar, y a James lo dejaron en estado crítico. Dispararon y mataron a los dos. Moe, que no pudo intervenir porque estaba encerrado, se deprimió tras el incidente. LaDonna dejó de visitarlo con regularidad y James permaneció durante un tiempo en coma inducido. Ella contó que visitó a Moe el Día de la Madre y que, al verla, el chimpancé empezó a saltar de alegría[274]. Tres años más tarde, a la edad de cuarenta y dos años, a Moe lo «jubilaron» a una vida enjaulado en otro lugar miserable llamado Jungle Exotics, un negocio que alquila animales para la industria del entretenimiento, en Devore, California. El 29 de junio de 2008, el supervisor del centro, Tom Betty, informó de que faltaba un chimpancé: «No sé si se ha escapado o no»[275]. Más tarde, declaró que Moe se había fugado al bosque nacional de San Bernardino, en el sur de California.

Un gran grupo de voluntarios y de agentes de los servicios zoosanitarios, así como un helicóptero privado, se movilizaron para peinar la zona boscosa. Michael McCasland, que se identificó como un amigo de los Davis, dijo que, según le habían informado, «Moe abrió su jaula el viernes y acudió a la casa del cuidador de Jungle Exotics. Más tarde, se marchó a una casa cercana que está en obras. Tras sorprender allí a los albañiles, desapareció por el bosque»[276]. McCasland cree que consiguió llegar al bosque de San Bernardino, una teoría que parece corroborada por quienes le vieron aquel día.

Cuando pensamos en los animales que se escapan de sus jaulas, a menudo nos imaginamos a un chimpancé como Moe, o tal vez a un pájaro, a un pequeño roedor o incluso a un gato o un perro que abre su caseta de cualquier forma ingeniosa. Pero ¿y un pulpo? Los animales marinos son conocidos por eludir su cautiverio. Uno de ellos fue Inky, un pulpo del tamaño de una pelota de fútbol que estaba en un acuario de Nueva Zelanda. Inky consiguió no solo completar la gran evasión del acuario sino que llegó al mar. Por la noche, cuando todo estaba tranquilo, salió del tanque y se escabulló por un pequeño agujero de drenaje que desembocaba en la bahía de Hawke, situada en la costa este de North Island. ¿Cómo lo logró? Primero, se deslizó por un pequeño hueco bajo la tapa del tanque. Después, como mostraron las huellas que dejó, recorrió casi tres metros de suelo y se abrió paso por una cañería de cincuenta metros con solo quince centímetros de diámetro. Los trabajadores del acuario registraron las cañerías, pero no encontraron rastro alguno del fugado. Inky consiguió llegar al agujero que desembocaba en el mar y se lanzó a las profundidades.

Los expertos en pulpos, como Alix Harvey, de la Asociación de Biología Marina de Inglaterra, no se sorprendieron. Ella misma explica: «Los pulpos son fantásticos artistas de la fuga. Tienen un cerebro complejo, una visión excelente y, según indican las investigaciones, una gran habilidad para aprender y trazar mapas mentales»[277]. Esta bióloga recordó que un pulpo de un acuario británico escapó de su tanque una noche, se arrastró hasta otro tanque cercano y se comió un pez antes de regresar a su lugar. En otro caso, un empleado de la Estación de Biología Marina de Plymouth, en el Reino Unido, vio que un pulpo salía de su tanque y trepaba por las escaleras[278]. Como invertebrados, los pulpos son capaces de encoger su cuerpo, blando y flexible, y adaptarlo a espacios diminutos. Sy Montgomery califica esta habilidad para fugarse como «houdiniana». El personal que trabaja en los acuarios invierte innumerables horas en inventar tapas a prueba de fugas y en encontrar maneras de tener ocupados a los pulpos. Les falta comprender que quieren ser libres. El mar es su hábitat natural. Por desgracia, los humanos han avanzado en la dirección contraria y ahora planean criarlos en granjas y alojar a estas inteligentes criaturas en tanques aún más pequeños que los de los acuarios.

Estos cefalópodos tan listos no son los únicos que consiguen escaparse de vez en cuando y llegar al mar. El llamado pez gato andador, que repta por tierra, a menudo se escapa por la noche de los estanques y los criaderos de Estados Unidos y de China[279]. Miles de salmones se han escapado de las piscifactorías. En el libro *El ingenio de los peces*, Jonathan Balcombe señala que los

Imagen 33. Una trucha intenta escapar después de quedarse enganchada a un sedal. Valentine Thomas Garland, *Trout at Winchester*, siglo xix.

peces cautivos en las granjas acuícolas, que son granjas subacuáticas de cría intensiva, a veces desafían a los humanos escapándose de esos entornos estrechos y artificiales. Aunque logran atravesar las redes dañadas por las focas o por las tormentas, les cuesta mucho sobrevivir en la naturaleza porque nunca han sido peces en libertad[280].

Cualquiera que haya visto a un pez atrapado en un sedal sabe que se resisten al dolor que les produce quedarse enganchados al anzuelo y no ser capaces de conseguir oxígeno. Los estudios confirman que son sumamente sensibles. El científico Donald Broom, doctor de la Universidad de Cambridge, explica: «Anatómica, fisiológica y biológicamente, el sistema del dolor en los peces es poco más o menos el mismo que el de las aves y los mamíferos»[281]. Pero los humanos por lo general han negado que los peces sean conscientes y que puedan sentir dolor. Las relaciones primarias que mantienen con ellos giran en torno a su consumo, su pesca o su observación mientras nadan en círculo dentro de tanques. Los peces arcoíris son unos de los muchos que han demostrado excelentes capacidades cognitivas, en particular su memoria. Un estudio demostró que aprendían a escapar de una red, dentro de un tanque experimental, a través de un agujero. Tras demostrar su tremenda habilidad para la fuga en varias sesiones, dichos peces arcoíris permanecieron un año entero apartados del experimento. Al año siguiente, metieron a los mismos individuos en el tanque para continuar con las pruebas. Su habilidad para utilizar el agujero de escape no había cambiado desde el año anterior, como si no hubiera pasado el tiempo[282]. Este hecho es una evidencia de la memoria a largo plazo en estos animales[283].

### Asentarse

Las fugas de los animales a la naturaleza han conducido al asentamiento de nuevas poblaciones de especies en diferentes áreas del mundo. Por ejemplo, en Norteamérica, Sudamérica y Australia se asentaron poblaciones salvajes de caballos y burros a partir de los individuos domesticados y posteriormente fugados que los colonos europeos utilizaban para el transporte. En Norteamérica, numerosos caballos traídos por los exploradores españoles escaparon de su cautiverio, como los de Hernán Cortés en 1519 en Veracruz, o los de Hernando de Soto a lo largo del Misisipi. Los caballos que participaron en la expedición de 1540 del conquistador y explorador español Francisco Vázquez de Coronado huyeron del ejército y prosperaron en libertad en varios valles.

En los siglos XIX y XX hubo animales que huyeron de la industria de la moda y fundaron poblaciones salvajes. El coipo, de apariencia similar al castor, se introdujo en Norteamérica (y en otras regiones) desde Sudamérica para las granjas peleteras. Cuando viven en libertad, los coipos cavan sus madrigueras en los ríos y en otros cursos de agua y se alimentan de tallos de plantas. En la industria peletera estadounidense, los individuos más afortunados se escapaban de sus jaulas pequeñas y mugrientas colándose por debajo de las rejas o aprovechando los daños causados por las tormentas. Los coipos que viven en libertad en Texas descienden de los que se escaparon cuando los llevaron a Luisiana en 1937. Algunos se fugaron de una granja durante un huracán en 1940 y se establecieron en los pantanos y humedales antes de adentrarse en los estados del sur. En las marismas de Maryland, vivían salvajes a finales de los años treinta y principios de los cuarenta del siglo XX. En 1945, se encontraron desertores de las granjas peleteras en el condado de Estanislao, en California[284]. También se extendieron por el oeste de Oregón después de las fugas producidas entre los años treinta y cincuenta. Hoy, se les puede encontrar en el sudeste de Estados Unidos y en otras zonas.

La industria peletera ha sido una actividad comercial importante desde el siglo XX. En sus indagaciones clandestinas sobre las granjas peleteras, Jo-Anne McArthur observó: «En todas las investigaciones donde he participado siempre me ha incomodado ver lo cerca que están estas granjas de los hábitats naturales de los animales que las ocupan. Además de tener que aguantar la putrefacción de sus propios residuos, los visones, los mapaches y los zorros huelen y ven el bosque, inalcanzable para ellos»[285]. En una cruel ironía, los animales criados para la peletería, que viven en pequeñas jaulas metálicas, a menudo están ubicados terriblemente cerca de su hábitat natural.

En la pequeña localidad de Maynard, en Massachusetts, una granja de visones llamada Taylor's Mink Ranch, que comenzó a funcionar en 1960, albergaba casi diez mil visones. Su propietario, John Taylor, era un comerciante conocido por criar una variedad con un pelaje claro fruto de una mutación fortuita. Los clientes consideraban los abrigos blancos confeccionados con estos visones como un símbolo de prestigio, mientras que para los activistas eran un odioso signo de explotación animal. Algunos lograron escapar y se convirtieron en animales libres. Más de cincuenta años después de que Taylor's Mink Ranch cerrara sus puertas, sus descendientes (con su característico pelaje blanco) todavía se ven de vez en cuando en el Refugio Nacional de Vida Salvaje Great Meadow, en Concord[286].

Imagen 34. Un fugitivo curioso en una granja de visones. (Foto de Jo-Anne McArthur/Djurrattsalliansen).

Desde su importación a Europa, los visones americanos fundaron poblaciones en libertad por todo el continente después de escaparse de cientos de granjas peleteras; se les vio en Suecia en 1928 y en Gran Bretaña en 1929. En Japón, durante los años cuarenta, importaron para la industria peletera una especie llamada civeta de las palmeras, que también se había utilizado en la Antigüedad. En distintas áreas del país se hallaron ejemplares que habían escapado del cautiverio: en las zonas centrales de Hondo,

Shikoku, Yamanashi y Shinano, y en las prefecturas de Nagano, Yamanashi y Shizuoka[287]. En 1985, seguían establecidas en el este y el sur de Honshu. En Canadá, algunos zorros se escaparon de las granjas peleteras de la isla de Vancouver (en la Columbia Británica) y se establecieron en el bosque de Sayward, al norte del río Campbell. Se cree que la población máxima se alcanzó en 1948. Debido a la frecuencia de las fugas, las granjas peleteras ahora cuentan, además de con los corrales y las jaulas, con verjas perimetrales para mantener cercados a los miles de animales que viven en su interior. A pesar de todo, a lo largo de los años han continuado escapándose y siempre ha habido humanos dispuestos a ayudarlos.

No es raro que los fugados se asienten lejos de su tierra natal, como es el caso de las cotorras monje, nativas de Sudamérica. Una colonia autónoma de estas aves, llamada colonia de loros salvajes de Brooklyn, se instaló en toda la ciudad (véase imagen 35). Se cree que las que viven allí en la actualidad son descendientes del grupo que se fugó del aeropuerto John F. Kennedy cuando las importaron para venderlas en tiendas de animales en la década de los sesenta. Anidan todos los años en los mismos lugares. Hasta han construido sus nidos en los elementos decorativos de terracota de la puerta principal del cementerio de Green-Wood y en las farolas del College de Brooklyn.

También viven en hábitats naturales algunos animales que escaparon para evitar que los utilizaran como entretenimiento. En el Reino Unido, ya en 1850, algunos ualabíes y canguros se liberaron y fundaron poblaciones salvajes en los bosques próximos a Norfolk. A principios del siglo XX, el duque de Bedford llevó a Wolburn Park, en Bedfordshire, unos ciervos acuáticos chinos que más tarde se fugaron a los bosques circundantes. La población aumentó con la llegada de otros fugitivos de Whipsnade[288]. En 1944, el duque llevó ciervos acuáticos chinos a Hampshire y, de nuevo, varios individuos apostaron por la libertad. Se vieron individuos fugados entre los condados de Hampshire y Berkshire a finales de los años cuarenta, así como en los bosques de Buckinghamshire, Northamptonshire y Oxfordshire. En la villa de Ludlow, en el condado de Shropshire, varios ciervos acuáticos chinos se escaparon de un parque zoológico en 1956. Siete años más tarde, se calculó que en el exterior de este vivían unos veinte en libertad. Asimismo, en 1950, más ciervos acuáticos chinos huyeron del parque de Studley Royal en Ripon, Yorkshire, y cuatro años después vieron a varios de ellos en las inmediaciones de este[289].

Imagen 35. Cotorras monje en el cementerio de Green-Wood de Brooklyn, Nueva York. Se cree que estas aves se asentaron en la zona después de escapar del aeropuerto JFK en los años sesenta. (Foto de Linda Harms).

Los animales fugados de la industria alimentaria consiguen sobrevivir en libertad si se dan las condiciones adecuadas. Muchos cerdos domesticados se han marchado de fincas de caza, granjas y mataderos. La mayoría de las veces, resisten escondiéndose. Como son excelentes carroñeros, subsisten siguiendo el curso de los arroyos y buscando cultivos. Por lo general, el rápido crecimiento de sus poblaciones en nuevas áreas suele ocurrir cuando se escapan de zonas de caza cercadas (o por el transporte y la suelta ilegales). Un zoólogo del Departamento de Recursos Naturales de Michigan señaló que es difícil recluir a los cerdos en las fincas de caza porque hacen agujeros en las vallas y cavan por debajo. En cuanto escapan, sus características físicas comienzan a adaptarse a la naturaleza. Esto es un hecho recurrente. Ya en 1260, según los registros, Enrique III ordenó la matanza de los últimos jabalíes salvajes auténticos del Bosque de Dean (la parte occidental de Gloucestershire, Inglaterra). La vida autónoma en el bosque puede hacer que un cerdo que antes vivía en una granja desarrolle un pelaje hirsuto y oscuro y unos colmillos largos similares a los de sus antepasados los jabalíes salvajes, a veces en cuestión de pocos meses. En un momento dado se planteó la hipótesis de que Sundance, uno de los integrantes de los «Tamworth Two» —una famosa pareja de cerdos fugada durante la descarga del camión de un matadero en Malmesbury, Wiltshire, que estuvo varios días escondida en unos matorrales— tuviera «una naturaleza más rebelde», ya que uno de sus ascendientes era un jabalí salvaje. Como dijo uno de los miembros del equipo de búsqueda: «Está claro que es bastante listo. Ha engañado a un montón de gente durante muchos días. No me apetece pasar otra jornada de batida por los alrededores de Malmesbury»[290]. Butch y Sundance, que fue como los llamaron, vivieron el resto de su vida en el centro de conservación Rare Breeds Centre en vez de regresar al matadero.

Algunos animales que llevan poco tiempo en libertad han tenido descendencia con otros animales libres generando así nuevas identidades híbridas. Los avestruces asilvestrados del Cuerno de África se han apareado con otros avestruces salvajes. Después de escapar de las granjas, los renos (la forma domesticada del caribú eurasiático) introducidos en el norte de Canadá para la industria ganadera se aparearon con los caribús nativos. Las gallinas resilvestradas del Sudeste Asiático y los gallos salvajes rojos han engendrado unos pollitos con apariencia híbrida. Los gatos asilvestrados de Estados Unidos han tenido crías con el lince salvaje y, en el África Austral, con el lince africano. A veces se dice que los fugados suponen una amenaza para la pureza de sus homólogos libres y las poblaciones salvajes. Por ejemplo, en la mayor parte de Sudáfrica, los avestruces en libertad son considerados «impuros» porque han surgido muchas mezclas tras las numerosas fugas de las granjas.

El término «asilvestrado», a medio camino entre «salvaje» y «domesticado», se ha utilizado como insulto entre quienes sostienen el *statu quo*; para ellos, ser asilvestrado es ser anormal o ser un marginado[291]. Por el contrario, el asilvestramiento o asalvajamiento puede ser un ideal para quienes viven fuera de lo establecido y no están domados por los intentos sociales de domesticación ni limitados por las regulaciones autoritarias. Al asentarse en diversas partes del mundo (de las que hemos enumerado una pequeña variedad de ejemplos), los fugados y sus descendientes salvajes son la clara evidencia de que la civilización humana nunca ha sido capaz de controlar por completo la naturaleza no humana.

## Moverse por terreno peligroso

Cuando los animales escapan del cautiverio, tienen más posibilidades de seguir en libertad si se encuentran cerca de prados, campos, bosques, matorrales densos y humedales. La nocturnidad es una ventaja, porque se esconden durante el día y salen de noche para buscar comida y agua. Sin embargo, con los avances en tecnología, los sistemas de vigilancia y la merma de espacios naturales, a muchos de los fugitivos vuelven a capturarlos después de un breve periodo de libertad en la naturaleza. Como en el caso de la manada de bisontes que escapó del Albergue Privado de Caza Bolduc y que regresó al descubrir que no había ningún lugar seguro adonde ir, la pérdida de los espacios salvajes puede inducir a los animales a volver a los lugares de los que escaparon.

La tierra está cada vez más parcelada a causa de la actividad humana. Incluso en el campo, los animales deben moverse por terrenos peligrosos, entre vehículos, carreteras asfaltadas, rutas de caza, helicópteros e intrusión humana. Se enfrentan a la polución, a la deforestación y a la basura en los lugares de refugio y encuentran impedimentos para acceder al agua, la comida y las rutas migratorias. También ha aumentado el uso de la tecnología para la vigilancia con el fin de detenerlos. Incluso las redes sociales, una herramienta valiosa para ayudar a los insumisos, sirven para reprimir sus intentos de libertad. Por ejemplo, en 2018, capturaron a cuatro lechones que habían escapado de una granja de Buck Ridge, en la Columbia Británica, porque alguien publicó en Facebook que estaban sueltos por la zona. Habían llegado lejos: nadaron por el río Fraser y subieron por un terreno escarpado durante varias horas solo para que la vigilancia de las redes sociales desbaratara sus planes.

En otras ocasiones, los fugados experimentan la libertad varias semanas o incluso varios meses antes de que los vuelvan a apresar. En 2012, una ibis escarlata llamada Cherry se marchó volando del zoo de Edimburgo. A pesar de los esfuerzos de la Sociedad Escocesa para la Prevención de la Crueldad contra los Animales (SPCA por sus siglas en inglés) y de los trabajadores del zoo, que trataron de atraparla con señuelos de mejillones y gambas, campó a sus anchas por la ciudad casi una semana. Cherry se instaló en la playa de Cramond antes de que la recapturaran. También hubo un pingüino que se fugó en 2012 del parque Sea Life de Tokio saltando un muro de cuatro metros con una alambrada de púas y pasó un tiempo en la bahía de Tokio antes de que lo atraparan[292]. Cuando tres osos panda se escaparon del zoo de Hangzhou en Zhejiang, China, en 2015, enseguida atraparon a dos, pero el tercero subsistió en libertad doscientos cuarenta y dos días. Al final, alguien lo vio en un árbol y, como rechazó las manzanas que le ofrecieron como señuelo los empleados del zoo, le dispararon un tranquilizante y cayó en una red dispuesta más abajo. En enero de 2016, una nutria llamada Geoff vivió en libertad varias semanas tras escapar de un zoo (antes llamado Durrell Wildlife Park), situado en la isla de Jersey, en el canal de la Mancha. Después de desaparecer del zoo, Geoff hizo un viaje de casi cinco kilómetros hasta St. Catherine Woods. Allí vivió alimentándose de peces y animales pequeños hasta que los empleados del zoológico volvieron a aprehenderlo con la ayuda de una cámara de visión remota.

Tras haber experimentado la libertad, los animales recapturados pueden volverse más huraños y tristes. En la República Checa, dos macacos llamados Šimpy y Tatin se fugaron en 2011. Los dos compinches estaban confinados en un zoo pero lograron escapar cuando el personal desactivó la verja electrificada para realizar tareas de mantenimiento. Buscaron comida en los jardines y en el bosque, y aceptaron que los humanos los alimentaran (excepto quienes los perseguían para apresarlos). Habían transcurrido ocho meses cuando atraparon a Šimpy. En la naturaleza, el macaco se las había arreglado bien, estaba más fuerte y su pelaje parecía más lustroso. Tras su regreso al zoo, informaron de que «a Šimpy no le había hecho ninguna gracia volver, les ponía mala cara a los trabajadores y estaba visiblemente molesto»[293]. Debido a esta conducta, lo vendieron a otro centro de cautividad en Ucrania. Según parece, a Tatin no lo pillaron.

Este capítulo ha explorado el fenómeno de los animales que escapan de su cautiverio y se adentran en la naturaleza. Las consecuencias para ellos son diversas, debido a que ocupan las fronteras entre la civilización y el mundo salvaje, donde a veces los rescatan o permanecen libres. La travesía de quienes habitan en los márgenes es inquietante, pues alteran los límites de lo domesticado y lo salvaje, y modifican las ideas sobre el lugar que deben ocupar. Algunos animales fugados vivieron o viven libres en la naturaleza, mientras que otros dependen de la infraestructura humana para sobrevivir. En una sociedad que los relega al estatus de mercancías y propiedades, las consecuencias para quienes ofrecen resistencia dependen de las decisiones humanas y de la respuesta pública a su búsqueda de la libertad.

# TERCERA PARTE.
# ¿CON QUÉ FINES (Y CON QUÉ PRINCIPIOS) RESISTEN LOS ANIMALES?

# 7
# LAS RESPUESTAS PÚBLICAS A LA INSURRECCIÓN ANIMAL

En 2016, un toro que más tarde recibió el nombre de Frank se escapó de un matadero de la ciudad de Nueva York. A Frank lo habían criado para servirlo en un plato, pero, gracias a su fuga, se granjeó no solo la libertad, sino también la amistad del icónico comediante de *Daily Show* Jon Stewart. Frank estaba saliendo de un camión en Queens para ir al matadero cuando se dio a la fuga y comenzó a deambular por un campus universitario de Nueva York. Al cabo de una hora, lo atraparon y lo enviaron al refugio de animales de Brooklyn. Pese a que, en teoría, era propiedad de la empresa cárnica Jamaica Archer Live Poultry and Meat, Jon Stewart intervino y ayudó a que se quedara en Farm Sanctuary. Después de un breve reconocimiento en el hospital veterinario Cornell, la dirección del santuario anunció que el recién llegado pasaría allí el resto de su vida natural.

La insurrección de los animales interrumpe las estrategias de distanciamiento de aquellos que consumen productos de origen animal y que se aprovechan de ellos en la sociedad industrial. En un vídeo sobre la historia de Frank, Jon Stewart comenta que, debido a las características de dicha fuga, «esta vez presté atención»[294]. Cuando los animales se liberan, nos fijamos en ellos. Aunque los ganaderos, los investigadores, los subastadores, los cazadores, los criadores y los adiestradores siempre han conocido de primera mano estas rebeliones, el concepto de resistencia animal está alcanzando a una amplia audiencia dentro del paisaje mediático digital del siglo XIX. Las redes sociales permiten a gente de todo el mundo conocer, compartir y comentar artículos y vídeos sobre el tema, de manera que estas historias, más accesibles que nunca, generan una amplia variedad de respuestas.

## Percibirlos como individuos

Cuando los animales resisten y entran en la esfera pública, dejan de ser estadísticas y se convierten en individuos a ojos de los seres humanos. A pesar de que las empresas de explotación animal utilizan estrategias de distanciamiento para ocultar sus medios de producción, los animales fugados, al ocupar espacios que supuestamente no les corresponden, provocan una ruptura física y conceptual. Cuando la gente se topa con ellos, los reconoce como poseedores de una conciencia única.

En 2012, un ternero huido de un matadero de Paterson, Nueva Jersey, cruzó a nado el río Passaic y eludió a la policía durante varias horas. Su fuga apareció en la prensa después de que salieran a la luz unas imágenes donde los agentes lo perseguían y alguien trataba de bloquearlo con un camión. A continuación, se generó una protesta pública para que le perdonaran la vida, pues había vuelto al matadero después de que le administraran un sedante, y el propietario accedió a no sacrificarlo. Sin embargo, un voluntario de la protectora llamado Mike Stura temió que no lo mandaran al santuario como habían prometido. Y estuvo en lo cierto: se enteró de que el ternero iba de camino a otro matadero. Por suerte, lo localizaron y, al cabo de poco tiempo, Mike Stura y Mike Jr. (como lo bautizaron después) se dirigieron juntos hacia el santuario Woodstock Farm.

La noticia se hizo viral. Como Jenny Brown apuntó:

> Mucha gente se enteró de este caso porque en la tele no dejaban de aparecer las imágenes. Todo el mundo se puso muy contento al saber que lo acogimos. El hecho de verlo de cerca, de ser consciente de la buena suerte que ha tenido este animal al haberse fugado y de saber que va a vivir libre en el santuario hace que piensen: es un individuo[295].

En efecto, una gran parte del público reflexionó sobre lo que significaba que un ternero anduviera suelto. Las imágenes de la fuga de Mike Jr. estuvieron acompañadas de un artículo con más de cuatrocientos comentarios[296]. Brown explicó que Mike Jr., en vez de convertirse en «filete», recibiría una «cómoda cama de paja» además de «amor y respeto»[297]. Varias personas comentaron que a raíz de esta noticia dejaron de comer productos de origen animal. Una persona afirmó que había «empezado una dieta vegana. Me siento mal por los animales. Si lo piensas, es lo mismo que si nos comiéramos a nuestro perro o a nuestro gato»[298]. Mike Jr. tardó un tiempo en mostrarse simpático con los humanos, pero sus nuevos amigos enseguida descubrieron que le encantaba que le rascaran la cabeza y «se frotaba contra tus uñas como un gato contra un poste»[299]. Según la página web del santuario, ahora disfruta de su libertad y pasa el tiempo vagando por los pastos con sus amigos[300].

Cuando los animales que ofrecen resistencia son percibidos como individuos, animan a los seres humanos a vivir de forma un poco más acorde con sus valores. Los fugados de las granjas se han ganado el corazón de los trabajadores de los refugios que antes solo admitían, en el círculo de su compasión, a perros, gatos y otros animales de compañía tradicionales. En septiembre de 2007, después de que hubiera huido de un mercado de animales vivos de Nueva York, llevaron a una vaca hereford llamada Maxine al centro zoosanitario municipal. Farm Sanctuary la recogió para que viviera el resto de sus días en sus verdes prados. En un vídeo grabado por ellos mismos, una mujer que trabajó en el centro zoosanitario nueve años, Dienna Capers, declara en una entrevista que se sintió conmovida ante la fuga de Maxine. Con lágrimas en los ojos, Capers compartió su descubrimiento:

> Para mí, aquella mañana fue asombrosa. Esa vaca tierna e inocente que huía para que no la sacrificaran. Nunca antes me había parado a pensar en ellas y llevamos años comiéndonoslas. Nunca había imaginado su cara y me dolió. Por eso ahora vamos a intentar no comer carne, yo y toda mi familia. Lo que hoy se ha salvado es una vida[301].

También Molly, con su comportamiento valiente e inspirador, incitó a la gente a adoptar una alimentación vegetariana. En la primavera de 2009, esta vaquita negra se fugó del matadero Musa Halal, del barrio de Jamaica, en Queens, atravesando el corredor vallado que unía los corrales con los camiones. Durante la persecución, pasó por delante de algunos mataderos donde sacrifican pollos, pavos, cabras y corderos. Al llegar detrás de una zona residencial, la atraparon, le suministraron un tranquilizante y la transportaron al centro zoosanitario de Brooklyn. A Molly le concedieron un alojamiento permanente de cuatro mil metros cuadrados en una granja hortícola orgánica y residencia para animales rescatados de Long Island.

Como comentó Adam Khan, un camionero que presenció su estampida en pos de la libertad, sus actos «dicen algo más, Molly no quiere que la maten»[302]. Esta historia, que tuvo una amplia difusión, provocó una profunda reflexión. Hubo hasta una persona que, para darle las gracias a Molly, escribió un haiku en su honor: «Nada brilla más / que el cuchillo contra el sol / salvo el nuevo sol»[303]. Otro lector recuerda a «los demás animales descargados» del mismo camión: «Ojalá hubieran corrido su misma suerte»[304]. El usuario «Animal Lover» aprovecha la oportunidad para sugerirles a los seguidores no veganos de Molly: «Si esta historia os ha alegrado, dejad de comer carne»[305].

Ponerles un nombre a estos tres fugitivos —Mike Jr., Maxine y Molly— ayudó a que el público los viera como individuos.

Todos los animales que llegan a un santuario reciben un nombre. Levi fue uno de ellos: cuando los empleados del centro encontraron al cabrito emancipado —a quien sus rescatadores llamaron Levi— vagando por las calles de Brooklyn, se percataron de que llevaba dos pesados crotales en la oreja: uno blanco de Kentucky donde ponía «Ky5926, 0069» y otro azul que decía «carne». Estas no solo le habían causado una infección, sino que también narraban una terrible historia. La etiqueta «carne» definía al animal como un producto, mientras que la otra indicaba que lo habían enviado desde Kentucky para que lo vendieran en un mercado de la ciudad. Levi recuperó la salud en Farm Sanctuary, donde se unió a un rebaño de cabras, y nunca volvió a quedar relegado al estatus de «carne». Una vez exento de las etiquetas simbólicas que lo definían como un número y una mercancía, lo reconocieron como individuo y como un miembro valioso de la comunidad. Ponerles nombre a los demás animales es un acto subversivo en una sociedad donde a miles de millones de seres, como a Levi, se les identifica mediante elementos externos que demuestran su condición de propiedad. Como afirma Sara Ahmed, para quienes no se encuentran en el lugar adecuado, su cuerpo se convierte en la frontera: «Un cuerpo puede ser un documento: si tus papeles no están en el lugar adecuado, tú tampoco»[306]. Las etiquetas recalcan y documentan

Imagen 36. Levi en Farm Sanctuary. (Foto cortesía de Farm Sanctuary).

la desubicación que se produce cuando los animales cruzan los límites construidos por los humanos. De modo que, efectivamente, marcarlos es una forma de declarar que sus cuerpos se han convertido en fronteras.

## Menospreciar la insurrección

El reconocimiento como individuos de los animales fugados resulta relevante en vista del ímpetu con que las industrias de explotación animal menosprecian su insurrección. Este fenómeno se demuestra en los esfuerzos de los zoos para infravalorar los deseos e intereses de los animales. Hribal explica que, en primer lugar, el personal de dichas instalaciones suele afirmar que la resistencia es poco habitual, que sus animales por lo general se portan bien y que las fugas son excepcionales, solo cosa de algunas «manzanas podridas». En segundo lugar, aunque suelen describir a los animales cautivos como seres inteligentes, niegan su singularidad y su rebelión afirmando que actúan por instinto o que los incidentes son accidentes; hasta inventan argumentos para explicar las lesiones (un adiestrador que ha recibido un golpe mientras jugaba con un elefante o que se ha caído encima de unos alicates que llevaba en el bolsillo de atrás)[307]. En tercer lugar, el zoo asegura que no volverán a darse casos de resistencia y anuncia modificaciones en los sistemas de seguridad: muros más sólidos, mayor formación de los empleados, aislamiento o adiestramiento adicional para los animales vengativos o incluso su sacrificio. En ocasiones, vende a los individuos especialmente rebeldes a una figura intermediaria que los envía al mercado negro, delegando así su responsabilidad mientras obtiene rédito de la inversión. Para controlar y limitar la información, una cuidadosa campaña de relaciones públicas dará una imagen positiva del zoo haciendo coincidir, por ejemplo, sus directrices con objetivos conservacionistas[308].

Las historias de los animales fugados suscitan reacciones diversas en los medios de comunicación, que pueden ayudar a personalizar a los individuos y hacer que la gente se cuestione ciertas ideas arraigadas sobre nuestra relación con otras especies. En una ocasión, la revista *Time* llamó a la reflexión cuando se refirió a los prófugos como «adorables fugitivos». A la inversa, los medios dominantes a menudo infravaloran la insurrección al colocar esas noticias en las secciones de «sucesos insólitos» y al bromear sobre ellas. Con frecuencia describen a los que huyen como «especiales», «únicos» o «ganadores» de su libertad. Estas atribuciones acatan el estatus de propiedad de los animales no humanos y se centran en lo que distingue a los que se liberan, respaldando así el presupuesto de que solo estos individuos merecen la libertad y que es aceptable que los demás sigan cautivos por su falta de inteligencia o de astucia.

Molly aparece descrita en varios artículos de prensa como un animal que se ha ganado la libertad, es decir, merecedora de un «salvoconducto» o de un «indulto para no ir al matadero». El siguiente párrafo comienza celebrando su fuga, pero la afirmación final («nos llena de gozo, y eso que ni siquiera somos vegetarianos») ejemplifica la respuesta disociativa común ante los animales que logran escapar:

> Aunque sabemos poco de la vaca y de sus motivaciones (¿se estaba posicionando en contra de la producción industrial?, ¿intentaba tomar el aire?, ¿o simplemente trataba de evitar su espantoso final?), su valentía frente a unas circunstancias tan adversas es digna de admiración. Por eso nos complace saber que, según un agente de policía del Distrito 103, un equipo especializado ha acorralado y capturado a la vaca, y la llevarán a la Sociedad Escocesa para la Prevención de la Crueldad contra los Animales, no al matadero. «Siempre hemos creído que, cuando se escapan, se ganan el derecho a la libertad», declaró una portavoz de la policía que ha preferido permanecer en el anonimato. ¿Lo habéis oído, vacas? ¡Lo conseguiréis! ¡Viva la revolución! Esta noticia nos llena de gozo, y eso que ni siquiera somos vegetarianos[309].

Aunque el fragmento empatiza con Molly y destaca el «espantoso final» que ha eludido, el tono jocoso en alguna frases, como sucede en muchas ocasiones, tiende a infravalorar la gravedad de la situación. Este fenómeno juega con un tipo de disonancia cognitiva: la gente desarrolla un vínculo emocional con los animales individuales que conoce, mientras sigue consumiendo otros; el humor sirve para enmascarar los sentimientos incómodos que surgen en esos casos.

La disonancia cognitiva aparece también en las respuestas a las noticias sobre animales fugados. Resulta muy obvia, por ejemplo, en caso de la fuga de una vaca en el sur de Polonia que se hizo viral en 2018. El animal trató de alcanzar la libertad atravesando una valla metálica. Hubo una persecución y consiguió huir de sus captores cruzando el lago Nyskie hasta una isla cercana. Como el ganadero no consiguió capturarla, los bomberos locales intentaron alcanzarla en barco, pero ella no se dejó y nadó hasta una península que se encontraba a cincuenta metros de distancia. Allí pasó las cuatro semanas siguientes. Poco tiempo después, los medios de comunicación polacos y el programa televisivo *Wiadomosci* se hicieron eco del incidente. A partir de entonces, la vaca se convirtió en un asunto político, ya que un líder local llamado Pawel Kukiz se ofreció a comprar su libertad y salvarle la vida. En una publicación de Facebook, Kukiz explicó a sus votantes y a sus amigos de Facebook que, aunque él comía carne, celebraba las virtudes inspiradoras de la vaca: «Este animal no sucumbió a los bomberos que querían transportarla en barco y permaneció en el campo de batalla». Concluyó que «su valor y su deseo de luchar por salvarse son incalculables» y que haría todo lo posible por «garantizarle una jubilación indefinida y una muerte natural». Pero esa libertad nunca llegó. Muchos se entristecieron al saber que la vaca murió debido a su estresante captura y a los numerosos dardos tranquilizantes que recibió.

Los consumidores están implicados en la ignorancia estratégica o deliberada. Resulta irónico que mucha gente celebre la libertad de los animales insumisos mientras consume otros animales que no han tenido tanta suerte. Incluso cuando los medios de comunicación difunden sus historias, los espectadores que «desean lo mejor para esos animales» pueden estar «sentados en casa cenando un "filete" o una "hamburguesa"»[310]. Como explica Brown, los animales que escapan no tienen nada que los haga superiores a los que siguen en cautividad: «Todos quieren vivir, todos aman la vida, todos temen la muerte y escaparían si pudieran»[311]. En el santuario Woodstock Farm, Brown les enseña a los visitantes que todos sus residentes son individuos que reciben la misma consideración y los mismos cuidados. Para rebatir el discurso de que los animales se han ganado la libertad, afirma: «No hay ninguna diferencia con respecto a los que no se han escapado, porque ellos también lo habrían hecho de haber visto la oportunidad»[312]. Es fácil atribuir a los fugados una inteligencia mayor, un deseo de vivir más fuerte o un carácter especial, pero esas conclusiones son erróneas. Los humanos son más propensos a empatizar con los individuos que con los grupos grandes; convencerlos para que empaticen con los miles de millones de animales no humanos es un desafío complicado.

A veces los defensores de los animales pueden referirse a los fugados como criaturas especiales y merecedoras de vivir, pero sin situarlos en un lugar opuesto a los demás (también deseosos de seguir viviendo). Sin embargo, la presión por suscitar empatía y recibir apoyo para salvar la vida de un individuo puede ser inmensa. Recordemos el caso de Fred, la cabra macho sospechosa de haber intentado liberar a otros animales que se iban a subastar en Hackettstown. Un poco más tarde, a Fred lo capturaron y lo devolvieron a la industria cárnica. Tras permanecer huido durante un año, convivir con unos ciervos cerca de la casa de subastas y visitar la estación de tren de vez en cuando, algunos vecinos lo adoptaron como mascota extraoficial del pueblo. Pero la policía había priorizado su captura debido a los continuos avisos de avistamiento (además de los estragos que se le habían atribuido al liberar a los otros animales). Así pues, algunos miembros de la comunidad protestaron y le ofrecieron asilo en los jardines del pueblo mientras apelaban a la policía de Hackettstown a través de las redes sociales para que lo liberaran. Una persona suplicó: «Por favor, no lo maten. Es muy especial para nosotros. Fred no es solo una cabra, es la cabra de Hackettstown». La empresa de subastas de ganado respondió a la protesta y dijo que no venderían a Fred, aunque el resultado no fue tan positivo como sugirieron. En vez de enviarlo a un santuario, Fred se marchó a una granja que no quiso hacer público su nombre en la que supuestamente lo utilizarían como semental. Por otra parte, el resto de los escapados fueron subastados.

Referirse a los animales fugados como criaturas especiales resulta problemático cuando se da a entender que los demás son menos merecedores de vivir. Del mismo modo, no se debería etiquetar a los individuos animales (por ejemplo, decir que son «mansos», «inteligentes», «fuertes» o «valientes») si se hace a expensas de los que no encajan en esas categorías. Sugerir que quienes no se han liberado no se lo han ganado resulta muy complicado en diferentes niveles. En primer lugar, establecer la prioridad de la vida en función de la habilidad concreta de un individuo es una forma de discriminación. Muchos animales, discapacitados debido a las prácticas de su crianza, no lo tienen en absoluto fácil.

La mayoría de los pavos en granjas, por ejemplo, crecen tan rápido que apenas pueden caminar durante su corta e innatural vida. Los pocos que consiguen escapar son casos aislados. Uno de ellos fue Gobbles. Con solo un día, Gobbles llegó a una granja que cría unos ochocientos pavos al año que se sacrifican al cumplir seis meses. Al cabo de tres meses, Gobbles empezó a volar por encima de las vallas y por los árboles. Aunque pesaba más de seis kilos, su cuerpo había resistido varios siglos de cría selectiva y se parecía más al de sus antepasados salvajes. Como los propietarios de la granja no eran capaces de atraparlo, decidieron no sacrificarlo, de manera que vivió en la granja un periodo indefinido[313]. Una postal ilustrada de 1908 donde un niño persigue a un pavo muestra lo normalizada que ha estado la violencia

Imagen 37. Postal del Día de Acción de Gracias, noviembre de 1908.

hacia estas aves en Norteamérica y cómo han tratado de eludir a los cazadores (véase imagen 37). Norteamérica contaba con una numerosa población de pavos en libertad hasta que la caza la redujo drásticamente a principios del siglo XX. Se calcula que hoy se sacrifican unos cuarenta y seis millones de pavos al año solo para Acción de Gracias. La gran mayoría viven en granjas intensivas, dentro de naves con hasta diez mil ejemplares.

La insurrección diaria de los animales a veces se compara con la psicosis, que es otra perspectiva donde el especismo que la infravalora (y la motivación que se esconde tras ella) coincide con la discriminación por discapacidad. Durante su investigación sobre la industria láctea estadounidense, Gillespie observó la resistencia cotidiana de los animales en granjas y su consiguiente etiquetado como «desviados»:

> Me siento en las gradas de una casa de subastas de ganado en el estado de Washington y espero... Llevan a una vaca y su ternero a la pista. El ternero entra con facilidad, pero la vaca opone una enor-

me resistencia. Da coces, muge y se interpone entre su ternero y el humano que los lleva. Como respuesta a su resistencia, el hombre se pone cada vez más agresivo, grita y la golpea. Por fin, exhausta, la vaca entra al trote en la pista con su cría. En ese momento, una de las personas del público que está a mi lado comenta: «Habría pujado por ellos, son una maravilla. Pero por la manera en que la vaca se resiste, es obvio que está psicótica»[314].

La resistencia que había ejercido la vaca en ese espacio de mercantilización hizo que la tacharan de «desviada». Desafió el sistema que la separaba de su ternero, pero la compradora disuadida en vez de identificar su dolor la consideró una mercancía viva «psicótica». Su negativa a ceder se interpretó como locura. Dentro de los límites del recinto, su insurrección fue tolerada, pero si hubiera traspasado ese espacio y hubiera entrado en la esfera pública, su comportamiento defensivo se hubiera percibido como una amenaza.

## Distanciar a los desconocidos

Cuando los animales atraviesan los muros materiales y simbólicos que representan la normalidad en nuestra sociedad, se perciben como una amenaza para el orden social. Su exclusión se justifica mediante el discurso del desorden y la anormalidad. En 1878, un novillo negro de Texas marcado con el número 70 escapó de un matadero cerca de North River, en Nueva York[315]. El símbolo que llevaba en su cuerpo representaba su condición de propiedad y de forastero, y como tal tenía poco que hacer frente a la ley. Cuando los animales que ejercen resistencia desafían el estatus que se les ha asignado e imponen sus propios intereses, se perciben como una amenaza para el orden establecido. Para recuperar la ilusión de normalidad, a los animales que oponen resistencia se los tilda de «incontrolables», «locos» o «anormales», en oposición a lo «normal», es decir, a los humanos civilizados (blancos, europeos), lo cual sirve para justificar su confinamiento, su destierro y su sacrificio.

El concepto de Sara Ahmed del «peligro de los desconocidos» nos ayuda a comprender por qué al animal miserable se lo cataloga como «temible», «despreciable» y algo que hay que eliminar de la comunidad. El reconocimiento y la expulsión de los «desconocidos» de esa ciudadanía humana es un proceso paradójico, ya que dicho reconocimiento —el hecho de reconocer al extraño— ya implica un conocimiento[316]. Ahmed sugiere que la figuración de los desconocidos es, ante todo, un proceso racial que sirve para fortalecer y mantener ciertos privilegios económicos y sociales. Los desconocidos no solo son aquellos a quienes no conocemos, sino también aquellos a quienes no debemos conocer (por ejemplo, personas sin hogar o inmigrantes). En particular, los inmigrantes racializados son considerados los «desconocidos por antonomasia»[317]. Si ampliamos esta teoría, identificar a esos desconocidos puede asimismo ser una práctica especista cuando ciertas especies (y aquellos percibidos como más próximos a los «animales» en la jerarquía humana-animal colonial y racializada) se categorizan como desconocidas y, por tanto, excluidas. Los animales están excluidos y fetichizados, y los que están sueltos son percibidos como una amenaza para la comunidad. El discurso dominante crea una historia sobre esos individuos mientras se empeña en olvidar los medios (en este caso, las granjas, los mercados de animales vivos y los mataderos) que los permiten aparecer en el momento presente. Lo indisciplinados o temibles que resulten estos animales fugados depende de hasta qué punto los valoren como un peligro los miembros reconocidos de la comunidad.

Los discursos sobre animales ingobernables que amenazan los denominados espacios seguros de la sociedad civilizada prevalecieron durante el siglo XIX y principios del XX. En una sociedad donde la normalización regula las relaciones sociales (incluidas las relaciones entre humanos y animales), los animales fugados se asociaron a la desviación, la rareza, la bestialidad y la anormalidad. Se los describía como bestias «de comportamiento destructivo»[318], «locas» o «enfurecidas»[319], o bien como seres que «habían tomado un mal camino»[320]. En un artículo, a un novillo que huyó de un grupo de niños que le gritaba y le tiraba piedras, lo calificaron como «salvaje» y «bestia enfurecida»[321]. Por el contrario, a los agentes de policía los consideran figuras del orden que reprimen a esas criaturas salvajes. En otro caso, una descripción de un novillo fugado concluye con que «un valiente uniformado acabó su carrera desenfrenada con unos cuantos gramos de plomo»[322].

El forastero —en este caso, el animal desconocido, peligroso y fuera de lugar— debe contrastar con quien protege a la comunidad, que suele ser el oficial de policía que dispara y mata al transgresor. Esta dinámica queda patente en la historia de dos novillos que escaparon de un camión después de que los transportaran desde el oeste de Estados Unidos. Salieron corriendo por las vías del ferrocarril de Pensilvania y atravesaron Little Italy. El *New York Times* explica que el «habitual gentío de holgazanes y niños» los persiguió y que «les lanzaron todo tipo de objetos». Con referencia a uno de los fugados, el redactor apunta que «había una niña de nueve años llamada Jennie Cassidy en mitad de First Street cuando el aterrorizado animal pasó por allí»[323]. La noticia presenta al novillo como un ser sintiente (al calificarlo de «aterrorizado»), pero por el énfasis con que se incide en que había una niña en medio de la calle, también se presenta como una amenaza que hay que aniquilar por la seguridad de la comunidad. En este caso, un sargento de policía le disparó al novillo después de que saltara a un río. Disparar a los animales fugados era un intento por mantener el orden y la normalidad que, sin embargo, podía conducir a un caos mayor, como sucedió hace cien años cuando la policía, al disparar a ocho vacas escapadas, mató a un vigilante[324].

En Nueva York, los animales considerados de granja no solo huían del cautiverio, sino que también respondían con coces, mordiscos y estampidas. Un novillo arremetió contra «todos los obstáculos que encontró a su paso» mientras que otro, al que estaban apedreando, reaccionó dándole «una terrible patada a un niño»[325]. En 1895, un novillo opuso resistencia al escapar del matadero Isaac Stelfel Beef Company entre First Avenue y 44 Street. Echó a correr por las vías de una sección de carga de la Grand Central Station. Como describió el *New York Times*:

> Había una gran cantidad de mujeres entre los pasajeros que, al ver al animal enfurecido corriendo a toda velocidad, comenzaron a gritar. El novillo se dirigió hacia el oeste por 42 Street hasta Vanderbilt Avenue, donde se detuvo de repente y se encaró a sus

Imagen 38. Otro novillo que escapó de los establos de la New York Stock Company y al que mataron en Central Park, ciudad de Nueva York, 3 de noviembre, 1913. *New York Times*, 4 de noviembre, 1913.

perseguidores. Estos también se quedaron quietos. El perseguido pasó entonces a ser el perseguidor[326].

La resistencia del «perseguido» es manifiesta cuando, pese a que una horda encolerizada va tras él, se da la vuelta y pasa a ser el «perseguidor». Lo chocante de esta anécdota es que la proyección del peligro en los señalados como diferentes y «fuera de lugar» legitima la violencia contra ellos.

Además, la descripción de los «locos» como una amenaza capaz de profanar la comunidad activa una retórica de género que presenta a unas mujeres y unos niños en peligro que necesitan que los rescaten, como se puede ver, por ejemplo, en la descripción de las pasajeras que gritan al ver correr a la vaca «embravecida». En realidad, las mujeres y sus hijos se enfrentan a peligros reales que no provienen de una vaca que huye del matadero, sino de quienes reprimen su autonomía para moverse por el mundo libremente (y para escapar de la dominación). El pensamiento patriarcal niega los intereses propios de las mujeres al proyectar la idea de que corren peligro cuando no se encuentran bajo el control masculino. Aquí encontramos conexiones entre el sexismo y el especismo: al novillo (representado como «peligroso») lo envían de nuevo la matadero y las mujeres y los niños (representados como «en peligro») no están seguros en los espacios públicos sin un salvador masculino.

Este discurso aparece ya en el Londres del siglo XIX, en las descripciones de las transgresiones animales en espacios comerciales, como muestra el comentario de que «después de que uno de los animales asomara la cabeza por la ventana» y que «una oveja entrara en la tienda y se cayera por las escaleras del sótano, las mujeres no volvieron a entrar allí»[327]. En otro caso, al describir lo que sucedió cuando unas vacas se congregaron frente a su casa tras escapar de un rebaño, alguien señala: «Estoy convencido de que si allí hubiera habido mujeres o niños, se habrían

Imagen 39. Sátira británica de *Punch's Almanack*, 1899.

aterrorizado»[328]. Como respuesta a los cuerpos de los animales «fuera de lugar», las mujeres jóvenes aprenden que deben ser cautas en los espacios públicos, que deben limitarse ellas mismas y limitar los espacios que ocupan para no estar fuera de lugar como los animales salvajes sueltos por la calle.

Hoy en día, cualquiera que pasee por delante de Wall Street se encontrará con la emblemática estatua de *El Toro*. Una historiadora lo describe como un animal con los orificios nasales ensanchados y los cuernos afilados dispuesto para embestir a un transeúnte: «Una bestia desafiante y peligrosa. Arquea el cuerpo hacia un lado y curva la cola como si fuera un látigo. *El Toro* es vigoroso y está en movimiento»[329]. La estatua sirve como recordatorio de que en el «mercado de valores» el «ganado» era la moneda original y la fuente de riqueza de los colonizadores europeos. El simbolismo del toro, que representa el poder de Wall Street, es irónico, puesto que el ganado servía como una forma primitiva de capital. Aunque originalmente se construyó

Imagen 40. Un toro contrario a la partida de caza que atraviesa su territorio persigue a un cazador de zorros. Ilustración de John Leech en *Mr. Jorrock's Hunt*, de Robert Smith Surtees, Londres, Bradbury and Evans, 1854.

para representar a los capitalistas, cuya bolsa de valores es ahora numérica, y el ganado se ha sustituido por la valoración de las acciones y los mercados electrónicos, los toros han sufrido durante mucho tiempo un proceso de domesticación destinado a someter su voluntad y su poder. Al igual que *El Toro de Wall Street* ha sido objeto de caricaturización, también desde el siglo XIX la sátira británica ofrece un ejemplo histórico de esta apropiación de la resistencia de los toros basada en los discursos del desconocido (véanse las imágenes 39 y 40). Por el contrario, si miramos desde abajo, la estatua nos recuerda a las numerosas vacas explotadas en favor de la acumulación de capital y a sus actos desafiantes como respuesta a su mercantilización, incluyendo sus fugas por las calles de Nueva York.

En el siglo XXI aún se sigue matando con frecuencia a los animales fugados. Por ejemplo, a un toro que apareció en la prensa en 2011 después de escapar de un matadero de Jamaica, en el barrio de Queens, lo devolvieron con rapidez a la cadena de matanza. El animal había recorrido las avenidas de Tuckerton y Liberty antes de que lo capturaran en York College[330]. Algunos miembros de Farm Sanctuary intentaron rescatarlo, pero fue demasiado tarde. Durante su breve lapso de libertad, en la calle lo recibieron con malestar. Un testigo declaró: «Esa cosa iba a la carga soltando espuma por la boca. Estaba enloquecido». Y otro: «Nos pusimos todos a gritar»[331]. La referencia al toro como «una cosa» a la carga que «suelta espuma por la boca» evoca la tendencia social de percibir el cuerpo no humano como algo desconocido y extraño. El vídeo capta a unos hombres que se ríen, lo cual indica la tendencia a aceptar la violencia contra quienes están fuera de lugar (y en algunos casos incluso a recrearse en ella). Un artículo sobre la fuga hace referencia a otras dos ocasiones donde abatieron a otros toros fugados. Uno de ellos murió poco después de que lo atrapara la policía (cabe suponer que de agotamiento o deshidratación) tras una persecución de catorce horas. El otro, llamado Narco, se había escapado de un rodeo ilegal mientras lo metían a la fuerza en un camión. Los policías le dispararon. Del mismo modo, en 2011, apareció en la prensa internacional un tiroteo en Gatineau, Quebec, cuyas imágenes habían sido grabadas. Después de que dos novillos se escaparan de un matadero, la policía local afirmó que no le quedó más opción que acabar con ellos[332].

### Mercantilizar a los rebeldes

A los animales forasteros también los fetichizan y mercantilizan. La disonancia cognitiva que se da cuando escapan puede conducir a la angustia de lo que Ahmed denomina «fetichismo hacia lo extranjero», lo cual significa que aquellos presentados como extranjeros son a la vez consumidos y distanciados (una extensión del fetichismo de la mercancía marxista, la teoría que afirma que las mercancías en la sociedad capitalista están separadas de sus medios de producción). El fetichismo extranjero en nuestra sociedad se encuentra en el consumo masivo de los cuerpos de animales —su carne, sus plumas, su pelo, sus aletas— a los que se aparta de la comunidad. Por ejemplo, los animales en granjas están en las grandes naves lejanas donde se almacenan mientras que sus cuerpos se consumen en los hogares, ya sea en jabones, velas, fundas de sofá o comida. Una desconexión aún mayor se produce entre los animales consumidos de esa manera normalizada y aquellos que están aceptados en la familia como animales de compañía. El consumo de algunas especies está aceptado porque son considerados extranjeros.

La fetichización animal se vuelve evidente cuando la piel, el pelo o las plumas de los animales se utilizan en alegatos nacionalistas. Cuando hirieron y mataron a miles de emús en la Guerra del Emú de 1932, el ejército colonizador australiano se apropió del cuerpo de dichas aves y extrajo sus plumas, que se convirtieron en un símbolo de astucia. El ataque de la Séptima Batería Pesada de la Real Artillería Australiana a unos veinte mil emús comenzó en noviembre de 1932. Tras la Gran Guerra, Australia recibió un enorme flujo de combatientes en busca de un medio para vivir. En consecuencia, el Gobierno ofreció la posibilidad de que un buen número de veteranos australianos y británicos se dedicaran a la agricultura en el oeste. Los emús de la zona, que vivían allí desde mucho antes que los colonizadores, en su mayoría blancos británicos, vieron entonces la oportunidad de alimentarse de las tierras recién cultivadas. Los nuevos agricultores, molestos porque acababan con sus cosechas, se dirigieron al ministro de Defensa australiano. Consideraron entonces que era necesaria la intervención militar (según parece, ni siquiera se planteó el vallado u otros métodos para disuadir a los animales).

Mientras atacaban a los emús, se apropiaron de sus cuerpos para distinguir los uniformes del ejército. Enviaron de manera expresa a un grupo militar para que recogiera las plumas. Como destacó el *Canberra Times*, «El oficial al mando recibió, desde el cuartel general en Sídney, la orden de recoger cien pieles de emú, cuyas plumas se utilizarían en los sombreros de la caballería ligera»[333]. La admirable astucia de las aves —junto con una velocidad que casi alcanza los cincuenta kilómetros por hora con zancadas de tres metros— convirtió su plumaje en un ornamento muy cotizado entre los jinetes de la caballería australiana. La astucia de estos animales resultó aún más patente en su actitud desafiante contra sus captores. Los emús eran fuertes y se enfrentaban a las balas y a las pocas posibilidades de salir indemnes. Se dispersaban con rapidez y calculaban el alcance de los disparos antes de retirarse. Enseguida se supo que la operación era una farsa, pues sacrificaron muchos ejemplares, pero no los suficientes como para contentar a los agricultores, de modo que se suspendió al cabo de seis semanas. El reconocido ornitólogo australiano Dominic Serventy observó: «Así pues, al cabo de un mes, una compañía cabizbaja se retiró de la zona»[334]. En un momento dado, un soldado recargó el rifle, apuntó hacia un emú a trescientos metros de distancia, erró el tiro una vez más y pensó: «Caramba, ¿qué hago yo aquí?». Un comandante comparó los emús con tanques[335]. Pese a que muchas de las aves sobrevivieron, se confirmó la muerte de unos mil individuos y otros dos mil quinientos murieron después a causa de las heridas. Los emús, por tanto, se fetichizaron y fueron objeto de una masacre masiva (una guerra contra ellos).

En otro caso similar, la fuga de una serpiente llamada Pete reunió a un buen número de oportunistas que pretendía aprovecharse de su repentina fama. La historia comenzó en 1954, en Forth Worth, Texas, cuando Pete, una serpiente pitón, se escapó de su terrario en el zoo Forest Park. De inmediato, un centenar de policías se dirigió al zoo para desalojar a cuatro mil visitantes en estado de pánico. Los agentes comenzaron entonces a patrullar alrededor del recinto y, a través del altavoz de un coche patrulla, a informar de que había una pitón suelta para evitar que la gente se acercara. El personal del zoo, la policía y los vecinos de la zona, en barcos y helicópteros, se pasaron más de dos semanas tratando de encontrar, sin éxito, al reptil de más de cinco metros y casi setenta kilos. Pete estuvo escondido quince días hasta que por fin lo capturaron. Varios meses más tarde, la serpiente sorprendió a todo el mundo al poner quince huevos. Por desgracia Pete (también conocido como Patricia), que acababa de desafiar las etiquetas físicas que le había atribuido, murió antes de que los huevos eclosionaran.

Imagen 41. Una serpiente de cascabel en un foso se estira hacia arriba para tratar de escapar. (Foto de Jo-Anne McArthur/We Animals)

Mientras Pete estuvo suelto, varios individuos decidieron sacar provecho de su popularidad y vendieron objetos como camisetas, hamburguesas y pasteles de Pete la Pitón. Un concesionario de Ford llamado Hatley Motor Co. lo utilizó en su publicidad: «No sabemos dónde está Pete la Pitón, ¡pero es probable que haya ido a Hatley Motor!». La fuga se exprimió tanto que incluso le preguntaron al director del zoo si todo había sido un invento para sacar beneficio. El delirio capitalista es un tema recurrente cuando los animales que se escapan aparecen en la prensa. Un ejemplo notable es el interés mediático que surgió cuando Butch y Sundance, la famosa pareja de cerdos que recibió el nombre de «Tamworth Two», escaparon del matadero y decenas de periodistas y fotógrafos los persiguieron por Malmesbury. Un antiguo directivo del *Daily Mail*, que compró a Butch y Sundance a cambio de los derechos en exclusiva de su historia, dijo: «Puede parecer una noticia divertida sobre animales, pero en ese momento fue completamente seria, la noticia más importante de la semana… sin duda»[336].

Cuando la fuga de un cerdo que escapó del matadero ocupó los titulares de la prensa en la ciudad de Red Deer, Alberta, su reputación no solo sirvió para promocionar el turismo, sino también para destacar la importancia de la ganadería en la ciudad. En el verano de 1990, el cerdo Francis, a quien por entonces solo conocían sus captores con el nombre de KH27, se fugó del matadero C & A Meats[337]. Francis se dio la vuelta y huyó cuando lo obligaban a entrar en la planta de sacrificio. Saltó una valla de más de un metro, atravesó a hurtadillas el área de procesamiento y empujó la puerta trasera. A continuación, echó a correr hacia las zonas verdes del valle del río Red Deer.

Durante varios meses, Francis vivió solo en el bosque cobijándose en madrigueras y alimentándose de hierba. De vez en cuando salía para hurgar en los cubos de basura del barrio. Como descendiente del jabalí salvaje europeo, era capaz de desenvolverse bien en la naturaleza. Una vez libre, emergieron sus recursos naturales. Al igual que sus ancestros, que podían llegar a vivir en armonía con su hábitat hasta veinte años, Francis tenía la habili-

Imagen 42. Monumento de bronce en honor a Francis creado como parte del proyecto Ghost en Red Deer, Alberta. (Foto de Krista Ritchie).

dad de razonar, de percibir el peligro, de comprender el entorno, de adaptarse al cambio y de recorrer grandes distancias en caso de necesidad. Cuando los medios de comunicación se enteraron de su fuga a finales de octubre, después de que lo vieran con regularidad en zonas verdes y carriles bici, Francis se hizo famoso.

Con el pretexto de preocuparse por su capacidad para sobrevivir en un clima tan frío, el matadero envió a un cazador para que le siguiera la pista. Sin embargo, Francis era ingenioso y eludió la captura, ya que no volvió a la madriguera que el hombre había descubierto. En una ocasión, el cazador estuvo cerca, pero él logró huir pese a recibir el disparo de un dardo tranquilizante. El 29 de noviembre, el cazador lo localizó de nuevo y le disparó tres dardos. Por desgracia, uno de ellos le hirió en el intestino y Francis murió dos días más tarde. Lo más probable es que la empresa C & A Meats, que sacrifica infinidad de cerdos, estuviera más preocupada por su responsabilidad ante los posibles daños personales y materiales que el animal pudiera ocasionar que por la habilidad del cerdo para sobrevivir en el frío. Antes de su captura, a Francis lo había atropellado un coche. Después de que lo capturaran, el cazador encargado de atraparlo comentó que era «como un caimán; si pasas por delante de él, te arranca una pierna»[338].

A Francis le dedicaron una de las siete estatuas de bronce del proyecto Ghost, un homenaje de la asociación empresarial local en honor a los individuos, las acciones y los acontecimientos más relevantes de Red Deer (véase figura 43). La triste ironía de esta historia es que, después de su muerte, la ciudad utilizó el intento de libertad de Francis para promocionar el turismo y la agroindustria animal. Apoyándose en la disonancia cognitiva, la asociación empresarial escribió en la placa de la estatua: «Francis nos recuerda que la producción y el procesamiento son partes importantes en la economía de Red Deer»[339]. Así pues, la estatua fue un gesto Potemkin: cumplió con una función de propaganda engañosa para aprovecharse del amor de la ciudadanía hacia los animales y hacia el cerdo fugado. La industria que causó y explotó el sufrimiento de Francis, además se apropió de su lucha e ignoró el dolor de los cerdos asesinados por su carne.

## Defender a los animales

El coraje y la determinación de los fugados pueden emocionar a los testigos y animar a la gente a defender a los animales. La evasión de Francis y la subsiguiente apropiación de su lucha por parte de la ciudad se reflejan en la letra de la canción «Potemkin

City Limits» (del álbum de 2009 *Supporting Caste*) del grupo punk Propagandhi, asentado en Winnipeg. La canción se centra en la carrera de Francis en pos de la libertad:

> Francis cerró los ojos
> y sintió que lo rozaba la mano de la inhumanidad,
> pero sus asesinos le dieron la espalda un momento.
> Un rayo de luz cegador se derramó por el suelo.
> En una charca carmesí vio su reflejo
> mientras corría hacia la puerta.
> Esto no es un cuento de hadas frustrado,
> aunque ojalá lo hubiera sido.
> Es una fábula demasiado real
> a la que, de algún modo, seguimos aferrados[340].

La canción fantasea con la experiencia de Francis durante y después de la fuga, incluyendo el recuerdo que guarda del tacto breve y amoroso de su madre. Proclama la ignorancia deliberada de una sociedad construida sobre la explotación animal. Ninguna criatura sintiente consentiría que la encarcelaran, que la sacrificaran, que experimentaran con ella ni que le hicieran daño por entretenimiento. La retórica de «criada en libertad», «sostenible» u «orgánica» para referirse a la carne animal es un invento para descargar la conciencia de algunos consumidores, pero esas etiquetas no significan casi nada; aunque algunos animales tengan un poco más de espacio o estén mejor alimentados, su vida sigue básicamente igual y continúan matándolos mediante los mismos métodos.

Un archivo de cartas de apoyo a Francis muestra que mucha gente se preocupó por él y renunció desde entonces a los productos de origen animal. Mientras que Francis estaba huido, la atención de los medios de comunicación provocó compasión por su causa. Una clase de primaria de la escuela elemental Parkallen de Red Deer eligió los cerdos como tema para una redacción. El alumnado envió cartas al ayuntamiento para solicitar la libertad de Francis. En una carta fechada el 8 de noviembre de 1990, una niña llamada Jordanna B. escribió: «¿Le gustaría que lo cortaran para hacer beicon? Si usted fuera un cerdo también echaría a correr. Este cerdo ha estado a la intemperie pasando frío durante cuatro meses. No está bien que lo maten». Otra alumna llamada Anna D. decía: «Creo que Francis es un cerdo increíble. Me encantan los cerdos. No quiero que muera. Ni jamón ni carne de cerdo ni beicon». El archivo incluye varias cartas de grupos defensores de los animales, información sobre el bienestar de Francis, tarjetas de condolencia, artículos de prensa y fotos del cerdo[341]. La estatua de Francis ahora se encuentra en el parque recreativo Blue Grass Sod Farms Central Spray & Play.

Diez años después, otro animal considerado de granja hizo también historia al buscar la libertad. En el año 2000, una vaca moteada marrón y blanca le robó el corazón a la gente después de escapar y huir por las calles de la ciudad de Nueva York. Queenie se escapó del negocio cárnico Astoria Live Poultry Market, en la 109 Avenue. Recorrió la 94 Avenue, giró en 150 Street y entró en Liberty Avenue. Susie Coston, que se refirió a ella como «la primera luchadora por la libertad del matadero con la que había trabajado», narró su fuga fortuita de este modo:

> Movida por el miedo a las varas, los palos y los empujadores eléctricos, habituales en los mercados de animales vivos y en los corrales, Queenie tomó la decisión que cualquier animal hubiera adoptado de haber tenido la oportunidad. Echó a correr hacia los edificios mientras esquivaba el tráfico y atraía la atención de la gente, de los peatones primero y después de los coches de policía, que la miraban entre sorprendidos y burlones, por las ajetreadas calles de Nueva York. Su huida hacia la libertad se detuvo en seco cuando un agente le disparó un tranquilizante[342].

Tras la captura, estaba previsto que Queenie volviera a la planta de sacrificio. Pero la atención mediática nacional generó una protesta pública y el propietario del matadero accedió a llevarla a Farm Sanctuary. Los medios de comunicación se hicieron eco del sentimiento del público, que reconocía el deseo de vivir de Queenie.

Ella fue uno de los primeros residentes de Farm Sanctuary que se escapó con un acto de resistencia. Al llegar al santuario, resultó obvio que Queenie era un «espíritu libre» y que prefería quedarse lejos de los humanos. Al principio, estuvo en un prado aparte con las vacas más tímidas. Conoció a otras compañeras, como Maxine y Annie Dodge, que también habían escapado de la agroindustria animal. Esta nueva situación se encontraba a años luz del sistema espeluznante en el que había nacido. En el mercado de animales vivos del que Queenie había huido sacrificaban a los animales delante de los demás; las gallinas vivían en jaulas cubiertas de excrementos entre los cadáveres de otras compañeras y les negaban la comida y el agua con frecuencia[343]. Su historia no solo supuso el encuentro de los humanos con alguien que podía haber sido su almuerzo y, por tanto, estrechó la distancia entre el consumo y la producción, además dio pie a una investigación sobre la grave situación de las gallinas. Después de que la noticia apareciera en la prensa, los vecinos aprovecharon para protestar por el matadero y pedir su clausura. Sus preocupaciones se recogieron en el *New York Post*: «Es un negocio donde no se trata a nadie con humanidad y, por esa simple razón, queremos que cierre. Por la noche, se oyen los gritos de los animales»[344]. Cuando permitieron que los defensores de los animales rescataran a las gallinas enjauladas que sobrevivieron tras el cierre del centro, las enviaron a Farm Sanctuary.

Dado el contexto político y social, lo más importante no es si Queenie trataba o no de inspirar el cambio, sino lo que sus acciones demostraron acerca de la situación de las estructuras ambientales y sociales que la rodeaban y sobre su propio deseo de vivir, así como las implicaciones de este conocimiento en dicha transformación. La historia de Queenie golpeó la conciencia pública de tal modo que provocó la salida de las gallinas supervivientes, incentivó las manifestaciones en contra de la explotación animal y sirvió de inspiración para que la gente tuviera en cuenta la perspectiva de la vaca. Durante el resto de su vida, Queenie miró con recelo a los humanos, que la describieron como «pequeña, dominante e independiente, pero sabía cuándo la estaban ayudando». En su vejez, formó manada con sus mejores amigas, Ros y Tricia. Queenie vivió en Farm Sanctuary diecinueve años, antes de su muerte en 2019. Según informó el santuario, sus amigas estuvieron a su lado en ese momento.

La artista Sue Coe reflejó esta historia en una litografía que representa diferentes etapas de su fuga, desde el mercado de animales hasta su hogar en Farm Sanctuary (véase imagen 43). Para ilustrar el interés de los medios en los animales que escapan de sus opresores, un periódico le añadió el pie de foto «Vaca rebelde». En su libro *Dead Meat*, Coe describe su encuentro con un cerdo que escapó del matadero como los instantes que cambiaron su vida. De joven vio como tres hombres capturaban a un cerdo aterrorizado que corría entre los coches mientras varias personas lo miraban divertidas. Ella misma recuerda así su reacción cuando supo que el animal iría al matadero: «Tal vez fuera la primera vez que me di cuenta de que algo no iba bien en el mundo»[345]. Su trabajo recoge distintas representaciones de animales que oponen resistencia, incluido aquel cerdo en una obra titulada *No hay escapatoria* (agua y grafito sobre papel, 1987).

Desde finales del siglo xx, el público ha demostrado repetidas veces su preocupación por los animales insumisos que son sacrificados. En la historia de Narco, esta inquietud la expresó un niño llamado David Diaz que, al enterarse de que este había muerto y su cuerpo acabaría en la basura, respondió: «Eso no

Imagen 43. Sue Coe: *Queenie se fuga del matadero*, 2001. Reproducción de litografía a color. Copyright © Sue Coe. Cortesía de Galerie St. Etienne, Nueva York.

está bien»[346]. En el caso de Gatineau, personas de todo el mundo expresaron su indignación después de ver un vídeo grabado desde el porche de un testigo. En cuanto al toro de Jamaica, en

Queens, un camionero grabó la fuga desde su móvil y, en internet, numerosos comentarios reclamaron su liberación. Muchos de ellos crearon conciencia acerca de los demás animales de la zona que acabarían en un plato. En referencia al momento en que los viajeros del ferrocarril de Long Island se cruzan con los que van hacia el matadero, una persona escribió: «Siento dar la noticia, tíos, pero esa es la comida de alguien. El paso elevado del tren de Long Island atraviesa esta parte del barrio de Jamaica. Todas las mañanas, de camino al trabajo, veo los camiones que transportan cientos de animales al matadero. Ninguno de ellos tendrá un final feliz»[347]. Otro expone: «Es muy triste. Notan y huelen la muerte a su alrededor y sienten un miedo atroz. Sé que son semejantes a nosotros en cuanto a su capacidad para sentir dolor»[348]. Una persona reconoce así su sintiencia: «¿Alguien tiene alguna empatía por el miedo que deben sentir estos animales? Ven, oyen y huelen la muerte en esos lugares horribles mientras los empujan, a veces con palas mecánicas. Es absolutamente desgarrador»[349].

Antes de que existieran las redes sociales y los santuarios para animales, resultaba aún más difícil conseguir que la gente apoyara a las vacas que se fugaban por las calles de la ciudad, pero una carta a favor del bienestar animal publicada en el *New York Times* el 17 de febrero de 1954 demostró que ya entonces había muchas personas preocupadas por este asunto. Como respuesta al tratamiento que se le dio a un novillo fugado de un matadero propiedad de la empresa New York Butchers Dressed Meat, Katherine A. Park escribió:

> Al editor del *New York Times*: Si no lo hubiera leído en *The New York Times* no me creería que han tratado de atrapar a un novillo escapado del matadero arrollándolo con un camión, que le han roto una pata y que lo han arrastrado entre gemidos atado al vehículo a lo largo de nueve manzanas. Habría jurado que un acto

de una crueldad tan sádica no podría suceder hoy en día en una ciudad como Nueva York [...]. Para la ciudad es una vergüenza que esta escena haya estado promovida por hombres adultos con puestos de responsabilidad[350].

La oposición de Park al maltrato del novillo le daba la vuelta al asunto: en vez de describir a los animales fugados como problemáticos, que era lo común en la época, denunciaba a los hombres que perpetraron los hechos y que permitieron la violencia. Su carta expresa preocupación por el novillo, pero también por las implicaciones de la crueldad animal en la sociedad humana.

Al encargado que conducía el camión de la empresa cárnica lo llevaron a juicio por arrollar varias veces al novillo. Dos testigos, un investigador y un fotógrafo de la Sociedad Estadounidense para la Prevención de la Crueldad contra los Animales declararon en el proceso. Un testigo afirmó que, antes de que lo atropellaran, ya tenía la pata trasera izquierda muy dañada[351]. A pesar de la violencia empleada, el encargado quedó libre sin cargos. Este caso demuestra que los animales pueden sufrir una crueldad tremenda sin consecuencias para los causantes, incluso cuando hay testigos. Cuesta mucho interponer acusaciones de crueldad animal, porque las pruebas de intencionalidad son difíciles de obtener y los animales no humanos tienen poca protección frente a la ley.

La reacción ante los animales que oponen resistencia revela las relaciones complejas y contradictorias que tiene nuestra sociedad con las demás especies. Este capítulo ha examinado cómo, al liberarse de los mataderos, las granjas, las subastas y los mercados, los animales reducen la distancia entre los consumidores y el proceso de cría y sacrificio para la obtención de productos. En respuesta, numerosos observadores apoyan el éxito de esas fugas. Otros trabajan para proporcionar a los fugados un refugio seguro o colaboran con sus gastos veterinarios. Hay gente que se ha hecho vegana o vegetariana después de presenciar las fugas. También hay respuestas que ocultan la disonancia cognitiva mediante el humor, la apropiación de las historias de los animales para obtener beneficios económicos, el menosprecio a su insurrección o su representación como una amenaza para la comunidad. Estas reacciones refuerzan la división entre humanos y animales y no logran superar las mentiras y el secretismo que existe en torno a las empresas de explotación animal. Como ya se vio en Nueva York durante los siglos XIX y XX, el discurso del desorden ha generado una retórica que ensalza a los policías como héroes que protegen a las mujeres vulnerables y a los niños de las «bestias enfurecidas» que vagan por las calles. Las respuestas públicas a los animales que oponen resistencia, por consiguiente, demuestran que esos rebeldes ocupan el centro de una compleja lucha discursiva donde el poder se reafirma a sí mismo mediante la genderización, el racismo, el clasismo, el capacitismo y la ridiculización. Ampliar nuestra comprensión de los intereses ajenos para incluir a los no humanos supone un reto único para el activismo político contemporáneo: ¿qué significa actuar en solidaridad con los demás animales?

# 8
## SANTUARIOS

Antes de convertirse en una celebridad local, Mata Hari estuvo relegada al estatus de mercancía: la criaban para convertirla en «carne» y venderla en el supermercado. Pero esta oveja consiguió escapar de su destino, huyó del matadero y eludió la captura durante varios meses. Conocida como «la oveja de Ann Arbor», los vecinos la veían de vez en cuando pastar en los parques y cementerios, cortar el tráfico o incluso interrumpir partidos de tenis. Los blogueros comenzaron a documentar su historia y crearon una página de Facebook en su honor. Un día, Mata Hari empezó a frecuentar un lugar apartado detrás de una tienda de muebles. Los empleados la alimentaron y, cuando una tarde apareció herida, pidieron ayuda.

La policía y el servicio zoosanitario fueron incapaces de atraparla, pero el santuario SASHA Farm tuvo más suerte. Los voluntarios colocaron un corral en el sitio donde la oveja acudía a comer. Cuando apareció por allí, la encerraron y la transportaron a SASHA Farm, donde estaría segura. Sus heridas se curaron. Entonces sucedió algo inesperado: dio a luz dos gemelos. Y su vida cambió. Ahora tenía la garantía de comer de forma regular y saludable, además de recibir atención veterinaria y el bienestar de su nueva familia, con quien permaneció muy unida. Gracias al trabajo de SASHA Farm, no volvieron a mandarla al matadero[352].

Los santuarios, en particular los dedicados a animales que antes han estado en granjas, comenzaron su andadura por individuos que, como Mata Hari, que no tenían ninguna opción para vivir de manera segura. Estos centros cuentan con un gran poder práctico y simbólico a la hora de concienciar a la gente: la investigación etnográfica multilocal sobre el movimiento de los santuarios animales en Estados Unidos demuestra que son valiosísimos en la defensa animal y que repercuten en la vida de los individuos a la vez que constituyen la prueba de que «es posible vivir con ellos de un modo diverso»[353]. Para los insumisos que consiguen acceder a ellos, no solo son una importante escapatoria de la opresión, sino también un nuevo principio.

## ¿Qué son los santuarios animales?

Los santuarios acogen animales que han salido (a veces por sus propios medios) de lugares de maltrato y dejadez. Pueden albergar varias especies o una sola. Los hay que cuidan de animales de compañía, de animales salvajes y de animales que antes estuvieron en granjas, así como de otros a los quc obligaron a actuar o que se utilizaron para la experimentación. Promueven un estilo de vida compasivo y saludable a la vez que exponen los mecanismos explotadores de muchas empresas. Los residentes disponen allí de un alojamiento adecuado, comida, rehabilitación, cuidados veterinarios, socialización y compañía. Desde el punto de vista social, ofrecen programas de educación compasiva, se comprometen con iniciativas en defensa de los animales, contestan preguntas y organizan visitas guiadas, llevan a cabo investigaciones, inician reformas, colaboran en rescates directos y rehabilitan la vida salvaje.

Los santuarios para animales de cría no son granjas, sino que funcionan con la premisa de que los animales no humanos existen para sí mismos y no para el uso humano. Y todos los que llegan al santuario tienen necesidades especiales. Un superviviente de la industria de las peleas de gallos que está aterrorizado de sus congéneres necesita una integración paulatina, mientras que una superviviente de la industria láctea que sufre hinchazón en las ubres y debilidad muscular en las patas requiere atención veterinaria urgente y rehabilitación. Aunque debería ser de lo más normal que un pato metiera los pies palmeados en una charca de agua fresca, verlos experimentar esto por primera vez después de haberse librado del matadero nos hace entender la importancia de estos lugares[354].

Antes de la aparición de los santuarios para animales procedentes de granjas, rara vez (por no decir nunca) se les proporcionaba a los fugados un espacio seguro donde pasar el resto de su vida natural, por más que aparecieran en los medios de comunicación. Incluso las sociedades protectoras se quedaban cortas en este sentido y reforzaban el estatus de propiedad de los animales al sacrificarlos o devolverlos a las empresas de explotación animal. Por ejemplo, hace casi un siglo, un directivo de la Sociedad Estadounidense para la Prevención de la Crueldad contra los Animales fue el causante de tres de los disparos que mataron a una vaca que se había escapado mientras la transferían desde un barco a la empresa cárnica New York Meat[355]. Sin embargo, tras la fundación de Farm Sanctuary en Watkins Glen, Nueva York, algunos encontraron por fin un hogar definitivo. En 1986, sus cofundadores, Lorri Houston y Gene Baur, sacaron a una oveja viva de entre un montón de cadáveres apilados en el exterior de un matadero. Hilda, que fue como la llamaron sus rescatadores, se convirtió en la primera residente y Farm Sanctuary en el primer lugar seguro para animales que habían estado antes en granjas. Ahora tiene refugios en Nueva York y en California, y alberga a unos mil animales entre cerdos, vacas, gallinas, patos, gansos, pavos, ovejas y cabras. La Sociedad Estadounidense para la Prevención de la Crueldad contra los Animales y otras organizaciones como Animal Care y Control of New York trabajan con ellos para dar hogar a los animales rescatados, ya que el apoyo material en sus instalaciones para estos individuos es limitado.

## ¿Qué hacen los santuarios por los animales?

Los santuarios proporcionan a los animales un lugar donde pasar el resto de su vida natural en el que reciben atención veterinaria, un espacio para prosperar y una comunidad interespecie. Como afirma Elan Abrell: «El principal propósito de cualquier santuario animal es cuidar de los animales que viven en él»[356].

Los residentes reciben atención para su bienestar, no para mantenerlos moribundos con el fin de que un propietario saque provecho de su cuerpo (aunque el cuidado veterinario sin un propósito lucrativo es un terreno desconocido para la mayor parte de estos profesionales)[357]. De hecho, el tratamiento de la artritis, las heridas en las patas, las cuestiones reproductivas y otros achaques comunes en los animales mayores que antes vivieron en granjas son temas nuevos para quienes están acostumbrados a tratarlos durante un breve periodo de su vida. Muchos no son más que bebés cuando los envían al matadero. Además, los cuerpos de los animales en granjas están criados y manipulados para obtener un beneficio, lo cual les destroza la salud y a menudo es la causa de que necesiten unos cuidados especiales.

Por ejemplo, después de llegar al santuario RASTA, situado en la comunidad de Chemainus, en la isla de Vancouver (Columbia Británica), un cerdo berkshire llamado Pirate que era incapaz de andar necesitó una ortesis a medida. Como crecía tan rápido, el santuario le adaptó una prótesis para la pata y hubo que cambiársela cada pocos meses.

Los residentes de los santuarios también reciben el apoyo emocional de sus cuidadores humanos y de los demás animales. Allí tienen la oportunidad de prosperar como especie y como individuos. Pueden pastar con su manada, tumbarse al sol y disfrutar de sus comidas favoritas. Gozan de cierta libertad para explorar y establecer la relaciones sociales que ellos elijan. Aun así, algunos individuos prefieren la soledad, como en el caso de un ganso llamado Goosifer al se le diseñó una esquina de un estanque para su disfrute.

En efecto, en los santuarios los animales tienen libertad para retirarse a un lugar seguro cuando lo necesitan. Antes de llegar a Save the Chimps, cerca de Fort Pierce, en Florida, un chimpancé llamado Ron pasó varios años como sujeto para la experimentación médica. La mayor parte del tiempo estuvo dentro de una jaula de un metro y medio por dos metros suspendida sobre el suelo[358]. A Ron lo habían anestesiado ciento cinco veces con ketamina (en el Laboratorio de Medicina y Cirugía Experimental en Primates de Nueva York) y otras dieciséis más en un periodo de cinco semanas (en la Fundación Coulston), y lo habían obligado a participar en un estudio de seis meses en el que los investigadores le quitaban un disco del cuello y lo dejaban durante ocho días sin analgésicos. En Save the Chimps tenía la posibilidad de vivir en un amplio espacio dentro de las ochenta hectáreas disponibles, pero, tal y como documentó la fotógrafa Jo-Anne McArthur, eligió permanecer en el interior, donde se fabricó su propio nido colocando unas mantas en círculo. Al final, murió en paz en octubre de 2011. Aún era joven. Los chimpancés utilizados en la investigación suelen morir de manera prematura aunque tengan la suerte de pasar sus últimos días en un santuario[359].

Imagen 44. Ron, un chimpancé rescatado de la investigación médica, se sienta en el nido construido por él mismo en Save the Chimps. (Foto de Jo-Anne McArthur/We Animals).

La libertad también conlleva la posibilidad de disfrutar de una parcela de bosque, como hacían los antepasados de algunos de estos animales. El santuario VINE les proporciona a las gallinas la opción de aselarse en los árboles, las ramas y los arbustos, además de una zona de gallineros y terreno raso. Muchas aprovechan la oportunidad para resilvestrarse. Este santuario, gestionado por personas LGBTQ, alberga a cientos de residentes y se implica en una gran variedad de proyectos educativos y reivindicativos, incluyendo, como afirman en su página web, «el esfuerzo para acabar con las peleas de gallos, desmontar la industria láctea, promover las dietas vegetarianas y estimular la agricultura y horticultura veganas». VINE es una comunidad multiespecie que incluye ovejas, pavos, loros, periquitos, palomas de diversos tipos, patos, vacas, gallinas, gansos, emús, gallinas de Guinea, pavos reales y cerdos. A todos ellos se les anima a desarrollar sus propias estrategias para resolver los conflictos internos y actuar como mediadores, pacificadores o anfitriones (para dar la bienvenida a los recién llegados) en sus respectivas comunidades. Las prácticas en este santuario, que les proporciona a los residentes el apoyo necesario para desarrollar sus intereses, son un ejemplo excelente del potencial de estos animales para ser miembros comprometidos en una comunidad interespecie[360].

Muchos, de hecho, se ponen a trabajar llevando a cabo tareas para las que están dispuestos de manera natural en los santuarios, que reconocen su contribución y fomentan su implicación en la vida comunitaria. A veces, incluyen distintos roles sociales y cuentan con la orientación de los cuidadores. Allí los animales se ocupan de criar a su prole (a menudo subrogada), de enseñar (sobre todo para transmitir su conocimiento a los recién llegados) y de vigilar y cuidar a los amigos, compañeros y demás miembros. En una comunidad donde todo el mundo ha perdido a alguien, los vínculos se establecen también entre distintas especies. Existen numerosas historias de animales que antes estuvieron en granjas y que consuelan a otros que están tristes, enfermos o que requieren apoyo y ánimo.

Por ejemplo, en el capítulo 3 descubrimos la experiencia de un ternero muy centrado en la comunidad llamado Justice, que adoptó la tarea de dar la bienvenida a los nuevos residentes y proporcionarles la misma buena acogida que él había recibido al llegar al santuario Peaceful Prairie. Justice encontró un cometido importante e incluso se granjeó un grupo de seguidores entre los residentes. Fue el protector de Lucas, un cerdito negro hallado en las calles de Denver después de saltar del camión de un matadero. La naturaleza curiosa de Lucas fue la causante de varias aventuras, como el día en que se revolcó en un cubo de pintura y empezó a perseguir a los voluntarios[361]. Después de estas correrías, se refugiaba detrás de Justice hasta que todo quedaba olvidado. Juliette, una vaca que se escapó de una granja con su ternero y que logró acabar en el santuario, era otra de sus amigas. Su proeza no fue fácil: la pareja se fugó atravesando varias vallas y corrió a lo largo de kilómetros. La anécdota tuvo un triste final, ya que el ganadero pidió que le devolvieran al ternero, que por ley era de su propiedad. Juliette consiguió quedarse en el santuario, pero sufrió por el robo de su hijo[362]. Y estaba Laurel, un cisne que hacía todo lo posible por ir a visitar a Justice al campo, y Bumber, un joven cabestro de color rojizo ¡«a quien le encanta acercarse con sigilo a las personas» para darles una topetada![363] Justice falleció en 2016, pero no sin haber conmovido los corazones de muchos con su naturaleza bondadosa.

Al igual que Justice, un gallo llamado Charlie Parker también tuvo buena disposición para acoger a los recién llegados. A Charlie lo rescató el santuario Eastern Shore Chicken (ahora llamado VINE) cuando aún era un pollito. Cuando llegó, estaba más interesado en la cofundadora del santuario pattrice jones que en las gallinas. Ella lo ayudó a socializar presentándoselo a un pequeño grupo de individuos del módulo de enfermería. Allí, un viejo gallo con discapacidad llamado Che Guevara lo ayudó y «literalmente, acogió a Charlie bajo su ala»[364]. Años más tarde, después de que su protector muriera, Charlie volvió a la enfermería. Envejecido y con problemas de salud, a partir de entonces fue él quien comenzó a dar la bienvenida a los nuevos y a cubrirlos con el ala para ofrecerles consuelo. De ese modo demostró lo que la ciencia ya sabía —que las gallinas transmiten su conocimiento cultural— y continuó la tradición compasiva de su viejo amigo.

Imagen 45. Mickey y Jo en el santuario Woodstock Farm. (Foto de Sharon Lee Hart).

Mickey y Jo, dos patos criollos que escaparon de la industria del fuagrás, también se apoyaron en los momentos difíciles. Cuando hacía frío fuera, Mickey le pasaba el ala por encima a Jo para darle calor[365]. La pareja apareció desnutrida y herida en las aguas heladas de Inwood Hill Park, en Nueva York. Estaban despicados, una práctica común con los animales destinados a fuagrás. Los rescataron en momentos diferentes, pero nunca perdieron su profunda conexión. Cuando se reencontraron en el santuario Woodstock Farm, fue un momento feliz: «Corrieron el uno hacia el otro emitiendo unos ruidos nerviosos conmovedores y se rodearon con el cuello como si se abrazaran»[366]. Mickey y Jo consiguieron mantener sus lazos afectivos. Desde entonces, viven juntos en el santuario.

Un vínculo social fuerte y afectuoso fue el que se estableció entre Phoebe, una vaca rescatada por Farm Sanctuary, y un viejo carnero llamado David al que adoptó. Phoebe lo acompañó mientras envejecía. Lo lamía e intentaba calmarlo. Cuando se lo llevaron para que recibiera atención veterinaria, se quedó afligida, pero el carnero volvió y «fue el reencuentro del siglo»[367]. Asimismo, en el santuario Catskill Animal de Saugerties, Helen, una vaca hereford, estableció una relación afectuosa con un pequeño novillo llamado Rudy. Helen se había salvado porque la hija de un ganadero defendió su libertad cuando se dio cuenta de que había nacido ciega. Como estaba muy asustada al llegar al santuario, su fundadora, Kathy Stevens, decidió presentarle a Rudy. Enseguida hicieron buenas migas y él se convirtió en su lazarillo. A cambio, Helen lo lamía, al igual que hizo después con un caballo discapacitado y con sus amigos humanos[368].

En el santuario Poplar Spring, Heidi, una vaca jersey, se convirtió en la madre subrogada de los nuevos terneros y en la guía de otra vaca ciega, Emily. Antes de eso, había escapado de la muerte tres veces. Heidi nació en una granja lechera de Georgia. Como «subproducto» de la industria láctea, tenía muchas papeletas de que la mataran poco después de nacer. Sin embargo, la regalaron, junto con otras tres vacas más, a otro ganadero que estaba de visita. Aunque en la granja de Virginia también planeaban sacrificarla, cuando llegó el día ella notó que algo iba mal y huyó al campo. El ganadero no se dio por vencido: la encerró en un establo y condujo el remolque justo hasta la puerta. En esa ocasión, ella saltó por la ventana y echó a correr. Después de enterarse de que pretendían matarla en la propia granja, un vecino la compró y llamó al santuario. La profunda sensibilidad de Heidi quedó patente cuando los voluntarios llegaron a recogerla con un camión. Temerosos al no saber si conseguirían atrapar a una vaca tan esquiva, se sorprendieron al verla salir del campo y dirigirse por sí misma al vehículo[369]. Considerando que todas sus interacciones previas con los humanos la habían vuelto muy recelosa, aquella demostración de confianza fue extraordinaria.

Se sabe que los residentes de los santuarios avisan a sus compañeros de las amenazas potenciales. Aunque esta tarea suelen asumirla los perros, también tenemos el ejemplo de Dee Dee, un burro siciliano miniatura rescatado de un establo clausurado. En su hogar, el refugio para caballos Days End Farm de Lisbon, en Maryland, Dee Dee decidió proteger a las ovejas y cabras residentes espantando del campo a los visitantes desconocidos y emitiendo rebuznos de alarma cuando percibía algún problema[370].

Como demuestran estos ejemplos, al proporcionarles un ambiente saludable y solidario donde desarrollarse, los santuarios favorecen que los animales se ayuden unos a otros y realicen actividades importantes. Al apoyar y cuidar a sus habitantes, los santuarios ofrecen un modelo de defensa animal y demuestran que los animales no humanos son individuos a los que habría que tratar con compasión y respeto.

## Qué hacen por el mundo los santuarios

Los santuarios se involucran, con una gran repercusión, en el activismo y el compromiso educativo. Demuestran que los animales tienen un valor inherente y que no son mercancías ni propiedades. Para ellos, una de las formas de concienciar a la gente es ofrecer la posibilidad de que los visitantes conecten con los animales. Esta conexión se produce mediante las visitas guiadas programadas y la difusión de las historias de los residentes a través de las redes sociales. Los visitantes pueden sentir el tacto delicado de las plumas de las gallinas (las cuales, si hay suerte, se habrán sentado en su regazo), la textura del pelaje de una oveja y la suavidad de la barriga de un cerdo. Pueden ver a las cabras jugar y saltar, experimentar el afecto de un pavo o recibir las suaves hocicadas de una vaca que en ocasiones llega a pesar muchos cientos de kilos. A través de internet, la gente lee las historias de los rescates o apadrina con donaciones a un residente, de cuyo progreso recibirá información puntual. Aunque, por su educación, muchas personas creen que algunos animales existen para hacer compañía y otros para alimentar a los humanos, los santuarios eliminan esa barreras. Cuando se le da la oportunidad de ser él mismo, un cerdo (y una gallina, una cabra o un pato) es tan entrañable como cualquiera de los animales con los que habitualmente compartimos nuestra casa.

Al demostrar modos alternativos de relacionarnos con los animales y de crear condiciones que les permiten desarrollarse, los santuarios influyen en nuestra percepción de los demás animales. Descubrimos así que tienen actividades y comidas favoritas, una vida social y emocional, curiosidad y un carácter único. Los visitantes disfrutan al conocerlos y al aprender cosas sobre su vida, y reciben información sobre su cría industrial y el proceso de su sacrificio. Defender los derechos de los animales y explicar los horrores de la agroindustria animal resulta más fácil si se cuentan las historias de los animales rescatados[371]. Cuando aquellos que se acercan a estos centros conocen a los animales como individuos, se dan cuenta de las huellas mentales, emocionales y físicas que las prácticas diarias de la ganadería dejan en ellos. Los vídeos donde se muestran estas prácticas y la exhibición de algunas de las pequeñas jaulas y cajas donde los meten potencian ese mensaje.

Otro elemento clave del activismo en los santuarios es la educación vegana, que incide tanto en los derechos de los animales como en una vida saludable. La investigación ha demostrado que las dietas veganas, compuestas sobre todo por alimentos naturales, reducen la tensión y el riesgo de diabetes y cáncer, cuidan el cerebro, mejoran la salud ósea y protegen el corazón[372]. Las primeras colectas para Farm Sanctuary consistieron en la venta de perritos calientes vegetarianos en los conciertos de los

Grateful Dead en la furgoneta Volkswagen de los fundadores. Por lo general, los patrocinadores de estos festivales itinerantes se mostraban receptivos ante su mensaje compasivo. En uno de esos conciertos, un fan propuso la idea de la primera pegatina del santuario. Decía: «Si quieres a los animales que llamas "mascotas", ¿por qué te comes a los animales que llamas "carne"?»[373]. Esta frase incidía en la idea de que los animales son seres sintientes y que todos los individuos deberían ser considerados «alguien». En efecto, los visitantes de los santuarios experimentan la certeza de este mensaje en primera persona. No es raro que se sorprendan al descubrir lo rápido que conectan con los residentes, una profunda fuente de inspiración para hacerse vegano.

Las historias de los animales provocan un fuerte impacto en aquellos que las conocen. Como explicó Sophia Rivers, las que difunde Farm Sanctuary causan una profunda impresión en las personas: «La gente se da cuenta de que todos los animales expresan de manera inequívoca su deseo de vivir»[374]. En relación con la fuga de Queenie, Rivers dijo que la gente que visitaba el santuario «se emocionaba mucho al verla pastando y corriendo en libertad con sus amigos»[375]. Del mismo modo, son frecuentes las visitas al santuario Woodstock Farm para ver, por ejemplo, «al novillo que se escapó»[376]. Muchas veces estos visitantes aman a los animales y puede que ya sean veganos por razones éticas, aunque otras «solo logran compadecerse de ese animal en concreto»[377].

La presencia de Queenie y de otros animales que lucharon por su libertad demuestra que son individuos, en la misma medida que los animales de compañía (como los perros y gatos) que viven con nosotros. Asimismo, la presencia en los espacios urbanos de los animales que tradicionalmente han sido considerados de granja —por ejemplo los cerdos, las vacas o las gallinas— rompe con las ideas normalizadas sobre los lugares que deben ocupar[378]. En ese sentido, la organización Microsanctuary

Movement trabaja para dar refugio a los animales considerados de granja tanto en medios urbanos como rurales. Mientras que los amantes de la naturaleza llevan mucho tiempo creando santuarios en los jardines de su casa, donde atraen a los pájaros cantores y otros habitantes salvajes, los microsantuarios se centran en unas aves tradicionalmente menos respetadas pero igual de adorables: las gallinas. En su artículo «The Sanctuary in Your Backyard», Justin Van Kleeck describe los microsantuarios como unos sitios que «acaban con los falsos mitos sobre los animales considerados de granja»[379]. Este proyecto, gestionado por veganos, se centra en la educación del público a través de la concienciación sobre la individualidad animal, la oferta de cuidados sobre salud reproductiva para gallinas y el alojamiento de un máximo de diez residentes a la vez.

Además, en los santuarios a todos los miembros se les ofrece la posibilidad de participar e influir en «una sociedad interespecie nueva y comunitaria»[380]. Los principios fundamentales de esta visión son: escuchar la voz de los animales, tratar de incluirlos en las tomas de decisiones, darles autonomía para desarrollar sus intereses y proporcionarles espacio y privacidad[381]. Por ejemplo, el santuario VINE demuestra que es posible tomar decisiones escuchando y respondiendo a otras especies. En *The Oxen at the Intersection*, pattrice jones describe una reunión en VINE en la que participaron varios residentes:

> Nos reunimos en el establo rodeados por los residentes del santuario, como nos gusta hacer cuando tomamos decisiones importantes. Miriam [la cofundadora del santuario] y yo siempre hemos creído que las decisiones sobre los animales tienen que tomarse, en la medida de lo posible, consultándoselas a ellos. Si no es posible, la siguiente opción es situarse cerca de los residentes de los que se está hablando para no cometer el error de tratarlos como abstracciones[382].

En aquella sesión hubo gallos, patos, ovejas y vacas; algunos participaron o solo observaron mientras otros se ocupaban de sus asuntos por los alrededores. La presencia de los residentes del santuario en las reuniones es un poderoso recordatorio de su inclusión en la comunidad.

### Los intereses de los animales en los santuarios

Como demuestran los ejemplos anteriores, los animales residentes en los santuarios a menudo participan en la comunidad de manera activa, adoptan diferentes rutinas y roles y toman decisiones que demuestran sus intereses. Esto es evidente cuando sobrepasan los límites del santuario y negocian asuntos relacionados con su entorno. Tal y como atestiguan los voluntarios, los animales del santuario no tienen por qué abandonar su tendencia a oponer resistencia. En realidad, allí pueden dejar de expresar su resistencia contra a la opresión y también demostrar su perspectiva; por ello, los cuidadores adaptan los espacios para acomodarlos a sus necesidades y deseos.

Lerr, un gran gallo leghorn, les da a los visitantes una patada de kárate si no quiere que entren en el patio; Billie, un elefante rescatado del circo, rechaza los procedimientos veterinarios, trastea con los aparatos y los desmonta; y Olivia, la cabra, con su estupendo grupo de compinches, patrulla por los alrededores y se come todo el forraje disponible. La resistencia de residentes como Lerr, Billie y Olivia se produce por numerosas razones: tal vez sigan traumatizados por los malos tratos recibidos en su vida anterior, en la granja o en el circo; o quieran poner a prueba los límites o disfrutar del ejercicio de su libertad porque saben que están en un lugar seguro; o puede que encuentren algún beneficio al transgredir los límites, pese a que existan por su propio bien; y, en algunos casos, quizá se diviertan al quebrantar las reglas. Una forma de recalcar los intereses propios que se cita con frecuencia es, precisamente, cuando los residentes transgreden su espacio asignado. La negativa a permanecer dentro de ese espacio construido para ellos con cariño o la alteración de los elementos que lo conforman es el tema central de esta sección.

Después de su adopción, Snowy y Shotzie, dos patos que abandonaron en la ciudad y que llegaron a Farm Sanctuary, conservaron la perseverancia que los ayudó a sobrevivir en los tiempos difíciles. Karen y Drea, miembros de Farm Sanctuary en el centro del estado de Nueva York, adoptaron a la pareja. Cuando Snowy y Shotzie se fijaron en un estanque situado entre la casa de Karen y Drea y la del vecino, no se lo pensaron dos veces. Se instalaron en el agua y se negaron a salir. Sus cuidadoras intentaron todo tipo de ardides para que volvieran a la casita para patos que les habían puesto en su jardín, les ofrecieron incluso comida casera. En vano. Entonces ellas les prestaron atención. Tal y como parecía desear la resuelta pareja de patos, construyeron una nueva casa a orillas del estanque. Snowy y Shotzie por fin tuvieron todo lo que necesitaban para disfrutar de la vida[383].

Asimismo, tres emús —Tiki, Breeze y Adele— residentes en el santuario VINE ignoraron casi por completo el refugio que les habían construido. En cambio, el trío se apropió de una zanja para dormir y pasar el rato. Por otra parte, está el ejemplo de Gilly. La persona encargada de su cuidado había planeado que la entusiasta gallina fuera conociendo poco a poco a los miembros de su nuevo averío. Pero Gilly, que no estaba por la labor, acabó chocando con las demás gallinas, que la habían aceptado con amabilidad[384]. También está el caso de Farrah y Damien, dos conejos impetuosos rescatados de un mercado de animales vivos. Por las noches, revolvían todo lo que su cuidadora disponía para ellos: los platos del agua, la caja con paja y los juguetes. Por la mañana, si no los sacaban pronto, Farrah y Damien lanzaban los juguetes contra la jaula y a veces tiraban todo lo que había en las estanterías[385].

Cuando se niegan a permanecer en los lugares asignados, los residentes de los santuarios también pueden cruzar la barrera de las especies. A Selick el cerdo le costó retomar la vida después de que lo acogieran en el santuario Indraloka de Mehoopany, Pensilvania. Aunque en Indraloka vivía con otros cerdos en la pocilga, quiso un cambio. Una noche, se escapó y, después de vagar por las diversas instalaciones, encontró la puerta del corral de los viejos pavos Henny, Jake y Tom, que le dieron la bienvenida. Allí, Selick engulló cereales y se quedó dormido. Descubrió que podía juntarse con ellos. Después de que sus cuidadores lo devolvieran a la pocilga, se escapó de nuevo y se fue directo al corral de los pavos. Esa rutina continuó una semana completa: los voluntarios del santuario lo llevaban con los cerdos, pero él se fugaba para volver con los pavos, que incluso habían empezado a visitar a su nuevo amigo por el día. Al final, los voluntarios decidieron crear un nuevo tipo de alojamiento para ellos. Varios años más tarde, sufrió un ataque al corazón. Esa experiencia cercana a la muerte lo animó a abrirse y a explorar el santuario. Se hizo amigo de otros animales, incluidos pájaros y cabras, e incluso humanos. Al final, cuando falleció, resultó obvio que había conmovido a muchos de los visitantes que pasaron por allí[386].

A Marcie, una oveja ciega, la pusieron con las cabras. Cuando llegó al santuario Peaceful Prairie, ella ya sabía lo que era el sufrimiento. Durante sus primeros días, evitó cualquier tipo de contacto con los humanos. Los voluntarios lo entendieron y le dieron su espacio: «Comprendimos su temor y nos apartamos para no molestar en su zona de seguridad», explicaron[387]. Sin embargo, más tarde, Marcie empezó a sentir aprecio por sus cuidadores. Buscaba su compañía. Como explica Joanna Lucas: «Si, según sus cálculos, llevábamos demasiado tiempo dentro de la casa, llamaba a la puerta con la pezuña para que saliéramos»[388].

Durante el resto de su vida, Marcie visitó varias veces al día el porche para comprobar si estaban allí sus amigos humanos y, en el último año, incluso permanecía allí varias horas por la noche.

A las pavas Ariala y Rhosyln les encantaba estar cerca de sus compañeros humanos. Las hermanas de plumas blancas habían tenido unos inicios terribles. Las habían transportado en unos contenedores junto con otros quince mil pavos desde Detroit a California. Con el calor sofocante del verano, más de trece mil de esas aves murieron de asfixia. Ariala y Rhosyln fueron dos de las once aves vivas rescatadas por una protectora local. Karen y Mike, que las adoptaron en una pequeña localidad de las afueras de San Francisco, observaron que la pareja prefería la compañía de los humanos (que les daban un montón de besos y caricias) a la de las gallinas. También les gustaba pasear por el jardín y colarse dentro de la casa cuando nadie las veía[389].

Los animales no solo se cuelan en casa de sus cuidadores humanos; hay algunos que incluso entran a hurtadillas en los santuarios (la intención de sus actos es evidente cuando se escapan para ir a un lugar seguro). Una mañana de 2004, después de que un gran huracán azotara Florida (uno de tantos), el recuento de los residentes del santuario Kindred Spirits reveló algo sorprendente. Mientras los trabajadores comprobaban que todos estuvieran a salvo, se dieron cuenta de que había dos cabezas más en el prado de las vacas. Resultaron ser un par de bovinos que más tarde recibieron el nombre de Aintcho y Nacho. Dado que no había ninguna granja cerca de Kindred Spirits, concluyeron que se habían dado una buena caminata bajo la tormenta. Ambos se quedaron en el santuario y Aintcho incluso llegó a liderar su propia manada[390].

En 2018, una vaca y su ternero llevaron a cabo un agotador viaje para encontrar refugio. Tras huir de la granja que acababa de comprarlos, la pareja cruzó a nado una charca y corrió por el bosque durante horas. Por fin llegaron a Sycamore Tree Ranch, un santuario del norte de Texas. En una foto tomada poco después, aparecen escondidos en un prado detrás de los caballos. Tras dos semanas ocultos en una zona arbolada, la madre empezó a confiar en la cofundadora del santuario, Koby Wegge, y hasta aceptó comer de su mano. Aun así, su futuro era incierto. La granja de la que se habían escapado sabía de su paradero y pretendía enviarlos al matadero (puesto que eran demasiado «salvajes» para quedarse con ellos). Unos vaqueros planearon atar y arrastrar a la vaca y al ternero hasta un camión, pero ante esta situación tan alarmante, Sycamore Tree Ranch hizo una colecta para comprarlos y se quedaron allí a vivir.

Las acciones de los residentes de los santuarios son un reflejo de los traumas que arrastran por los malos tratos previos. Por ejemplo, los causados por los ciclos de inseminación artificial, la separación de los terneros nada más nacer y el ordeño intensivo son tan graves que incluso las vacas recién llegadas a veces esconden a sus crías por temor a que se las vuelvan a robar. Tal es el caso de Clarabelle, una vaca rescatada por el santuario Edgar's Mission de Australia pocas horas antes de que programaran su sacrificio en una granja lechera. Debido a que, año tras año, le habían arrebatado a sus hijos días después de su nacimiento, al llegar al santuario seguía temiendo a los humanos. Los trabajadores repararon en que actuaba de un modo distinto al habitual y descubrieron que llevaba días escondiendo algo —o más bien a alguien—. Después de llegar al santuario, Clarabelle había dado a luz y había escondido a su retoño sin saber que, por primera vez, nadie se lo iba a arrebatar. De no haber rescatado a la madre, la ternera, Valentine, habría nacido en la industria láctea y la habrían sacrificado.

Billie, una elefanta, fue otra residente que siguió actuando según sus propias necesidades para protegerse de sus traumas. Cuando capturaron a Billie en Asia y la llevaron a Estados Unidos, era solo un bebé, pero su mundo cambió por completo. La obligaban a ejecutar números en un circo, incluso a hacer el pino sobre una pata. Detrás del escenario, su vida era desgraciada. Se pasaba horas encadenada, viajaba de un lado a otro del país, la tenían en unas condiciones horribles y la obligaban a soportar entrenamientos muy violentos[391]. Un día, después de aguantar el maltrato durante años, Billie contraatacó e hirió a su adiestrador. Como resultado de su rebelión, la retiraron de la vida del circo y la encerraron en un viejo establo durante toda una década. Billie por fin se libró del cautiverio cuando la rescataron para enviarla al santuario The Elephant en Tennessee. Aunque ya estaba a salvo, el daño físico y emocional que había sufrido la dejó profundamente traumatizada. Tanto que tardó cinco años en dejar que alguien se acercara a quitarle la cadena que llevaba

Imagen 46. Clarabelle y su hija Valentine en el santuario Edgar's Mission de Australia. (Foto cortesía de Edgar's Mission).

alrededor de una pata. Esa cadena se convirtió en el símbolo del trauma y de su alma rota.

Para suministrar atención veterinaria, los cuidadores a veces se ven obligados a utilizar entrenamientos especiales en los que ofrecen alimentos y ánimo a los pacientes que cooperan con los procedimientos. Los residentes suelen disfrutar del proceso, sobre todo por el botín de chucherías que obtienen a cambio (frutas y verduras, golosinas, cereales, etc.). Billie sentía una especial predilección por las gominolas. Pero sus cuidadores no acababan de relajarse en su presencia. La elefanta, escéptica, no les permitía bajar la guardia, ya que intentaba darles trompazos o embestirlos, se giraba con brusquedad y trataba de agarrar a todo el que se aproximara. La pérdida de control que supone ofrecer una pata, la trompa o una oreja era el recordatorio de sus muchos años de indefensión. Una de sus cuidadoras, Laule, atribuía ese carácter imprevisible al enfado que sentía hacia quienes la habían maltratado, le habían arrebatado su vida durante demasiado tiempo y le habían hecho vivir con un miedo constante a los golpes[392]. Esta historia subraya la importancia de permitir que

Imagen 47. Billie y Ronnie (delante) y Minnie y Debbie (detrás) en el santuario The Elephant de Tennessee. (Foto cortesía del santuario).

los animales disfruten de la mayor autonomía posible para sentirse cómodos con los cuidados veterinarios que reciben y de admitir que siempre hay desafíos. Todo esto lo cuenta Carol Bradley en el libro *Last Chain on Billie*, en el que incluye el conmovedor momento en que consiguen quitarle la cadena. Hicieron falta varias semanas de minuciosa preparación, durante las cuales, con enorme paciencia, animaron a Billie para que levantara la pata y se familiarizara con las cizallas con las que iban a cortar la cadena. Un cubo repleto de sus chucherías favoritas fue de gran ayuda. Para todos sus amigos humanos presentes, fue un gran alivio que la cadena cayera al suelo. Ella, en cambio, no pareció especialmente interesada. Según cuenta Bradley, cuando la cadena se soltó de la pata, «la recogió con la trompa, la dejó caer y se marchó... Billie tenía cosas mejores que hacer»[393].

Además de ofrecer los cuidados necesarios para los animales rescatados, los santuarios realizan otras muchas labores importantes. Proporcionan a los residentes atención sanitaria, asistencia legal y oportunidades para prosperar. Para la sociedad en general, cumplen con una importante función educativa y de concienciación. El estilo de vida sano y no violento que promueven inspira a los visitantes a adoptar formas de vida más saludables. Más allá del marco tradicional, estos lugares tienen el potencial de convertirse (de hecho, algunos lo son) en espacios donde se fraguan comunidades multiespecie determinadas por las voces de los animales. En relación con sus propios intereses singulares, los residentes transgreden, negocian y amplían los límites de su hogar. Y los santuarios no dejan de reconfigurarse en respuesta a esa expresión de sus necesidades. Al desafiar los paradigmas sociales dominantes y las jerarquías entre humanos y animales a la vez que se imaginan y se practican nuevas formas de relacionarse a través de las líneas de las especies, los santuarios son espacios de resistencia y de solidaridad multiespecie.

# 9
# CONSECUENCIAS Y SOLIDARIDAD MULTIESPECIE

Este capítulo explora algunas de las ideas y los caminos que se han abierto al examinar la insurrección de los animales: qué significa para los humanos trabajar de manera solidaria con ellos y qué implica su resistencia en la lucha multiespecie. En el capítulo 7 ya analizamos las respuestas públicas a la insurrección de los animales y descubrimos el papel de los rebeldes en el cambio social. El capítulo 8 exploró la importante (y salvífica) función de los santuarios en la vida de los animales que oponen resistencia y el gran apoyo que supone para ellos su existencia. El capítulo que ahora nos ocupa revisará algunas de las formas que tienen los animales de influir en su entorno y analizará cómo podemos convertirnos en aliados efectivos de los animales rebeldes.

## Reconocer las luchas interconectadas

A principios del siglo XXI, la crisis financiera de Grecia, y los sucesivos rescates, dejó a muchos ciudadanos sin trabajo y sin hogar. En diciembre de 2008, se desarrollaron en Atenas grandes manifestaciones después de que un policía disparara y matara a un estudiante de quince años llamado Alexandros Grigoropoulos. Las protestas desencadenadas por su muerte pronto se extendieron a otras ciudades griegas donde se denunciaban la corrupción gubernamental y la crisis económica. En esa época tumultuosa, un perro llamado Kanellos se unió a los manifestantes, al igual que su sucesor, Loukanikos (también conocido por su cuidadora como Theodore). Ambos, aparecidos en fotos que dieron la vuelta al mundo, recibieron el apodo de «perros de los disturbios». Como leales revolucionarios, Kanellos y Loukanikos siempre se alineaban con los ciudadanos en contra del Estado. La presencia de un perro que ladra a los antidisturbios y que se sitúa en primera línea se convirtió en una imagen habitual durante las revueltas. Y ambos animales se unieron a la lucha por voluntad propia, pese a los chorros de agua a presión y los gases lacrimógenos. Se supo que Loukanikos incluso «cogía los botes de gas lacrimógeno y los apartaba para proteger a la gente»[394]. Ambos se convirtieron en un símbolo de la lucha de los trabajadores contra la corrupción del Gobierno y las medidas de austeridad impuestas por el Fondo Monetario Internacional.

Kanellos se hizo famoso en 2008 después de que lo fotografiaran en una asamblea general de estudiantes en la Universidad Técnica Nacional de Atenas. Durante las protestas de aquella época, jamás se separaba de los manifestantes. Cuando murió, lo enterraron en la universidad. Una mujer que lo cuidó dijo: «Iba a todas las manifestaciones e incluso a los juicios cuando detenían a alguien»[395]. Al final de su vida, como padecía artritis, los estudiantes recaudaron dinero para comprarle una silla de ruedas, de modo que pudiera estar con ellos.

En 2011, diversos grupos ocuparon la plaza Sintagma, en el centro de Atenas, para reclamar cambios. Las manifestaciones crecieron y, cuando anunciaron las medidas de austeridad, el

Imagen 48. «Loukanikos the Riot Dog» de Brad ley C. Watson: brad@watsonswanderings.com.

desorden político se acrecentó. Loukanikos estuvo presente en la mayoría de las protestas. Como su predecesor, no temía los gases lacrimógenos ni a los antidisturbios. En las fotos aparece ladrando a los policías, al alcance de una patada. Gracias a los medios de comunicación, su fama se extendió por todo el mundo. Su constante muestra de solidaridad con la insurrección quedó patente en las marchas sindicales de la policía en septiembre de 2011. Al principio, cuando un grupo de agentes se manifestó en el centro de Atenas, no supo cómo reaccionar: de pronto había policía uniformada en ambos frentes. Sin embargo, cuando los antidisturbios atacaron a los manifestantes, se puso del lado de los atacados. Su lealtad y solidaridad interespecie copó los titulares. Incluso lo nominaron como «persona del año» en la revista *Time*. El 29 de junio, el Gobierno lanzó más de tres mil botes de gas lacrimógeno en el centro de Atenas (por término medio se suelen usar cien para disolver una manifestación). Poco tiempo después, Loukanikos falleció a la edad de doce años. Según su veterinario, murió por las secuelas de los gases lacrimógenos y de otras sustancias químicas presentes en el aire. Falleció tranquilamente en casa de un cuidador. Su muerte se lamentó en todo el mundo. Un periodista sugirió que había desempeñado la función de congregar a los medios a su alrededor, lo cual fue «una metáfora de la desaparición de una época de agitación creativa en Grecia, tal vez para siempre»[396].

El mismo año que Loukanikos participó en las manifestaciones griegas contra la austeridad, hubo una concentración de activistas en Zuccotti Park, un parque situado en el distrito financiero de Wall Street, en Nueva York. Las protestas del movimiento Occupy Wall Street comenzaron el 17 de septiembre de 2011 para concienciar sobre la corrupción y la influencia empresarial poco ética del Gobierno (sobre todo, en el sector financiero). En este entorno sociopolítico, en una manifestación de Occupy Goldman Sachs en noviembre de 2012, apareció el gallo Harvey. Los participantes, que se habían reunido para protestar por el papel central de la compañía en la crisis financiera de 2007, repararon en que había alguien oculto entre los matorrales que rodean Columbus Circle: un gallo moteado blanco y negro, totalmente deshidratado. Lo envolvieron con unas mantas y se lo llevaron para que pasara la noche bajo techo. Una mujer declaró que, si le arrullaba, él respondía con otro arrullo. Al día siguiente, el santuario Woodstock Farm recogió a Harvey. Como Brown explicó, cuando llegó «se mostró bastante tímido y asustadizo, pero después se abrió y parece muy feliz en su nuevo hogar. Disfruta con la papilla diaria que toman todos (un puré con plátano, zumo de manzana, comida de perro vegana enlatada y vitaminas) y es muy tierno, deja que las chicas coman primero»[397].

La conexión de Harvey con el movimiento Occupy y la alianza de los perros de los disturbios con los manifestantes en contra de la austeridad parecen legítimas, dado que los humanos y los demás animales sufren opresión por parte de los mismos sistemas empresariales y comparten el mismo interés por el final de la economía neoliberal. En la declaración oficial que emitió el movimiento Occupy, entre sus preocupaciones incluía las injusticias del capitalismo contra los animales. En concreto, la capitalización y el encubrimiento de «la tortura, el confinamiento y el maltrato de incontables animales no humanos». La fuga de Harvey no obtuvo la misma atención mediática que la de otros animales revolucionarios de mayor tamaño, pero fue un insumiso muy poderoso y su historia sirvió para concienciar acerca de las terribles circunstancias de las que había escapado.

Harvey, encontrado en la selva empresarial, no está solo. La mayoría de las llamadas que recibe el santuario se deben a la presencia indeseada de gallos en los criaderos de gallinas de casas particulares, así como a gallinas fugadas de los mercados de animales vivos que se sacrifican *in situ*. La mayor parte de los informes de animales sueltos en la ciudad de Nueva York están relacionados con gallinas. Mike Pastore, del centro zoosanitario municipal, calcula que todos los años reciben de treinta a cincuenta avisos de aves y dos o tres llamadas de animales más grandes. Como apunta la nota de prensa de Farm Sanctuary, «dado el tráfico incesante de animales de estas empresas, las fugas son habituales y es posible encontrar aves vagando por las calles circundantes»[398]. Pese a que son muchas las gallinas que escapan en las ciudades, pocas veces las atrapan, ya que su valor económico se considera menor. Se cuelan sin ser vistas en los callejones y en aparcamientos abandonados, donde hay menos probabilidad de llamar la atención, cosa que no sucede cuando se trata de vacas, cerdos o cabras fugados. Aunque en los medios de comunicación de masas se encuentran pocas noticias sobre gallinas fugitivas, su presencia se vislumbra a través de otros artículos. Por ejemplo, en uno que describía el conflicto entre los nuevos propietarios de un edificio de Brooklyn y un matadero cercano, una testigo identificada como señora Coats afirmó haber visto a los trabajadores corriendo tras unas gallinas fugadas. Una mañana, además, la señora Coats estaba paseando a su perro después de una nevada, cuando vio «huellitas de gallina en la nieve»[399].

Imagen 49. Una gallina vuela por encima de una valla en una granja. (Foto de Tatyana Kuznetsova).

Las luchas interconectadas entre los humanos y los animales resultan obvias en la explotación y la resistencia que se desarrollan en los mataderos industriales. Como punto culminante de los siglos de matanzas e invasiones contra los seres vivos, el trabajo de los humanos oprimidos en el matadero se mercantiliza para convertir a los animales en productos, que más tarde se anuncian de un modo que oculta la terrible violencia asociada. La agroindustria animal explota desde hace mucho tiempo a emigrantes e inmigrantes. Desde 1865, cuando los capitalistas celebraron la apertura de la Union Stock Yard de Chicago, la industria ha tratado a sus trabajadores como material fungible. La novela de Upton Sinclair *La jungla*, publicada en 1906, refleja bien esta situación. A través de los ojos de Jurgis Rudkus, un inmigrante lituano que trata de ayudar a su familia, *La jungla* expone las condiciones de trabajo intolerables, las escasas regulaciones sanitarias y la crueldad ejercida contra los animales, todas ellas endémicas de los mataderos. Sinclair, que trabajó en los mataderos de Chicago para documentarse, se basa en la grave situación de los animales considerados de granja para ilustrar las penurias de los trabajadores dentro el capitalismo.

Durante esos años, los inmigrantes del este de Europa llegaban a Estados Unidos atraídos por las empresas, que les prometían salir de la pobreza. Una vez allí, buscaban trabajo en las fábricas de empaquetamiento de productos cárnicos. La industria, que había identificado su vulnerabilidad, minó sus esperanzas con unas condiciones laborales peligrosas y unos salarios bajos. Los trabajadores de los mataderos estaban sometidos (y aún lo están) a un alto riesgo de lesiones, cortes y quemaduras producidos por las tareas repetitivas; al agotamiento por trabajar sin pausas; y a la amputación de partes del cuerpo por la peligrosidad de las máquinas o por el forcejeo de los animales. Sinclair observó que tanto los animales considerados de granja como los inmigrantes que buscaban trabajo formaban colas interminables para que los «procesaran»[400]. Las vacas llegaban a diario en trenes de mercancías, algunas con patas rotas, cuchilladas y otras heridas; otras, ya muertas debido a las malas condiciones del viaje[401]. Si los trabajadores se ponían en huelga, traían a los afroamericanos recién liberados en el sur para que ocuparan su lugar.

Todavía hoy se contrata a los trabajadores inmigrantes vulnerables para las labores no deseadas de matar animales. Durante la segunda mitad del siglo xx, el número de empresas ganaderas aumentó, al igual que la cantidad de terreno necesario para ellos. Aunque la cría de vacas confinadas se podía llevar a cabo en cualquier lugar, quedaba relegada sobre todo a las comunidades con pocos recursos debido a los malos olores y la polución. Los ganaderos desplazados se quejaron, pero los dictadores de Centroamérica, apoyados por la CIA, acallaron sus esfuerzos, con un resultado de miles de víctimas[402]. Cuando la industria de la comida rápida creció, Estados Unidos buscó carne más barata en México y Centroamérica. La carne de vaca de bajo coste consolidó la expansión de las sociedades ganaderas privadas en la economía latinoamericana, que tras la década de los sesenta cada vez estuvo más controlada por Estados Unidos. El Gobierno estadounidense y el Banco Mundial entregaron cientos de millones de dólares a dichas empresas, asentadas en territorios expropiados a pueblos y comunidades pequeños, lo cual facilitó el crecimiento de la cultura de la comida rápida y de la hamburguesa (junto con el adoctrinamiento ideológico para que aumentara el consumo de carne)[403].

En 1994 entró en vigor el Tratado de Libre Comercio de América del Norte (TLCAN), que permitía que los bienes producidos en México se exportaran a Estados Unidos sin aranceles y que los productos estadounidenses entraran de la misma forma en México. El Gobierno de Estados Unidos, consorciado con el Banco Mundial y el TLCAN, debilitó la ganadería mexicana, ya que muchos negocios eran incapaces de competir con las compañías estadounidenses que comenzaban a operar en México y miles de personas acabaron sumidas en la pobreza. Los productos obtenidos se vendían a las multinacionales radicadas en Estados Unidos. En México, la desestabilización de los medios de subsistencia de las comunidades basadas en la agroindustria y la consiguiente contaminación ambiental provocaron la emigración hacia el norte de los más pobres, a través de la frontera, en busca de una oportunidad para ganarse la vida y mantener a su familia. Muchos cayeron en las garras de la industria estadounidense de los mataderos, que requiere gente vulnerable (y que se aprovecha de ella) para conformar la base de la jerarquía laboral.

La explotación de los trabajadores inmigrantes por parte de la agroindustria animal se aceleró en la década de los ochenta. Los contrataban para los trabajos menos deseables, incluidos los que ahora se denominan Operaciones de Alimentación Animal Concentradas. Hoy, mientras crecen las comunidades de inmigrantes, el Gobierno de Estados Unidos justifica el perfilado racial mediante su campaña contra el terrorismo. El número de centros de detención de inmigrantes y de deportaciones ha crecido desde la crisis financiera de 2008. Más recientemente, el miedo de algunos estadounidenses a los «forasteros» ha aumentado con el auge del nacionalismo blanco de derechas. El capítulo de Lilia Trenkova titulado «Food Without Borders: Xenophobia and Global Corporatism in the U.S.-Mexico Agricultural Commerce», incluido en el libro *Food Justice: A Primer*, es un buen recurso para entender la actual relación neocolonial entre Estados Unidos y México, así como las prácticas coloniales capitalistas que provocan la injusticia alimentaria en las comunidades mexicanas, a ambos lados de la frontera, con el eje central de la ganadería[404].

En medio de la trayectoria multinacional del negocio cárnico están los animales considerados de granja. Sinclair escribió que los animales transportados a la Union Stock Yard de Chicago oponían resistencia en los mataderos: vacas, cerdos y ovejas forcejeaban cuando los encadenaban y los levantaban por el aire. Sinclair describe así la resistencia de los cerdos en medio del horror:

> Cada uno de ellos tenía a mano cadenas que aseguraban por un extremo la pata trasera del animal que tenían más cerca, y que

enganchaban por el otro extremo a uno de los anillos de la rueda. Cuando esta giraba, el animal era arrastrado con gran violencia y quedaba suspendido en el aire cabeza abajo. Una vez en aquel camino, el cerdo no se detenía ya hasta su muerte. Por lo más alto de la rueda pasaba un trole y el animal, oscilando cabeza abajo como un péndulo, marchaba colgando. Enseguida, otro cerdo era enganchado y suspendido del mismo modo, y luego otro y otro, hasta formar una doble fila, todos colgados de una pata trasera, pataleando y gruñendo desesperadamente[405].

A veces, mientras los trabajadores intentaban seguir el ritmo acelerado del sistema mecánico, algún animal se levantaba y salía en estampida[406]. El caos se producía cuando los animales medio aturdidos trataban de escapar frenéticamente. Los hombres los perseguían a la carrera (ellos también eran desechables) y al capataz no le temblaba la mano a la hora de amenazar con armas a los que estaban bajo su mando.

En los mataderos industriales del siglo XXI, los mecanismos de control y violencia están ocultos. Aun así, los animales que se fugan ponen en evidencia las relaciones de poder de sus fronteras. Por ejemplo, cuando la policía de Omaha disparó a una vaca fugada en agosto de 2004, eliminó la distancia entre la gente —incluidos los trabajadores del matadero del que huyó— y la matanza. De las seis vacas que se habían escapado, recapturaron a cuatro en el aparcamiento de una iglesia cercana, y las otras dos echaron a correr hacia unas vías abandonadas. Una de ellas giró entonces hacia una calle lateral (que conducía a otro matadero), pero la policía, armada hasta los dientes, la arrinconó contra una valla y la acribillaron. Antes de morir, el animal luchó por su vida e intentó escapar entre bramidos de dolor[407].

Varios trabajadores que estaban descansando presenciaron la fuga y la ejecución. Más tarde, una empleada recordaba así aquellos instantes: «Le dispararon como diez veces». Entonces habló de un episodio en el que la policía había disparado a un hombre desarmado procedente de México y sugirió que tal vez la razón fuera su origen (no caucásico): «Le dispararon igual que dispararon a la vaca»[408]. La resistencia de las vacas llamó la atención sobre la violencia oculta en los mataderos industriales modernos. De hecho, muchos de los empleados en la zona estéril (al igual que en la de envasado) quedaron horrorizados al ver que la disparaban en plena calle. El matadero está diseñado para minimizar el número de trabajadores involucrados directamente en la matanza y el de los que ven a los animales vivos antes del sacrificio[409]. Las dicotomías sirven para dividir y conquistar, para enfrentar a las personas pobres de diferentes entornos, para cribar a los trabajadores de las granjas de cría intensiva según su origen racial y para normalizar la exclusión y el sufrimiento de los animales considerados de granja. La vigilancia y el refuerzo de las fronteras de las instalaciones permiten que los empleados de un nivel más alto (los capataces, los directores y los que ostentan las funciones superiores en la industria) queden alejados del horror de la planta de sacrificio.

La buena disposición de la clase trabajadora para sentirse identificada con los animales —y, en el caso de los perros de los disturbios, la buena disposición de otras especies para colocarse del lado de los humanos desposeídos pese a las amenazas de los botes de gas lacrimógeno— demuestra que, de hecho, surgen oportunidades para la liberación colectiva. Con frecuencia han sido los obreros quienes han marcado el camino en la defensa de los derechos de los animales y el trato compasivo. El activista obrero, tejedor y poeta del siglo xix Samuel Bamford apoyó los derechos «del perro, el novillo y el caballo», al igual que el cartista Thomas Cooper[410]. Los miembros de la clase trabajadora se opusieron de manera tajante a la vivisección porque se identificaban con el terrible destino de los animales[411]. De hecho, durante el siglo xix, la burguesía blanca a menudo representaba al proletariado como embrutecido y cercano a los animales. Pierre-Joseph Proudhon también incluyó a otras especies en su formulación de la política de la clase obrera. El pensador anarquista observó que los bueyes y los caballos trabajan para los humanos pero no reciben nada a cambio[412]. Los trabajadores que formaron parte del llamado «caso del perro marrón» en la Inglaterra de principios del siglo XX reconocieron su propia conexión con otros animales, lo cual animó a la clase capitalista a promocionar con mayor ahínco la ideología especista[413]. Asimismo, la división del trabajo en los mataderos da lugar a que surja la solidaridad.

## Descolonizar mediante el veganismo

El sistema capitalista colonial está arraigado en las prácticas alimentarias coloniales. La comida ha sido una herramienta fundamental de la colonización europea[414], que introdujo los productos animales en las comunidades indígenas que nunca habían dependido de la ganadería y abrió el camino para que el capitalismo global impulsara en todo el mundo una dieta basada en su consumo. También se apropió de grandes extensiones de tierra para la ganadería. Mientras las prácticas alimentarias opresivas han sido una parte central de este violento proceso, la justicia alimentaria desempeña un papel fundamental en el desmantelamiento de la colonización. Una dieta vegana y el veganismo como política vital complementan otras prácticas revolucionarias contra la destrucción del capitalismo global. Para mucha población negra, el veganismo es una práctica radical y decolonial que se opone a los sistemas alimentarios ineficientes y opresivos.

Claudia Serrato, educadora en salud para la comunidad y escritora, ha iniciado el debate sobre crítica decolonial alrededor del veganismo. Arraigado en la perspectiva indígena chicana, su trabajo recuerda la cocina ancestral y regresa a las raíces de sus antepasados indígenas, que incluyen la dieta de «las tres hermanas»: maíz, frijoles y calabaza[415]. Margaret Robinson ha explorado la conexión entre sus antepasados indígenas mi'kmaq y la visión de los animales, y explica que la colonización de su pueblo supuso un cambio hacia la dependencia de los supermercados y de la ganadería intensiva. Estas transformaciones no correspondían con sus valores históricos, al contrario que el veganismo indígena, que sí está más en línea con dichos valores[416]. Breeze Harper, del proyecto Sistah Vegan, ha demostrado que la descolonización de la dieta es una práctica decolonial importante para los afroamericanos. Harper examina el racismo y la blanquitud en el contexto de la justicia alimentaria y del veganismo, y demuestra que las comunidades afroamericanas están sujetas a la violencia enraizada de los sistemas alimentarios coloniales. Como parte de su praxis anticolonial vegana, Aph Ko y Syl Ko abordan la actitud colonial desarmando la supremacía colonial blanca en el marco del afrofuturismo.

Cuando le preguntaron su opinión acerca de incluir a los animales —en concreto, a las gallinas— en los movimientos de justicia social, la activista y académica Angela Davis respondió que existe una importante conexión entre las formas de opresión hacia los humanos y hacia los animales: «Los alimentos que comemos ocultan muchísima crueldad. El hecho de que podamos comer un trozo de pollo sin pensar en las horribles condiciones en las que crían industrialmente a las gallinas en este país es una señal de los peligros del capitalismo». En una entrevista de 2012, Davis destacó que es el momento de hablar sobre ser vegano, porque es parte de una «perspectiva revolucionaria» y porque «la mayoría de la gente no piensa en que está comiendo animales». Como Davis explica, «sería realmente revolucionario que nos acostumbráramos a imaginar las relaciones humanas y no humanas que hay detrás de todos los objetos que constituyen nuestro entorno»[417]. Tanto las gallinas como los seres humanos están oprimidos en una sociedad capitalista donde los productos de consumo son la forma principal de comprender el mundo. Que Davis sea vegana demuestra que se opone a las condiciones en las que se sacrifica a las gallinas y que sus razones están más fundamentadas en la comprensión marxista del fetichismo de la mercancía.

César Chávez, el famoso defensor de los trabajadores ganaderos y los pueblos marginados, reconoció la importancia de los derechos de los animales en la lucha por la justicia social. Chávez seguía una dieta vegetariana y admitía que la vida también concernía a los animales. En una ocasión afirmó: «Fue mi perro Boycott quien hizo que me planteara si los humanos tienen derecho a comerse a otros seres sintientes»[418]. Su sobrina bisnieta, Genesis Butler, se hizo vegana a los seis años y es defensora de los derechos animales. En abril de 2017, a los diez años, Butler dio una charla TED sobre la influencia del veganismo para contrarrestar la destrucción ecológica de la ganadería.

Aunque en todo el mundo existen comunidades que han prosperado con dietas veganas basadas en alimentos naturales o dietas basadas en vegetales —en algunos casos durante siglos—, en nuestra sociedad jerárquica de clases hay un acceso desigual a los alimentos (así como intereses sociales y culturales detrás del consumo de los animales). El cambio hacia el veganismo es más accesible para quienes tienen autonomía a la hora de elegir su alimentación. Aunque las opciones vegetales ahora están disponibles en una gran variedad de formas, las comunidades con menos acceso a los alimentos vegetales frescos necesitan ayuda. En este sentido, existen iniciativas pioneras como Food Not Bombs, un movimiento global que desde 1980 ofrece comidas veganas gratis y reduce los residuos de los alimentos; Chilis on Wheels, que sirve chili vegano a comunidades de todo Estados Unidos; Sol Sips Vegan Café, que proporciona comida saludable y asequible en Brooklyn; o el proyecto Food Empowerment,

Imagen 50. Una ternera recién separada de su madre espera en una carretilla a que el ganadero le prepare su habitáculo individual. (Foto de Jo-Anne McArthur/Animal Equality).

que propone distintos recursos e iniciativas para paliar las injusticias interconectadas hacia los humanos y los animales[419].

La ideología capitalista del consumo requiere el crecimiento continuo y el control de la vida. El capitalismo global, que es una continuación de la colonización, ha extendido la ganadería a gran escala por todo el mundo, incluida la elaboración de productos denominados «vegetarianos» (no veganos) que también dependen de la explotación animal. Las vacas y las gallinas criadas para la producción de leche y huevos sufren unas condiciones iguales (o peores) que las criadas solo para carne, y están sujetas a las mismas prácticas (herrado o despicado, confinamiento y transporte al matadero sin comida ni agua). Se supone que su leche está destinada a sus crías, pero la industria lechera sacrifica a los machos que no le sirven, condena a las terneras en jaulas y mata a las vacas cuya producción lechera disminuye. Las imágenes grabadas en las granjas lecheras muestran máquinas que transportan con palas a las vacas hasta los camiones que van al matadero. En la industria del huevo, incluso la producción denominada «de corral» implica el gaseado, la asfixia o el enterramiento de los pollitos macho con un solo día de vida. Nuestras gallinas son descendientes de la gallina salvaje africana, que por naturaleza no ponía más que doce huevos al año. Sin embargo, hoy se crían para poner una cantidad de huevos poco natural y dolorosa (casi 365 al año). Si no las sacrifican antes, mueren por enfermedades reproductivas y complicaciones relacionadas con la puesta mucho antes que sus antepasadas salvajes.

Por suerte, las alternativas a los productos animales son abundantes. Además de la enorme cantidad de opciones vegetales, existen opciones respetuosas para el «cuero», la «piel», la «lana», la «seda», el «plumón», los productos testados en animales y el entretenimiento basado en la cautividad, así como para las actividades que perturban sus hábitats. Muchos veganos están extendiendo la práctica de evitar productos social o medioambientalmente destructivos como el aceite de palma, el café y el cacao (cuando no proceden de comercio justo) y las comidas procesadas y empaquetadas. La agricultura y horticultura vegana orgánica (vegánica), que excluye cualquier tipo de aporte animal, también está aumentando su popularidad.

Debido a la disminución de las dietas basadas en vegetales en muchos países, ahora se produce menos comida en la misma extensión de terreno. Como afirmó un informe de las Naciones Unidas de 2006, la dieta vegana alimenta a muchas más personas que una dieta basada en animales[420]. Comer productos más bajos en la cadena alimenticia es la manera más efectiva y asequible de disminuir nuestra huella de carbono, porque el volumen de cultivos, agua y tierra necesarios para sostener las dietas basadas en vegetales es significativamente menor. Si los humanos dejaran de alimentar a los miles de millones de animales destinados a producir carne, huevos y lácteos, lo cual requiere un enorme suministro de comida, agua y tierra, los preciados recursos del planeta no se encontrarían bajo amenaza. Se liberaría una gran cantidad de tierra y existiría la posibilidad de que los bosques se regeneraran y de que la vida salvaje volviera a los espacios diezmados por la ganadería. También se reducirían de forma drástica las emisiones de efecto invernadero, la contaminación del agua y del aire y la catastrófica crisis del agua potable (ya que los animales en granjas dejarían de consumir miles de millones de litros de agua)[421]. Asimismo, ayudaríamos a prevenir las «zonas muertas» de los océanos y le daríamos a la vida marina la oportunidad de recuperarse. Por todas estas razones, el veganismo es necesario y compatible con la resilvestración y con la concesión de espacios para las diversas especies animales.

## Resilvestrar espacio para los animales

Los animales requieren de un espacio para volar, moverse, reptar, caminar y nadar, al igual que deben ser libres para experimentar sus necesidades físicas, emocionales y sociales. En la actual crisis ecológica y social, ¿cómo podemos respetar y proporcionarles el espacio que necesitan para prosperar? Los santuarios son un importante intento de abrir entornos para otros animales, pero existen otros medios.

Con la deforestación a gran escala y la devastación ecológica, el concepto de resilvestración nunca ha sido tan importante como ahora. El término se utilizó en un primer momento para denominar un estilo de vida que devolviera a los humanos sus raíces salvajes[422]. En general, se considera que es la restauración del paisaje natural. Antes de que el concepto se aplicara a la cultura humana, se utilizaba para describir la puesta en libertad de los animales cautivos en la naturaleza. Más tarde, incluyó la reintroducción de animales y plantas —a veces de ecosistemas enteros— en áreas donde se habían erradicado. George Monbiot ha alegado que adoptar una dieta vegetal, junto con el otras prácticas anticapitalistas, es necesario para garantizar crecimiento de los bosques, que absorberán las emisiones de carbono de la atmósfera y revertirán los graves efectos de la crisis climática. Asimismo, ha escrito en numerosas ocasiones que la resilvestración ideal ayudaría a la ecología a recuperar los procesos naturales y permitiría que el mundo natural siguiera su curso en vez de buscar nuevas formas de controlar la naturaleza[423]. Reintroduciendo especies, derribando vallas y otras barreras, y expulsando a las empresas que explotan los ecosistemas se conseguirá una naturaleza autogobernada. Aunque la «resilvestración dirigida» resulte contradictoria para algunos, los humanos pueden contribuir fomentando las condiciones ideales para que la naturaleza se autogobierne.

El potencial de la resilvestración como un beneficio para los ecosistemas se ha demostrado en el restablecimiento de las po-

Imagen 51. Un jabalí salvaje busca comida en el bosque de Dean, Gloucestershire, febrero de 2018.

blaciones de jabalíes en Inglaterra. Estos animales llevan mucho tiempo escapándose de las granjas inglesas. La primera fuga conocida tuvo lugar en 1987 después de que un temporal de viento derribara unos árboles contra unas vallas. Para evitarlo, hoy en día los rodean de alambradas y cercas electrificadas. En la actualidad existen al menos cuatro colonias de jabalíes salvajes en el país que ayudan a devolver al bosque su anterior belleza, pues combaten los monocultivos y permiten que decenas de especies cobren protagonismo. Su erradicación previa en la naturaleza resultó perjudicial para el paisaje. Como Monbiot explica: «El suelo del bosque británico es peculiar, en el sentido de que con frecuencia está dominado por una sola especie, como el mercurial perenne, el ajo de oso, el jacinto de los bosques, el helecho, la lengua de ciervo o la zarza, a veces como resultado de la intervención humana, al igual que en el caso de la eliminación del jabalí»[424]. Como muestra de su influencia ambiental positiva, los petirrojos siguen a los jabalíes cuando estos hocican, pues remueven la tierra y crean pequeñas charcas y zonas húmedas por el bosque, al igual que acompañan a los jardineros humanos cuando cavan la tierra. Las posibilidades generativas para la resilvestración son numerosas, pero cuando los humanos se imponen a la naturaleza en vez de trabajar con el ecosistema natural existen ciertos peligros[425]. Apoyar los procesos ecológicos naturales mientras se evitan prácticas que en un primer momento han causado grandes problemas resulta indispensable para una resilvestración que permita florecer la existencia auténtica.

Un ejemplo de un complejo proyecto de vida silvestre es Oostvaardersplassen, localizado al noreste de Ámsterdam, en la provincia de Flevoland. Se trata de una gran reserva natural formada por pantanos, bosques y humedales que alberga ganado resilvestrado, aunque aún acotado, de la raza bobina heck, los parientes domesticados más próximos a los uros. El proyecto se puso en marcha para mantener el hábitat de las aves (amenazadas por la abundancia de los sauces y sus retoños en la zona seca de la reserva) mediante la introducción de grandes herbívoros que, al alimentarse de dichas plantas, mantendrían la reserva despejada. El número de rumiantes ha aumentado desde su inicio debido a la ausencia de predadores (los humanos extinguieron a los predadores nativos de la región mucho tiempo atrás). La población que puede vivir en el área es limitada y la presencia de una gran cantidad de animales herbívoros es perjudicial para el paisaje. El resultado es un terreno resilvestrado cuyo ecosistema carece de equilibrio y que requiere de la gestión y la intervención humanas, lo cual va en contra del propósito inicial. Con la ausencia de predadores y de cobijo, muchos de los rumiantes (incluidas las vacas, los ciervos rojos y los caballos konik polacos) se mueren de hambre en invierno. Las heladas y nevadas tardías son especialmente desastrosas, ya que los animales, limitados geográficamente y confinados, son incapaces de buscar hábitats y recursos alimentarios alternativos después de que los pastos de la zona vallada se agoten. En el invierno de 2005, la muerte por inanición de muchos de los animales provocó cierto rechazo en el público. Se desarrollaron entonces distintas medidas de gestión de la población que incluían el disparo a los individuos más débiles y enfermos (entre el treinta y el sesenta por ciento) con «la mirada del lobo», es decir, con los humanos como predadores para tratar de mantener la población en equilibrio.

Un buen ejemplo de cómo pueden responder los espacios públicos a las necesidades de los animales para adaptarse a ellas se dio cuando un centenar de elefantes marinos y sus crías ocuparon una playa que se quedó sin vigilancia en la bahía Drakes, en el litoral nacional de Punta Reyes (California). Tras un intento de cierre, la colonia no permitió que una valla la apartara de la playa. Tras derribarla, los elefantes marinos se trasladaron a la orilla. Alissa Greenberg describió así la feliz escena: «Mientras las olas rompían y las gaviotas daban vueltas cerca, docenas de los nuevos habitantes de la playa holgazaneaban al sol y colmaban el aire de ronroneos y graznidos, ladridos y gruñidos. Las crías mamaban de sus madres o se contoneaban por las piedras y las algas explorando el nuevo mundo, y gorjeaban de pánico cuando se alejaban demasiado; de vez en cuando, un puñado de machos escandalosos y gigantescos discutían, se peleaban y levantaban ráfagas de arena»[426]. Los pinnípedos también tomaron el aparcamiento y varios machos encontraron cobijo bajo las mesas de pícnic. Como las crías eran lactantes, el Centro de Educación de Punta Reyes se negó a intervenir en el proceso. En California la caza había conducido a los elefantes marinos casi a la extinción y se habían puesto en marcha iniciativas de conservación para salvarlas. El enclave se expandió en las siguientes semanas, después de las cuales el grupo finalmente se trasladó a otro lugar.

La resilvestración requiere el levantamiento de pasarelas y puentes, la modificación de vallas, el cierre de carreteras y la

Imagen 52. Un elefante marino descansa en una zona reservada para estos animales en el parque nacional de Punta Reyes, California.

construcción de corredores para que los animales se trasladen sin obstáculos. Eso significa que hace falta reestablecer los espacios verdes adecuados para las diferentes especies en las zonas urbanas, comprometerse con la agricultura vegana sostenida por la comunidad, detener la construcción en los corredores migratorios y dejar de marginar geográficamente a los animales (lo cual supone un detrimento para su transmisión de conocimiento cultural y sus mapas mentales). De manera general, si las compañías transnacionales se retiraran del control de la producción alimentaria mediante la eliminación de la ganadería y la cría de animales, las grandes extensiones de terreno utilizadas para alimentar a dichos animales se quedarían disponibles. Además de reforestar esas tierras, se podrían utilizar para el cultivo de alimentos veganos, campos de cereales, jardines, huertos e invernaderos (para los humanos en vez de para un sinfín de animales alimentados de forma artificial). También podrían transformarse en santuarios de animales y vida silvestre. En el entorno urbano, la resilvestración de las ciudades promovería una comunidad multiespecie más inclusiva.

## Movilizarse alrededor de los animales insumisos

Los animales insumisos son los actores de su lucha por la justicia social y cambian el sistema desde dentro. Su insurrección es una oportunidad para que los defensores de los animales se movilicen de forma estratégica y creen una red de apoyo para los individuos cuya puesta en libertad resulta urgente. Estos podrían protestar en lugares estratégicos en solidaridad con los animales insumisos y pedir su liberación y la garantía de un santuario para ellos. Podrían hacer campaña en su favor a través de las redes sociales, alentar a los simpatizantes a hacer llamadas telefónicas en su nombre o informar sobre la organización de manifestaciones.

Esa movilización supondría la participación en protestas a las puertas de un laboratorio del que ha escapado un mono o la ocupación de un matadero de donde se ha fugado una vaca. Este tipo de militancia sitúa las luchas animales en el centro y amplifica la voz de los insumisos, que por lo general ya se han ganado la comprensión de la ciudadanía más comprometida.

La amplificación de dicha voz es un paso esencial a la hora de movilizarse con los animales insumisos como coagitadores en la lucha anticapitalista y anticolonial. Es un hecho conocido que las demás especies poseen una cultura, unos conocimientos y un lenguaje propios, pero, cuando se trata de difundir sus historias a una escala más amplia de la sociedad humana, los aliados humanos deben elevar su voz. Las personas que trabajan en los santuarios comparten las historias de sus residentes. Los artistas visuales, los fotógrafos y los documentalistas divulgan imágenes evocadoras y fascinantes. Los expertos hacen públicos sus relatos y proporcionan un contexto histórico y social. Los escritores y artistas visualizan la vida a través de los ojos de las demás especies e imaginan sus pensamientos, emociones y palabras. Los activistas de las redes sociales utilizan sus plataformas para distribuir vídeos virales de animales fugados o documentales sobre individuos como Tilikum y Tyke. La narración de historias es un medio potente para amplificar la voz de los animales, como muestran los etólogos que han trabajado en la decodificación de su lenguaje cuando los matices de su comportamiento requieren algo más que cifras y gráficos, ya que «la narración es un acto de interpretación» que trasciende la línea de las especies[427].

Existe una diferencia entre las representaciones de la resistencia de los animales en el contexto de su opresión social y política y las que los muestran como asesinos violentos y «demoniacos». Los autores del género popular sobre «ataques de animales» han reconocido algunas de las consecuencias no deseadas de su trabajo. Cuando Peter Benchley, autor del célebre libro sobre un enorme pez asesino, se dio cuenta del fenómeno cultural que había incitado, declaró: «Hoy no podría escribir *Tiburón*. La idea de demonizar un pez me parece una locura»[428]. Desde el fenómeno de *Tiburón*, el miedo a estos peces ha aumentado cuando en realidad solo matan a una persona al año y suele deberse a algún tipo de confusión, ya que los buceadores con traje de neopreno negro se parecen a la presa natural de los tiburones: las focas. Los humanos, en cambio, matan millones de tiburones al año —se estima que alrededor de cien millones—, sobre todo para la obtención de las aletas. Si comparamos esta matanza masiva con el minúsculo riesgo de ser herido por un tiburón, resulta evidente quién es el predador más amenazante.

Difundir las historias de resistencia y voluntad de los animales es una forma de solidaridad para con ellos. Los animales rebeldes aparecen en canciones (por ejemplo, «The Ballad of Ken Allen» de Allen Dennis Gersten), en películas (por ejemplo, *The Legend of the Tamworth Two*, escrita por Mark Smith), homenajes musicales (por ejemplo, «Riot Dog» de David Rovics), literatura de no ficción (por ejemplo, *El tigre: Una historia real de venganza y supervivencia* de John Vaillant), etc. La página de Facebook «Animal Resistance» es una fuente accesible que comparte y contextualiza historias sobre animales que se rebelan. Su objetivo es situar a los animales en el centro de su movimiento de liberación y elevar su voz. Los humanos ya no son los únicos que tienen algo que decir sobre el trato que deberían recibir los animales[429]. Las representaciones en la ficción en forma de novelas, películas, obras de arte, piezas teatrales y poesía nos ayudan a imaginar las experiencias internas de los animales. Ayudan a crear una comprensión holística de la insurrección animal complementaria a las noticias de la vida real y expresan cuáles son los escenarios, los personajes, las fuerzas antagónicas y otros factores externos. Dos perros podrían escapar de un laboratorio y unos pájaros podrían atacar si se sintieran amenazados o si quisieran proteger a su familia. Aunque los insumisos comparten con nosotros su vida mediante sus acciones, existen lagunas en lo que sabemos sobre su vida en cautividad.

Las historias de Tilikum y Tyke demuestran los importantes resultados que se obtienen cuando los humanos actúan en solidaridad con la lucha de los animales. El 4 de marzo de 2010, para apoyar la resistencia de Tilikum, la red de liberación anarquista *queer* Bash Back! reconoció que los animales son agentes de su propio movimiento de liberación. Bash Back! lanzó un comunicado satírico titulado «Splash Back» que pedía «acciones solidarias con Tilikum en todo el país para apoyar la autonomía y resistencia de los animales» y demandaba «una total solidaridad» entre los actores radicales humanos y no humanos[430]. Aplicando la crítica del discurso del salvador para analizar el incidente, Michael Loadenthal explica que este marco nos ayuda a alejarnos de la idea imperante de «el fuerte (el humano) que salva al débil (el animal)» y sirve para «cuestionarse la liberación al reconocer que, en este caso, los actores "fuertes" (los humanos) son los principales opresores de los actores "débiles" (los animales)»[431].

Después de que la película *Blackfish* presentara a Tilikum y promoviera el escrutinio público de SeaWorld y la preocupación por las orcas en cautividad, la solidaridad humana con la resistencia de la ballena provocó cambios políticos y pérdidas económicas para el zoo marino. Tras el estreno del documental, las acciones de la compañía cayeron en picado. Hubo músicos que cancelaron espectáculos y gente que hizo boicot y se manifestó contra el parque. En marzo de 2016, SeaWorld anunció una serie de cambios: 1) el programa de cría de orcas se clausuraría; 2) no traerían orcas que procedieran de fuera; 3) los espectáculos teatrales con orcas se sustituirían por otros donde se mostrara el comportamiento natural de las ballenas, y 4) no habría orcas en ninguno de los parques nuevos, puesto que el programa de cría iba a concluir. SeaWorld también anunció su plan de invertir varios millones en programas de rescate de animales marinos[432]. Sin embargo, no se ofreció a trasladar a las cautivas a santuarios marinos. Las orcas pueden vivir hasta cincuenta años, por lo que las medidas propuestas sentencian a las que ya son propiedad de SeaWold a soportar mucho más tiempo en condiciones de carencia. Hoy, para eliminar de manera progresiva la cautividad de los mamíferos marinos, el proyecto Whale Sanctuary trabaja para «establecer un modelo de santuario costero donde los cetáceos (marsopas, delfines y ballenas) vivan en un entorno que maximice su bienestar y su autonomía lo más cerca posible de su hábitat natural»[433]. El proyecto Whale Sanctuary colabora con el Gobierno ruso para llevar noventa y siete orcas y belugas cautivas al mar. A una de ellas se la fotografió después de su liberación: se había unido a una manada.

Cuando la insurrección de Tyke se retransmitió en todo el mundo, su historia recibió atención internacional y supuso notables cambios materiales para los animales. Aunque murió antes de que consiguiera experimentar cómo era vivir fuera del circo, su resistencia salvó a otros animales del cautiverio, inspiró el cambio social y transformó la sociedad. Después de que la muerte de Tyke se emitiera en el mundo entero, hubo protestas, boicots y juicios contra los circos. Se pusieron demandas contra el circo en cuestión, contra el «propietario» de Tyke y contra Hawthorn Corporation, la compañía que estaba detrás, así como contra el Ayuntamiento de Honolulú y el estado de Hawái. Se reveló que el adiestrador fallecido tenía archivadas varias quejas por maltrato animal de un empleo anterior donde ofrecía excursiones en elefante y en camello. Y esta historia influyó en la legislación de Hawái y California. Aunque la prohibición de animales en los circos no llegó a prosperar en Honolulú por un voto, hasta hoy no ha habido más circos con animales salvajes ni con elefantes en la ciudad. En 2003, a Hawthorn Corporation les confiscaron el primer elefante, Delhi. En

2004, cedieron los dieciséis elefantes asiáticos y africanos que les quedaban a distintos centros autorizados por el Departamento de Agricultura de Estados Unidos y les impusieron una multa de doscientos mil dólares. Uno de esos centros fue el santuario de Tennessee The Elephant, una comunidad para elefantes jubilados provenientes de circos y zoos. La historia de Tyke fue el catalizador para la creación del santuario, que abrió sus puertas en 1995[434]. Entre 2003 y 2006, The Elephant acogió a ocho de los elefantes de Hawthorn Corporation (empezando por Delhi). Hoy es uno de los muchos que trabajan para acabar con la cautividad de los elefantes a través de la educación y ofreciendo un hogar a los animales liberados.

Existe una larga trayectoria de movilizaciones alrededor de casos mediáticos de luchas de animales no humanos. En el «caso del perro marrón», a principios del siglo XX en Inglaterra, se unieron diferentes facciones de movimientos por la justicia social para protestar contra la opresión animal. El 2 de febrero de 1903, dos activistas antivivisección presenciaron la tortura de un perro marrón durante una clase de fisiología. Las dos activistas, Lizzy Lind af Hageby y Leisa Schartau, se inscribieron en una asignatura donde eran las únicas mujeres para estudiar las prácticas de experimentación con animales vivos en el University College de Londres. Escribieron un diario con los experimentos que presenciaban, incluido el que aquel día llevó a cabo un fisiólogo llamado William Bayliss con un perro marrón atado a una mesa de operaciones. Las autoras anotaron: «El animal, aún con vida, estaba bocarriba con las patas traseras estiradas, las delanteras pegadas a los costados y la boca fuertemente amordazada. Entonces Bayliss introdujo el bisturí». Cuando Bayliss cortó el cuerpo no anestesiado de la víctima, esta chilló de dolor y trató de escapar. Lind af Hageby y Schartau dijeron que sufría muchísimo y que «intentaba escapar por todos los medios»[435]. También apuntaron que tenía incisiones en el abdomen por otros experimentos anteriores. Pero su lucha no pareció importar a los causantes de sus tormentos, que no dudaron en matarlo al final de la clase.

Sin embargo, la trágica historia del perro marrón inquietó mucho a otras personas. Después de que las dos mujeres publicaran sus observaciones en *The Shambles of Science: Extracts from the Diary of Two Students of Physiology*, a Bayliss no lo acusaron de crueldad animal, pero la cobertura mediática del incidente expuso la vivisección ante el escrutinio público. En 1906 colocaron una pequeña estatua conmemorativa del perro en el barrio obrero de Battersea. En la inscripción se leía:

> En memoria del terrier marrón arrastrado a la muerte en los laboratorios del University College en febrero de 1902 después de haber soportado vivisecciones a lo largo de más de dos meses y de haber pasado de un vivisector a otro hasta que la muerte vino en su auxilio. En memoria también de los doscientos treinta y dos perros viviseccionados en el mismo lugar durante el año 1902. Hombres y mujeres de Inglaterra, ¿hasta cuándo sucederán estas cosas?

La estatua enfadó mucho a los estudiantes de Medicina. El 10 de diciembre de 1907, un grupo de ellos marcharon desde el campus, situado en el centro de Londres, hasta Battersea. ¿Con qué misión? Con la de destrozar la estatua del terrier, cuya memoria resultaba una insolencia. Cuando ya estaban cerca, se toparon con la resistencia en forma de sufragistas, sindicalistas, socialistas y otros agitadores progresistas que se habían unido a las activistas antivivisección después de identificarse con la terrible situación del terrier y de empatizar con él. A las mujeres las conmovió la iconografía de la vivisección, ya que también las habían tratado como objetos para que los estudiantes hombres experimentaran con ellas[436]. Mientras la turba enfurecida de futuros médicos avanzaba hacia la estatua enarbolando efigies del perro

Imagen 53. Estatua de bronce en memoria del perro marrón. Creada por Joseph Whitehead, Battersea, Londres, 1906. (Foto de la Sociedad Nacional Antivivisección).

en la mano, un estudiante gritó: «¡Abajo el perro marrón!»[437]. La multitud llegó a contar con alrededor de un millar de personas y la policía se enfrentó a ella durante horas. Pese a que eliminaron el monumento original, en 1985 se erigió una nueva estatua en el parque de Battersea, donde aún sigue.

Difundir las historias de rebelión en solidaridad con los animales insumisos puede desafiar la injusticia y los sistemas de dominación asumidos. Sus acciones tienen implicaciones en la justicia social, pues la resistencia al capitalismo global es esencial en la lucha por la justicia animal. Como una forma de política existencial, el veganismo y la descolonización son compatibles con una vida ecológica que fortalece las conexiones entre los movimientos sociales. Desde el caso del perro marrón hasta los perros de los disturbios, y desde las vacas rebeldes hasta los pollos fugados, muchos animales han sido emblemas de la lucha política. Al catalizar una respuesta contundente mediante la movilización y la difusión de sus historias, los convertimos en protagonistas de su propio movimiento de liberación.

# CONCLUSIÓN

En las ciudades, las granjas, las plantaciones, las minas y los campos de batalla, los animales han trabajado bajo la dominación y la violencia humanas. Nos hemos apropiado y hemos comerciado con su piel, su pelo, sus escamas y su carne, además de su energía y su fuerza corporal. La domesticación, la colonización y el capitalismo han profanado a una cantidad ingente de individuos mediante la mutilación, la manipulación genética, el confinamiento y la tortura. Hoy, la violencia contra los animales, tanto terrestres como acuáticos, ha aumentado de manera sistemática, un crecimiento favorecido por su estatus de propiedades y mercancías (y por la ignorancia deliberada de la población general). Sin embargo, frente a la opresión y la tiranía aparentemente insuperables, ellos han resistido luchando por su liberación.

Este libro ha explorado el contexto, el significado y las implicaciones de la insurrección animal: por qué, cómo, con qué fines (y con qué principios) resisten y se rebelan los animales.

Los ejemplos expuestos pretenden ofrecer una panorámica que se desarrolla mediante las represalias, las fugas, las liberaciones y los actos cotidianos de desobediencia. Estas historias, junto con el análisis de la respuesta pública ante los insumisos animales y los puntos de vista de los trabajadores de los santuarios, proporcionan una perspectiva que tiene en cuenta tanto las experiencias de los animales como lo que sus transgresiones revelan acerca de nuestra sociedad capitalista global. Cuando los aliados de los animales se esfuerzan por atender, escuchar y comprender lo que los animales no humanos dicen, amplifican y elevan su voz de forma solidaria. Esta solidaridad con los animales rebeldes, que se produce gracias a la creación de un argumento convincente para la liberación colectiva, puede facilitar la construcción de puentes y ofrecer unos cimientos sobre los que establecer un diálogo entre los movimientos sociales, lo cual supone un paso necesario hacia la justicia social multiespecie.

## Los intereses de los animales quedan patentes en la insurrección

La insurrección animal desarrolla una subjetividad y un contradiscurso que desafían el funcionamiento normalizado del poder. A pesar de la regulación y la subyugación de los seres vivos en las empresas de explotación animal, existe un poder subversivo y de resistencia, ya que dicho poder no es meramente restrictivo, sino también productivo. Como demostró Foucault, el poder produce nuevas formas de vida a través de la normalización. Así pues, si el sistema de la prisión genera al «prisionero» como forma de vida, un nuevo tipo de subjetividad que proviene de la disciplina y la vigilancia panóptica abre un espacio para la resistencia y la rebelión. Asimismo, si la ganadería intensiva da lugar a una forma de vida (es decir, el animal criado en granja, la denominada máquina

Imagen 54. Sue Coe: *Destello de libertad*, 2016. Linograbado. Copyright © Sue Coe. Cortesía de Galerie St. Etienne, Nueva York.

biológica, la carne ambulante) a partir de tácticas de normalización, existe la posibilidad de que se articule un contradiscurso cuando dicha carne se fuga y las ganas de vivir del animal pasan a un primer plano. Los actos intencionales de los animales modifican las relaciones subyacentes que constituyen el sistema de explotación animal. Por ejemplo, sitúan al consumidor frente al origen viviente de su carne en el supermercado; hacen que los trabajadores de los mataderos empaticen con una vaca muerta a tiros; instigan la resistencia de otros animales (intencionadamente o sin darse cuenta); e inspiran a la gente a adoptar una dieta basada en vegetales o a abrazar el veganismo. De este modo, los animales rebeldes contradicen la idea de que los humanos son los únicos con intereses y agencia. Algunos han demostrado una intencionalidad reflexiva. Tatiana, Tyke, Mocha Dick, Old Whitey y otros muchos comprendieron que se arriesgaban a la recaptura, al castigo o a la muerte por sus actos de insurrección, pero se rebelaron a pesar de las posibles consecuencias. Como participantes activos en su movimiento por la justicia, los animales provocan cambios individuales, sociales y ambientales de muchas clases distintas.

## En la cultura actual de vigilancia, la fuga sigue siendo un espectáculo

Al estilo de los espectáculos públicos donde se mataban animales en la Antigua Roma o se los sometía a juicio en la Edad Media, las visitas guiadas por los mataderos fueron una atracción popular en Chicago desde 1865 y durante varias décadas del siglo XX. En los corrales y las grandes fábricas, el público presenciaba con asombro y horror el espectáculo de los animales destinados a morir mientras los trabajadores se esforzaban por contenerlos. La versión moderna del agroturismo de Fair Oaks Farm, donde una granja de cría intensiva se presenta como «diversión para toda la familia», tiene sus raíces en ese turismo de mataderos en Chicago. Cuando los animales escapan para salvar su vida, también puede parecer un espectáculo (basado en su ubicación «fuera de lugar»). Mientras que para algunos, por desgracia, resulta divertido, quienes se rebelan en los circos, los zoos, los mataderos, los laboratorios y otros espacios de mercantilización aumentan la conciencia de la gente al mostrar las relaciones de poder de las fronteras que transgreden. Todos los animales que exhiben dichas conductas problemáticas extienden la insurrección colectiva contra el capitalismo e influyen en la conciencia pública. Y animan a la gente a considerar los medios de producción y a elegir las opciones que mejor se adaptan a los valores de compasión y justicia social.

## Los insumisos animales eliminan las estrategias de distanciamiento de la industria animal

Los animales que resisten transgreden las barreras de los espacios y de los papeles que les han asignado. Al mostrar el funcionamiento normalizado de las empresas de explotación, animan a la gente a rechazar una hamburguesa (de origen animal), una nueva chaqueta de cuero o un viaje a un parque temático de animales, productos que requieren la profanación de incontables vidas. Acortando la distancia entre la esfera pública y las industrias animales se crea un espacio para la transformación de la conciencia. Cuando empatizamos con un individuo, recibe nuestra solidaridad, pero a la especie humana le cuesta extender esa compasión a los miles de millones de ejemplares aún en cautividad. Aunque desde finales del siglo XX se ha producido un cambio en la manera de presentar a los rebeldes en el discurso público y ha aumentado el número de los que sobreviven cuando los recapturan (gracias a la influencia positiva y al refugio seguro que ofrecen los santuarios), hoy en día se matan de forma sistemática más animales que nunca. Por eso, aunque nuestra relación con las demás especies se haya transformado en muchos aspectos en este último siglo, resulta difícil argumentar un discurso de progreso en los casos acontecidos entre siglos XIX y XX examinados en este libro. Se ha dado un cambio discursivo que revela una transformación en las actitudes hacia los animales, pero eso todavía tiene que traducirse en cambios materiales para la mayoría de los animales atrapados en la maquinaria capitalista de la sociedad humana.

## Los animales insumisos ocupan el centro de una lucha discursiva

La presencia de los animales insumisos en la esfera pública provoca una profunda sensación de ansiedad e incomodidad. Los que ofrecen resistencia ocupan un espacio donde el poder se reafirma a sí mismo mediante el humor, el ridículo, la genderización, la racialización, el capacitismo y otros medios materiales y discursivos. De hecho, aquellos que transgreden los límites de la naturaleza y la civilización han recibido la etiqueta de «salvajes», «locos» e «instigadores del caos», un lenguaje que servía para controlarlos. Muchos de los primeros textos examinados en este ensayo hacen referencia a la figura de los «policías y los vaqueros» que persiguen y acorralan a los fugados «salvajes». Esos textos ilustran hasta qué punto, en el proyecto imperialista americano, las representaciones de los animales fugitivos están estrechamente ligadas a lo que se supone normal, es decir: el «verdadero» estadounidense es lo opuesto a un forastero anormal. Ese etiquetado de los individuos infravalorados como «infrahumanos» y «anormales» se llevó a cabo con la finalidad de justificar su explotación bajo el colonialismo. En el sistema capitalista neocolonial, los animales se catalogan como «fuera de lugar» e «invasivos», y están distanciados por la misma retórica que afecta a los inmigrantes y a las personas de etnias minoritarias no blancas. El discurso del extranjero proyecta violencia contra los considerados «fuera de lugar», ya que se asume, por error, que la violencia se origina con sus actos transgresivos y no con la explotación de sus cuerpos. Cuando los animales se liberan e intentan avanzar por el mundo por su propia voluntad, la infraestructura de vigilancia los mantiene a raya para que el cuerpo político continúe como siempre.

## Tanto los animales que escapan como los que siguen cautivos merecen vivir

Las industrias de la explotación animal utilizan la propaganda ideológica para normalizar y defender el uso de los animales. Como no pueden evitar por completo que estos se adentren en los espacios públicos, inventan modos de restarle importancia a su resistencia y su rebelión. Los medios de comunicación de masas a menudo la trivializan fomentando la idea de que los que escapan poseen algo único y especial que los diferencia de los que continúan en cautividad. La celebración de los animales fugados como extraordinarios en comparación con los individuos menos afortunados guarda similitudes con otros discursos excepcionalistas, como es el discurso del refugiado internacional, según el cual se concede la entrada al país de acogida solo a unos pocos elegidos. También sugiere que quienes consiguen escapar son más merecedores que quienes se quedan atrás. Mientras un grupo selecto es digno de defensa, el sufrimiento de una infinidad de individuos se ignora con deliberación. Por el contrario, los trabajadores de los santuarios y otros defensores de los animales responden a este discurso difundiendo las historias de los animales y haciendo hincapié en que todos los que continúan cautivos escaparían si pudieran. Todas y cada una de esas vidas tienen sentido, tanto como las de Queenie, Emily, Sam, Pink Floyd, Francis, Mary y Tilikum, entre otros.

## Mostrar solidaridad hacia los animales insumisos resulta fundamental para la liberación animal

Está claro que la liberación animal va más allá de la defensa de los demás animales por parte de los humanos; muchas especies, de hecho, se liberan a sí mismas y entre sí. Los aliados de los oprimidos deberían apoyar a sus semejantes en este intento de liberación. Esta solidaridad implica movilizarse con los animales que oponen resistencia y en su nombre. Crear campañas y participar en el activismo que rodea su insurrección y sus historias es una manera contundente de despertar y aumentar la empatía pública por su lucha. Asimismo, supone reescribir nuestra relación con ellos y reimaginar formas más justas de vivir juntos en el mundo. Por último, también significa resilvestrar el entorno que compartimos. Una resilvestración ecológica, vegana y radical que sustituya la ganadería por bosques, santuarios, jardines y territorios abiertos sería una transformación colosal para desmantelar el neocolonialismo a la vez que se resilvestran los espacios urbanos y se convierten en lugares acogedores para diversas especies. Los santuarios cumplen un papel fundamental en la transición hacia comunidades compasivas y multiespecie, pues reconocen y apoyan la voluntad y la insurrección de los animales al ofrecerles valiosas oportunidades para ser soberanos de sus propias vidas y prosperar. Reimaginar y reestructurar radicalmente una sociedad basada en la ayuda mutua, fortalecida por una existencia equilibrada desde un punto de vista ecológico, beneficiaría a todo el ecosistema en general.

## La liberación animal requiere la disolución de las fronteras opresivas

La política humana y las prácticas de los consumidores conforman de manera radical los espacios que habitan los animales en libertad y los domesticados. El capitalismo global ha impuesto fronteras que obstruyen y oprimen sus vidas y que están vigiladas mediante la fuerza para proteger a las empresas que les explotan y sostener el paradigma del excepcionalismo humano.

A la vez que se reconocen las fronteras reales y su repercusión en nuestra sociedad, resulta esencial construir puentes de solidaridad que crucen y disuelvan las barreras opresivas. Aprendamos, pues, de los animales que oponen resistencia, ya que ellos desafían las fronteras que subyacen en la civilización humana (y que se utilizan para justificar su cautiverio), así como las existentes entre las categorías «en su lugar / fuera de lugar» y «doméstico / salvaje». Por ejemplo, los animales que escapan a la naturaleza desmontan las suposiciones de que las vacas domesticadas necesitan la intervención humana o de que las gallinas no pueden aselarse cómodamente en los árboles.

Este libro ha explorado los modos y las razones por los que los animales resisten en un paisaje cada vez más dominado por el ser humano y la tecnología; la respuesta a su resistencia y sus consecuencias, y la forma en que los humanos son (y pueden ser) animales que ayudan. Las historias de la insurrección animal amplifican e iluminan su voz y su voluntad. Los individuos citados en este libro no han sido los primeros en ofrecer resistencia a la dominación humana y no serán los últimos. En este momento, hay aves que aletean en el dosel arbóreo del bosque tras haber escapado de sus jaulas, vacas que conspiran en su nuevo santuario tras haber huido del matadero, visones dispersos por el campo tras escabullirse por debajo de las vallas que los encerraban y salmones que nadan en libertad tras haberse soltado de las redes y los anzuelos que los apresaban. Cuando celebremos la insurrección de los animales y apoyemos sus intentos de liberación, recordemos a todos los individuos que son incapaces de compartir su historia con nosotros. En la actualidad quedan miles de millones de cautivos en el mundo sin posibilidad de escapar y habrá otros muchos hasta que pongamos fin a la guerra contra nuestros semejantes. Nos suelen enseñar a alejarnos de los demás animales y de su lucha... Sin embargo, es hora de acercarnos a ellos. Todos son individuos. Todos tienen una historia que contar.

## NOTAS

1. Sarah V. Schweig, «Cow and Her Baby Break Free and Run Away to Animal Sanctuary», *The Dodo*, 11 de abril, 2018, https://www.thedodo.com. (Todas las notas, salvo que se indique lo contrario, son de la autora).

2. Hilary Hanson, «Baboons Work Together to Escape from Biomedical Testing Facility», *HuffPost*, 17 de abril, 2018, https://huffpost.ca.

3. David Crossland, «Inge the Chicken Back to Roost after Dodging Takeaway», *Sunday Times*, 3 de abril, 2018.

4. Erica Fudge, «A Left-Handed Blow: Writing the History of Animals», en *Representing Animals*, ed. Nigel Rothfels, Bloomington, Indiana University Press, 2002, p. 6.

5. Chandra T. Mohanty, «Under Western Eyes: Feminist Scholarship and Colonial Discourses», *Feminist Review*, vol. 30, 1998, pp. 61-88. Este ensayo también se encuentra en: Chandra T. Mohanty, *Feminism without Borders: Decolonizing Theory, Practicing Solidarity*, Durham, NC, Duke University Press, 2003, y demuestra que la praxis del anticapitalismo y la antiglobalización son centrales para el feminismo transnacional y la descolonización.

6. *Ibid.* Las narrativas del salvador y el borrado de la voluntad de las mujeres del tercer mundo por parte de las instituciones de Europa

Occidental han desembocado en una violencia epistémica y material. Sin ir más lejos, los discursos de principios del siglo XXI sobre el rescate de las mujeres de etnias minoritarias no blancas se utilizaron como una cortina de humo por parte del imperialismo occidental durante las invasiones de Estados Unidos a Irak y Afganistán.

7. Sans, «Arundhati Roy: The 2004 Sydney Peace Prize Lecture», *Real Voice*, 8 de noviembre, 2014, https://realvoice.blogspot.com.

8. Lauren Corman, «The Ventriloquist's Burden: Animal Advocacy and the Problem of Speaking for Others», *Animal Subjects 2.0.*, ed. Jodey Castricano y Lauren Corman, Waterloo, ON, Wilfred Laurier University Press, 2016, pp. 473-512.

9. *Ibid.*, p. 489.

10. Mohanty, *op. cit.*, 7.

11. Marc Bekoff y Jessica Pierce, *Wild Justice: The Moral Lives of Animals*, Chicago, University of Chicago Press, 2009. Trad. cast.: *Justicia salvaje: la vida moral de los animales*, Madrid, Turner, 2010.

12. David Nibert, *Animal Oppression and Human Violence: Domesecration, Capitalism, and Global Conflict*, Nueva York, Columbia University Press, 2013, p. 61.

13. David Nibert, *Animal Rights/Human Rights: Entanglements of Oppression and Liberation*, Lanham, MD, Rowman & Littlefield, 2002.

14. Para una visión rigurosa de las representaciones animales en la historia humana, véase Linda Kalof, *Looking at Animals in Human History*, Londres, Reaktion Books, 2007.

15. Plinio el Viejo, *Naturalis Historia*, libro VIII:VIII.

16. Opiano, *Cynegetica*, libro IV:XIX. https://penelope.uchicago.edu/Thayer/E/Roman/Texts/Oppian/.

17. Claudiano, *De Consulatu Stilichonis*, libro III, citado en Kalof, *op. cit.*

18. Kalof, *op. cit.*, p. 30.

19. Plinio el Viejo, *op. cit.*, libro VIII.

20. *Ibid.*, libro VIII:XVIII; Lucio Anneo Séneca, *De brevitate vitae ad Paulinum*, libro XIII.

21. Dion Casio, *Historia romana*, libro XXXIX:38, Madrid, Gredos, 2004.

22. Kalof, *op. cit.*, p. 28.

23. Dion Casio, *op. cit.*, libro LXXIII:18.

24. *Ibid.*, libro LXXIII:18.

25. Giovanni Stradano, *El emperador Cómodo mata a un tigre en un anfiteatro*, dibujo, página de un cuaderno de bocetos, c. 1590.

26. Kalof, *op. cit.*, p. 23.

27. Jeffrey St. Clair, «Let Us Now Praise Infamous Animals», en *Fear of the Animal Planet: The Hidden History of Animal Resistance*, ed. Jason Hribal, Petrolia y Oakland, CA, CounterPunch y AK Press, 2010, p. 3. Trad. cast.: *Miedo al planeta animal: La historia oculta de la resistencia animal*, CreateSpace, 2016.

28. Edmund P. Evans, *The Criminal Prosecution and Capital Punishment of Animals*, Londres, William Heinemann, 1906. Los juicios y castigos que recoge Evans están documentados, principalmente, en Europa. Según apunta, estos procesos se concentraron sobre todo en el sur y el este de Francia, así como en parte de Suiza, Italia y Alemania. Evans además deja constancia de juicios en España, Rusia, Escocia, Yugoslavia, Inglaterra, Bélgica, Turquía y New Haven (Connecticut), aunque estos registros son dispersos.

29. *Ibid.*, pp. 160-161.

30. *Ibid.*, p. 162.

31. *Ibid.*, p. 161.

32. St. Clair, *op. cit.*, p. 2.

33. *Ibid.*, pp. 7-8.

34. Kathryn Shevelow, *For the Love of Animals: The Rise of the Animal Protection Movement*, Nueva York, Henry Holt and Co., 2008, p. 98.

35. St. Clair, *op. cit.*, p. 5.

36. Evans, *op. cit.*, p. 9.

37. Michel de Montaigne, «Apología de Raimundo Sabunde», en *Ensayos completos*, Madrid, Cátedra, 2003, p. 457.

38. Kalof, *op. cit.*, p. 128.

39. Geoffrey Chaucer, «The Manciple's Tale of the Crow», en *The Canterbury Tales*, 1380. Trad. cast.: *Los cuentos de Canterbury*, Copenhague, Saga Egmont, 2021.

40. Kalof, *op. cit.*, p. 91.

41. Voltaire, «Beasts», en *The Philosophical Dictionary, for the Pocket*, Catskill, T & M Croswel, J. Fellows, y E. Duyckinck, 1796, p. 29. Trad. cast.: *Diccionario filosófico*, Barcelona, Daimón, 1976.

42. Philip Armstrong, *What Animals Mean in the Fiction of Modernity*, Abingdon, Routledge, 2008, p. 7.

43. Charles Darwin, *The Descent of Man: And Selection in Relation to Sex*, Londres, J. Murray, 1871. Trad. cast.: *El origen del hombre*, Madrid, Crítica, 2021.

44. Esto se refleja en la afirmación de Darwin de que «cualquier animal dotado de unos instintos sociales marcados adquiriría inevitablemente un sentido moral de la conciencia en el momento en que sus facultades intelectuales se hubieran desarrollado tanto o casi tanto como las del hombre». *Ibid.*, pp. 71-72.

45. Bekoff y Pierce, *op. cit.*, p. 57.

46. Jason Hribal, «Animals Are Part of the Working Class: A Challenge to Labor History», *Labor History*, vol. 44, n.º 4, 2003, p. 491. Trad. cast.: «Los animales son parte de la clase trabajadora», en *Los animales son parte de la clase trabajadora y otros ensayos*, Madrid, ochodoscuatro ediciones, 2016.

47. Virginia Anderson, *Creatures of Empire: How Domestic Animals Transformed Early America*, Nueva York, Oxford University Press, 2006, p. 244.

48. Akira Mizuta Lippit, «The Death of an Animal», *Film Quarterly*, vol. 56, 2002, p. 12.

49. Randy Hodge, *The Day They Hung the Elephant*, Johnson City, TN, Overmountain Press, 1992.

50. Hribal, *op. cit.*, p. 42.

51. Susan Nance, *Entertaining Elephants: Animal Agency and the Business of the American Circus*, Baltimore, MD, Johns Hopkins University Press, 2013.

52. La práctica de evitar productos de origen animal tiene una larga historia. En el año 530 a. e. c., el filósofo griego Pitágoras y sus discípulos defendieron el vegetarianismo porque creían que los animales tenían alma. Otros filósofos romanos y griegos los imitaron. El emperador indio Ashoka Maurya también defendió el vegetarianismo y promulgó varios edictos en los que defendía el bienestar de los animales salvajes y domésticos. La antigua práctica de *ahimsa*, que implica la no violencia hacia todos los seres, se ejerce en el jainismo, el hinduismo y el budismo. En el año 675 en Japón, bajo la influencia budista, el emperador Tenmu instauró la prohibición de comer animales domésticos.

53. Miles de personas en Gran Bretaña leyeron este artículo, en el que Brophy escribió: «La relación del *Homo sapiens* con los demás animales es de una explotación continua. Utilizamos su trabajo, nos los comemos y nos vestimos con ellos. Los explotamos para alimentar nuestras supersticiones: mientras que antes los sacrificábamos ante nuestros dioses y les

arrancábamos las entrañas con el fin de prever el futuro, ahora los sacrificamos para la ciencia y experimentamos con sus vísceras con la esperanza —o con la ligera posibilidad— de ver con algo más de claridad el momento presente».

54. Farm Animal Rights Movement (Movimiento por los Derechos de los Animales en Granjas), «History of the Animal Rights Movement: Norm Phelps», vídeo, YouTube, 10 de abril, 2013.

55. Tom Regan, *Empty Cages: Facing the Challenge of Animal Rights*, Lanham, MD, Rowman & Littlefield, 2004.

56. Véase Jonathan Balcombe, *Pleasurable Kingdom: Animals and the Nature of Feeling Good*, Nueva York, Macmillan, 2007; Marc Bekoff, «Cognitive Ethology and the Explanation of Nonhuman Animal Behavior», en *Comparative Approaches to Cognitive Science*, ed. Jean-Arcady Meyer y H. L. Roitblat, Cambridge, MA: MIT Press, 1995, pp. 119-50; Marc Bekoff, *The Emotional Lives of Animals: A Leading Scientist Explores Animal Joy, Sorrow, and Empathy - and Why They Matter*, Novato, CA, New World Library, 2007; Marc Bekoff, *The Animal Manifesto: Six Reasons for Expanding Our Compassion Footprint*, Novato, CA, New World Library, 2010; y Bekoff y Pierce, *op. cit.*

57. Anthony J. Nocella, John Sorenson, Kim Socha y Atsuko Matsuoka, *Defining Critical Animal Studies: An Intersectional Social Justice Approach for Liberation*, Nueva York, Peter Lang, 2012.

58. Stephen F. Eisenman, *The Cry of Nature: Art and the Making of Animal Rights*, Londres, Reaktion Books, 2013, p. 154.

59. Ken Mogg, «The Day of the Claw: A Synoptic Account of Alfred Hitchcock's *The Birds*», *Senses of Cinema, Towards an Ecology of Cinema*, vol. 51, 2009.

60. Para hablar de las historias de los llamados tradicionalmente «animales de granja», utilizo el término «animales en granja», «antiguos animales en granjas» (si los individuos han tenido la suerte de escapar a su hábitat natural o de encontrar refugio en un santuario, en cuyo caso recibirán nombres que recalcarán su individualidad) o, en última instancia, «animales considerados de granja». Este matiz refleja el hecho de que las vacas, los cerdos, las ovejas, las cabras, las gallinas, los pavos, los peces y demás no poseen ninguna cualidad inherente por la que requieran vivir en granjas, sino que se les obliga a permanecer en ellas.

61. George Orwell, *Animal Farm: A Fairy Story*, Londres, Penguin Books, 1987, p. 25. Trad. cast.: *Rebelión en la granja*, Madrid, Booket, 2021, p. 56.

62. Eisenman, *op. cit.*, p. 235.

63. Orwell, *op. cit.*, p. 33.

64. Otras ilustraciones aparecidas en el semanario fueron: toros y leones que se escaparon y entraron en domicilios, iglesias y colegios; animales recién capturados que huyeron de trenes y camiones, incluidos varios canguros en una estación de ferrocarril de Londres (22 de marzo de 1903); un centenar de gallinas que permanecieron escondidas en el bosque tras escapar de un camión lleno de jaulas que se estrelló en Italia (10 de marzo de 1935) y un gorila que escapó de su captor y apareció en el rodaje de una película en Hollywood (11 de julio de 1948).

65. A. K. Raab, «Revolt of the Bats», *Fifth Estate*, vol. 343, 1993.

66. Por ejemplo, Steve Best, «Animal Agency: Resistance, Rebellion, and the Struggle for Autonomy», 25 de enero, 2011, https://drstevebest.wordpress.com/2011/01/25/animal-agency-resistance-rebellion-and-the-struggle-for-autonomy; Sarat Colling, «Animals Without Borders: Farmed Animal Resistance in New York» (tesis doctoral), Brock University, 2013; Sarat Colling, «Animal Agency, Resistance, and Escape» en *Critical Animal Studies: Towards Trans-Species Social Justice*, ed. Atsuko Matsuoka y John Sorenson, Londres, Rowman & Littlefield, 2018, pp. 21-44; Corman, «The Ventriloquist's Burden», pp. 473-512; Kathryn Gillespie, «Joining the Resistance: Farmed Animals Making History», trabajo presentado en la XXI Conferencia Norteamericana Anual de Estudios Críticos Animales «From Greece to Wall Street, Global Economic Revolutions and Critical Animal Studies», Buffalo, NY, marzo de 2012; Kathryn Gillespie, «Nonhuman Animal Resistance and the Improprieties of Live Property», en *Animals, Biopolitics, Law: Lively Legalities*, ed. Irus Braverman, Nueva York, Routledge, 2016; Hribal, «Animals Are Part of the Working Class»; Jason Hribal, «Animals, Agency, and Class: Writing the History of Animals from Below», *Human Ecology Review*, vol. 14, n.º 1, 2007, pp. 101-113, trad. cast.: «Animales, agencia y clase», en *Los animales son parte de la clase trabajadora y otros ensayos*, Madrid, ochodoscuatro ediciones, 2016; Hribal, *Fear of the Animal Planet*; pattrice jones, «Stomping with the Elephants: Feminist Principles for Radical Solidarity», en *Igniting a Revolution: Voices in Defense of the Earth*, ed. Steve Best y Anthony J. Nocella II, Oakland, CA, AK Press, 2006, pp. 319-334; pattrice jones, «Free as a Bird: Natural Anarchism in Action», en *Contemporary Anarchist*

*Studies: An Introductory Anthology of Anarchy in the Academy*, ed. Randall Amster, Abraham DeLeon, Luis A. Fernandez, Anthony J. Nocella II y Deric Shannon, Nueva York, Routledge, 2009, pp. 236-246; Kalof, *op. cit.*; Nibert, *Animal Rights/Human Rights*; Chris Philo, «Animals, Geography, and the City: Notes on Inclusions and Exclusions», *Environment and Planning D: Society and Space*, vol. 13, 1995, pp. 655-681; Chris Philo y Chris Wilbert, «Animal Spaces, Beastly Places: An Introduction», en *Animal Spaces, Beastly Places: New Geographies of Human-Animal Relations*, ed. Chris Philo y Chris Wilbert, Nueva York, Routledge, 2000, pp. 1-34; Chris Wilbert, «Anti-This, Against-That: Resistances along a Human–Non-human Axis», en *Entanglements of Power: Geographies of Domination/Resistance*, ed. Joanne P. Sharp, Paul Routledge, Chris Philo y Ronan Paddison, Nueva York, Routledge, 2000, pp. 238-255; Dinesh J. Wadiwel, «Fish and Pain: The Politics of Doubt», *Animal Sentience*, vol. 3, n.º 31, 2016.

67. Por ejemplo, Colling, «Animal Agency, Resistance, and Escape»; Gillespie, *op. cit.*, pp. 116-132; Hribal, «Animals Are Part of the Working Class»; Hribal, *Fear of the Animal Planet*; Nance, *Entertaining Elephants*.

68. Hribal, «Animals Are Part of the Working Class»; Hribal, «Animals, Agency, and Class»; Hribal, *Fear of the Animal Planet*.

69. Meg Randa y Lewis Randa (eds.), *The Story of Emily the Cow: Bovine Bodhisattva, A Journey from Slaughterhouse to Sanctuary as Told through Newspaper and Magazine Articles*, Bloomington, IN, AuthorHouse, 2007.

70. Steven Baer, «Introduction: Emily the Emissary of Compassion, She Was a Cow Before Her Time», en *The Story of Emily the Cow: Bovine Bodhisattva*, Meg Randa y Lewis Randa (eds.), Bloomington, IN, AuthorHouse, 2007, p. 5.

71. Sara Ahmed, *Living a Feminist Life*, Durham, NC, Duke University Press, 2017, p. 145. Trad. cast.: *Vivir una vida feminista*, Barcelona, Bellaterra, 2018, pp. 199-200.

72. «Border Stories: A Mosaic Documentary, US-Mexico», http://borderstories.org.

73. pattrice jones, «Free as a Bird», p. 236.

74. Jacques Derrida, *The Animal That Therefore I Am*, Nueva York, Fordham University Press, 2008, p. 34. Trad. cast.: *El animal que luego estoy si(gui)endo*, Madrid, Trotta, 2008, p. 50.

75. *Ibid.*, p. 34.

76. Ahmed, *op. cit.*, p. 146.

77. Derrida, *op. cit.*; Amy B. Harper, «Social Justice Beliefs and Addiction to Uncompassionate Consumption», en *Sistah Vegan: Black Female Vegans Speak on Food, Identity, Health and Society*, ed. Amy Breeze Harper, Brooklyn, NY, Lantern Books, 2010, pp. 20-41; Claire J. Kim, *Dangerous Crossings: Race, Species, and Nature in a Multicultural Age*, Cambridge, Cambridge University Press, 2015; Aph Ko y Syl Ko, *Aphro-ism: Essays on Pop Culture, Feminism, and Black Veganism from Two Sisters*, Brooklyn, NY, Lantern Books, 2017. Trad. cast.: *Aphro-ismo: ensayos de dos hermanas sobre cultura popular, feminismo y veganismo negro*, Madrid, ochodoscuatro ediciones, 2021; Charles Patterson, *Eternal Treblinka: Our Treatment of Animals and the Holocaust*, Brooklyn, NY, Lantern Books, 2002. Trad. cast.: *¿Por qué maltratamos tanto a los animales? Un modelo para la masacre en los campos de exterminio nazi*, Lleida, Milenio, 2009; Marjorie Spiegel, *The Dreaded Comparison: Human and Animal Slavery*, Nueva York, Mirror Books, 1996; Maneesha Deckha, «The Subhuman as a Cultural Agent of Violence», *Journal for Critical Animal Studies*, vol. 8, n.º 3, 2010, pp. 28-51.

78. Aph Ko y Syl Ko, *op. cit.*

79. Syl Ko, «We've Reclaimed Blackness, Now It's Time to Reclaim "The Animal"», en *ibid.*, p. 66.

80. Syl Ko, «By "Human", Everybody Just Means "White"», en *ibid.*, pp. 20-27.

81. Anna Pippus, «The Internet Is Freaking Out about a Dead Cow in a Supermarket», *HuffPost*, 6 de diciembre, 2017, https://huffpost.com.

82. Sarah V. Schweig, «Terrified Bull at NYC Slaughterhouse Decides to Run for His Life», *The Dodo*, 21 de febrero, 2017, https://www.thedodo.com.

83. Rebecca Fishbein, «Cops Are Chasing a Runaway Cow on the Moove in Queens», *Gothamist*, 21 de febrero, 2017, https://gothamist.com.

84. Tim Cresswell, *In Place / Out of Place: Geography, Ideology, and Transgression*, Mineápolis, University of Minnesota Press, 1996, p. 22.

85. Jenny Brown (fundadora del santuario Woodstock Farm) en una conversación con la autora, marzo de 2013.

86. Joan Dunayer, *Animal Equality: Language and Liberation, Derwood*, MD, Ryce, 2001; Timothy Pachirat, *Every Twelve Seconds: Industrialized Slaughter and the Politics of Sight*, New Haven, CT, Yale University Press, 2011.

87. Pachirat, *ibid.*, p. 159.

88. *Ibid.*, p. 23.

89. *Ibid.*, p. 27.

90. Siobhan Poole (fundadora del santuario Cedar Row Farm) en una conversación con la autora, septiembre de 2012.

91. *Ibid.*

92. Jennifer Wolch, «Zoopolis», en *Animal Geographies: Place, Politics, and Identity in the Nature-Culture Borderlands*, ed. Jennifer Wolch y Jody Emel, Nueva York, Verso, 1998, p. 124.

93. Jenny Brown, *The Lucky Ones: My Passionate Fight for Farm Animals*, Nueva York, Avery, 2012, p. 61.

94. «Resistance», *Lexico*, https://www.lexico.com/en.

95. Bekoff, *The Emotional Lives of Animals*, 2007; Bekoff, *The Animal Manifesto*; Wilbert, *op. cit.*

96. Según cita Wilbert en *op. cit.*, p. 247.

97. *Ibid.*, pp. 245-247.

98. Raab, *op. cit.*

99. Wilbert, *op. cit.*, p. 252.

100. Bekoff y Pierce, *op. cit.*, p. 42.

101. «Profile in Cowrage», *People*, 15 de enero, 1996.

102. Emily the Cow, «"MadCow" Response Makes the Cow Mad», en *The Story of Emily the Cow: Bovine Bodhisattva*, Meg Randa y Lewis Randa (eds.), Bloomington, IN, AuthorHouse, 2007, pp. 111-12.

103. Baer, «Introduction», p. 8.

104. Carolyn Fretz, «Emily the Cow Gives "Hoofers" Hunger Pangs», en *The Story of Emily the Cow: Bovine Bodhisattva*, Meg Randa y Lewis Randa (eds.), Bloomington, IN, AuthorHouse, 2007, p. 53.

105. Baer, *op. cit.*, p. 8.

106. Lewis Randa (cofundador de The Peace Abbey), en conversación con la autora, octubre de 2019.

107. Cara Giaimo, «A 1902 Panther Escape Becomes Political», *Atlas Obscura*, 9 de febrero, 2017. https://www.atlasobscura.com. En 2016, la historia que conmemora la obra artística de Michaeli se incluyó en la programación del Mes de la Historia Negra, que presentaba poesía y arte para homenajear internacionalmente la imagen de la pantera negra durante el cincuenta aniversario del movimiento Black Panther en Estados Unidos.

108. Petula Dvorak, «The Ballad of Ollie the Bobcat: Back in Her Cage, Just Like the Rest of Us», *Washington Post*, 2 de febrero, 2017.

109. Kalof, *op. cit.*, p. 8.

110. Christopher Wills, *The Darwinian Tourist: Viewing the World Through Evolutionary Eyes*, Oxford, Oxford University Press, 2010, p. 190.

111. Kalof, *op. cit.*, p. 9.

112. Nibert, *Animal Oppression and Human Violence*.

113. Kalof, *Looking at Animals in Human History*, p. 15.

114. *Ibid.*, p. 13.

115. *Ibid.*

116. K. D. White, *Roman Farming*, Ithaca, NY, Cornell University Press, 1970, p. 281.

117. Kalof, *op. cit.*, p. 11.

118. Dennis Magner, *The Art of Taming and Educating the Horse*, Battle Creek MI, Review and Herald Publishing House, 1884, p. 165.

119. Laurie W. Carlson, *Cattle: An Informal Social History*, Chicago, Ivan R. Dee, 2001, pp. 109-110.

120. Joanne Kimberlin, «Mysteriously Elusive, Sunny the Red Panda Becomes the Stuff of Legends», *Virginian-Pilot*, 25 de julio, 2018, https://pilotonline.com.

121. «Giant Bull and Red Panda among Edinburgh Zoo Animals to Escape Enclosures», *UK News*, 15 de agosto, 2017, https://www.expressandstar.com.

122. Patrick Lohmann, «As 100 Runaway Bison Annoy the Neighbors, Rancher Turns to Apples, Dart Gun and Patience», *New York Upstate*, 19 de agosto, 2019, https://www.newyorkupstate.com/.

123. Jeffrey M. Masson, *The Pig Who Sang to the Moon: The Emotional World of Farm Animals*, Nueva York, Ballantine Books, 2003, pp. 103-104.

124. Nibert, *Animal Oppression and Human Violence*, p. 40.

125. Eve Tuck y K.WayneYang, «Decolonization Is Not a Metaphor», *Decolonization: Indigeneity, Education & Society*, vol. 1, n.º 1, 2012, p. 4.

126. Anderson, *Creatures of Empire*, p. 104.

127. *Ibid.*, p. 5.

128. Nibert, *Animal Oppression and Human Violence*.

129. Nibert, *Animal Rights/Human Rights*, pp. 117-120.

130. Caitlin Andrews, «After Running Loose in Gilford, Herd of Bison Safe at Home on the Range», *Concord (NH) Monitor*, 18 de julio, 2017.

131. Stephen Thierman, «Apparatuses of Animality: Foucault Goes to a Slaughterhouse», *Foucault Studies*, vol. 9, 2010, p. 98.

132. J. Frank Dobie, *The Longhorns*, Nueva York, Grosset & Dunlap, 1941, p. 284.

133. *Ibid.*, pp. 284-285, citado en Nibert, *Animal Rights/Human Rights*, p. 46.

134. *Ibid.*, p. 283.

135. Karin Davis, «Thinking Like a Chicken: Farm Animals and the Feminine Connection», *United Poultry Concerns*, 1995, http://upc-online.org.

136. Dobie, *op. cit.*

137. Nibert, *Animal Rights/Human Rights*, p. 49.

138. *Ibid.*

139. «Calves in Midtown Start Rodeo Chase: Three Break Loose in Grand Central Zone, but Cowboy Police Corral Them», *New York Times*, 4 de septiembre, 1935, p. 21.

140. «Calf at Large Raids Fifth Avenue Crowd: Bumps into a Policeman and Charges at the Waldorf and Neighboring Shops», *New York Times*, 23 de diciembre, 1909, p. 9.

141. «Five Runaway Steers: A Great Wild West Show in New-York Streets», *New York Times*, 17 de agosto, 1892, p. 8.

142. «A Steer on the Rampage: Escaped from East Side Slaughterhouse», *New York Times*, 25 de abril, 1883, p. 2.

143. «The Fate of a Texas Steer: After Making Things Lively on the East Side He Is Killed», *New York Times*, 30 de julio, 1885, p. 2.

144. Por ejemplo, «Police Race Steers in Brooklyn "Rodeo": Use Trucks and Flivvers as Mounts to Chase 19 Animals Fleeing Slaughter House», *New York Times*, 8 de septiembre, 1927, p. 10; «Old-Time Round-Up Staged in Times Square»; «Police Lasso Escaped Calves in Hour's Chase», *New York Times*, 12 de octubre, 1927, p. 29; «Steer on a Rampage Tosses Two in Street: Crowds in Turmoil on West Side—Police Lasso Animal after Pursuit in Taxis», *New York Times*, 17 de febrero, 1928, p. 55; y «Calves in Midtown Start Rodeo Chase», p. 21.

145. «Police Race Steers in Brooklyn "Rodeo"», p. 10.

146. «Old-Time Round-Up Staged in Times Square»; «Police Lasso Escaped Calves in Hour's Chase», p. 29.

147. Nibert, *Animal Rights/Human Rights*.

148. AbdelRahim, L., *Children's Literature, Domestication, and Social Foundation: Narratives of Civilization and Wilderness*, Nueva York, Routledge, 2014.

149. Nicole Shukin, *Animal Capital: Rendering Life in Biopolitical Times*, Mineápolis, University of Minnesota Press, 2009, p. 7.

150. Gillespie, *op. cit.*, p. 124. Por otra parte, cabe destacar que la mayoría de los animales mercantilizados se considera propiedad de alguien. Sin embargo, no todos los considerados propiedades por la ley están mercantilizados. Sería el caso, por ejemplo, de un perro adoptado de un refugio (al que tal vez mercantilizaron con anterioridad cuando lo criaron para obtener un beneficio económico); aunque ahora lo consideremos un animal de compañía, es (según los sistemas legales) propiedad de su dueño.

151. Véase Jody Emel, «Are You Man Enough, Big and Bad Enough? Wolf Eradication in the US» en *Animal Geographies: Place, Politics, and Identity in the Nature-Culture Borderlands*, ed. Jennifer Wolch y Jody Emel, Nueva York, Verso, 1998, pp. 91-116. Los bosques y las llanuras de Norteamérica fueron el hogar de dos millones de lobos antes de que los colonizadores europeos iniciaran una campaña de exterminación masiva. Hacia mediados del siglo XIX, se ofrecieron recompensas a cambio de sus pieles, se alentó su caza como deporte y se organizó una campaña de envenenamiento por estricnina y compuesto 1080. Los lobos, además, sufrieron la erradicación de su principal fuente de alimento, el búfalo.

152. Zamira Rahim, «Pet Zebra Shot and Killed by Owner in Florida after Escaping», *Independent*, 29 de marzo, 2019, https://www.independent.co.uk.

153. Brown, *op. cit.*, p. 119.

154. Hribal, «Animals, Agency, and Class».

155. Shukin, *op. cit.*, p. 7.

156. Kalof, *op. cit.*, p. 27.

157. Shukin, *op. cit.*, p. 92.

158. Dominic A. Pacyga, «How Chicago's Slaughterhouse Spectacles Paved the Way for BigMeat», entrevista de Ann Bramley, *NPR*, 3 de diciembre, 2015.

159. Jan Dutkiewicz, «Transparency and the Factory Farm: Agritourism and Counter-Activism at Fair Oaks Farms», *Gastronomica: The Journal of Critical Food Studies*, vol. 18, n.º 2, 2018, p. 30.

160. *Ibid.*, p. 23.

161. Las leyes mordaza agropecuarias están dirigidas de forma específica a los activistas animales que fotografían y graban en las granjas intensivas. El proyecto de ley mordaza agropecuaria no salió adelante en Indiana y, en

junio de 2019, se hizo viral un vídeo que mostraba a unos empleados de Fair Oaks Farms que maltrataban a unos terneros de la planta lechera (situada enfrente de la granja de cerdos). Los cuatro minutos de grabación mostraban diversas formas espeluznantes de maltrato. Además, contradecía las afirmaciones de que Fair Oaks no manda a los terneros macho a las granjas de terneros para «carne». Sí lo hace. Tres empleados se enfrentaron a cargos criminales y la empresa intentó distanciarse del asunto. Tras el escándalo, varios distribuidores retiraron de sus estanterías la leche proveniente de Fair Oaks.

162. Eric Grundhauser, «A Brave Pig Briefly Escaped onto a Busy Washington Interstate», *Atlas Obscura*, 8 de agosto, 2017, https://www.atlasobscura.com/articles/pig-escape-truck-highway-waterpark.

163. A. Mood y P. Brooke, «Estimating the Number of Fish Caught in Global Fishing Each Year», 2010, http://fishcount.org.uk/published/std/fishcountstudy.pdf. El setenta y cinco por ciento de las especies de peces de los océanos ha desaparecido a causa de la pesca.

164. James Gallagher, «GM Pigs Take Step to Being Organ Donors», *BBC News*, 11 de agosto, 2017.

165. Joan E. Schaffner, *An Introduction to Animals and the Law*, Nueva York, Palgrave Macmillan, 2011, p. 71.

166. Will Kymlicka y Sue Donaldson, «Animal Rights, Multiculturalism, and the Left», *Journal of Social Philosophy*, vol. 45, n.° 1, 2014, p. 126.

167. Hilary Hanson, «Pigs Who Escaped Pork Farms and Survived Florence Are Finally Living the Good Life», *HuffPost*, 5 de octubre, 2018, https://huffpost.ca.

168. Jonathan S. Foer, *We Are the Weather: Saving the Planet Begins at Breakfast*, Nueva York, Farrar, Straus and Giroux, 2019. Trad. cast.: *Podemos salvar el mundo antes de cenar*, Barcelona, Seix Barral, 2019.

169. Brian Tomasik, «How Many Wild Animals Are There? Essays on Reducing Suffering», 2009, https://reducing-suffering.org.

170. United States Geological Survey, «How Much Water Is There on Earth?», https://usgs.gov.

171. Henning Steinfeld, «Livestock's Long Shadow: Environmental Issues and Options», Roma, Organización de las Naciones Unidas para la Alimentación y la Agricultura, 2016.

172. Greenpeace International, «Greenpeace Calls for Decrease in Meat and Dairy Production and Consumption for a Healthier Planet», 5 de marzo, 2018, https://www.greenpeace.org.

173. Dawn Moncrief, «Natural Resources and Food Sovereignty: Benefits of Plant-Based Diets», en *Food Justice: A Primer*, ed. Saryta Rodríguez, Sanctuary Publishers, 2018, pp. 107-121. El capítulo de Moncrief y los recursos accesibles que proporciona su organización, A Well-Fed World, demuestran la repercusión de la ganadería en el medioambiente. Es importante entender que los animales «de corral» también necesitan el cultivo y la deforestación de grandes extensiones de tierra, más recursos y el desplazamiento de la fauna salvaje (si aún no está erradicada por culpa de la deforestación).

174. Shukin, *op. cit.*, p. 130.

175. Barbara Noske, *Beyond Boundaries: Humans and Animals*, Nueva York, Black Rose Books, 1997, p. 22.

176. Gabriela Cowperthwaite, *Blackfish*, DVD, Magnolia Pictures, 2013.

177. Eric Hoyt, «The World Orca Trade», *PBS*, 1992.

178. Michael Loadenthal, «Operation Splash Back! Queering Animal Liberation through the Contributions of Neo-Insurrectionist Queers», *Journal for Critical Animal Studies*, vol. 10, n.º 3, 2012, p. 84.

179. Bekoff y Pierce, *op. cit.*

180. John Knight, *Waiting for Wolves in Japan: An Anthropological Study of People-Wildlife Relations*, Oxford, Oxford University Press, 2003, p. 73.

181. Ker Than, «Gorilla Youngsters Seen Dismantling Poachers' Traps-A First», *National Geographic*, 18 de julio, 2012.

182. Kinder World, «Mother Cow Protects Baby Calf, Attacks Dairy Farmer», vídeo, *YouTube*, 0:18, 24 de marzo, 2018, https://youtube.com.

183. Ameena Schelling, «Dolphin Escapes from Infamous Hunt—But Refuses to Leave His Family», *The Dodo*, 24 de enero, 2017, https://www.thedodo.com.

184. Bekoff y Pierce, *op. cit.*, p. 21.

185. Diane Leigh, «Justice: For They Shall Be Comforted», en *Ninety-Five: Meeting America's Farmed Animals in Stories and Photographs*, ed. No Voice Unheard, Santa Cruz, CA, No Voice Unheard, 2010, p. 53.

186. Bekoff, *The Animal Manifesto*, p. 116.

187. Frans de Waal, *Good Natured: The Origins of Right and Wrong in Humans and Other Animals*, Cambridge, MA, Harvard University Press, 1996.

188. Bekoff, *The Animal Manifesto*, p. 70.

189. *Ibid.*, p. 70.

190. Edward Westermarck, *The Origin and Development of Moral Ideas*, Londres, Macmillan and Co., 1912, p. 38.

191. Frans de Waal, *Are We Smart Enough to Know How Smart Animals Are?*, Nueva York, W.W. Norton & Co., 2016, p. 18.

192. «Revenge Attack by Stone-throwing Baboons», *Ananova*, 9 de diciembre, 2000, https://www.cs.cmu.edu/~mason/baboons09122000.pdf.

193. Hribal, *Fear of the Animal Planet*, p. 24.

194. John Vaillant, *The Tiger: A True Story of Vengeance and Survival*, Toronto, Vintage Canada, 2011. Trad. cast.: *El tigre: una historia real de venganza y supervivencia*, Barcelona, Debate, 2011.

195. *Ibid.*, p. 118.

196. *Ibid.*, p. 282.

197. *Ibid.*, p. 282.

198. *Ibid.*, p. 138.

199. *Ibid.*, p. 136.

200. Aline A. Newman, *Ape Escapes! And More True Stories of Animals Behaving Badly*, Washington, DC, National Geographic Children's Books, 2012, p. 30.

201. *Ibid.*, p. 26.

202. «Bossy Holds Up Trains», *Abbeville Progress*, 13 de junio, 1914, https://chroniclingamerica.loc.gov.

203. Nibert, *Animal Oppression and Human Violence*, p. 111.

204. Rudolf A. Clemen, *The American Livestock and Meat Industry*, Nueva York, Ronald Press Co., 1923, p. 198.

205. «Steer on a Rampage Tosses Two in Street», p. 55.

206. Chris Pleasance, «This Little Piggy's Not Going to Market: "Babe" the Porker Escapes Slaughterhouse Van by Leaping 16ft to Freedom… and Avoids the Chop after Being Adopted», *Daily Mail*, 3 de junio, 2014.

207. Animal Place, «How a Leap of Faith Saved a Pig… and Nine More Lives», 4 de noviembre, 2015, http://animalplace.org.

208. David F. Wallace, «Consider the Lobster», Gourmet, agosto, 2014, pp. 62-63. Trad. cast.: *Hablemos de langostas*, Mondadori, Barcelona, 2001, pp. 162-163.

209. Pachirat, *op. cit.*, p. 138.

210. Gail A. Eisnitz, *Slaughterhouse: The Shocking Story of Greed, Neglect, and the Inhumane Treatment inside the U.S. Meat Industry*, Amherst, NY, Prometheus Books, 2007; Pachirat, *op. cit.*

211. Philo y Wilbert, *op. cit.*, p. 5.

212. Philo, *op. cit.*

213. Philo, *op. cit.*, p. 656.

214. Philo y Wilbert, *op. cit.*

215. *Ibid.*, pp. 22-23.

216. Anne Barnard, «Meeting, Then Eating, the Goat», *New York Times*, 24 de mayo, 2009.

217. Samuel Plimsoll, *Cattle Ships: Being the Fifth Chapter of Mr. Plimsoll's Second Appeal for Our Seamen*, Whitefish, MT, Kessinger Publishing, 2007.

218. Verena Dobnik, «Animals Given New Lives After Escaping Slaughter», *The Day*, 24 de agosto, 2013, https://www.theday.com/article/20130824/NWS13/308249969.

219. Dutkiewicz, *op. cit.*, p. 24.

220. Roger Horowitz, «The Politics of Meat Shopping in Antebellum New York City», en *Meat, Modernity, and the Rise of the Slaughterhouse*, ed. Paula L. Young, Lebanon, NH, University Press of New England, 2008, p. 169.

221. Jared N. Day, «Butchers, Tanners, and Tallow Chandlers: The Geography of Slaughtering in Early-Nineteenth-Century New York City», en *Meat, Modernity, and the Rise of the Slaughterhouse*, ed. Paula L. Young, Lebanon, NH: University Press of New England, 2008, p. 181.

222. Horowitz, *op. cit.*, p. 169.

223. *Ibid.*, p. 170.

224. *Ibid.*, p. 170.

225. Philo, *op. cit.*

226. *Ibid.*, p. 671.

227. Por ejemplo, véase Edwin G. Burrows y Mike Wallace, *Gotham: A History of New York City to 1898*, Nueva York, Oxford University Press, 1999, p. 475; y Federal Writer's Project, New York City, vol. 1, *New York City Guide*, Nueva York, Random House, 1939, p. 211.

228. Federal Writer's Project, *ibid.*, p. 211.

229. Burrows y Wallace, *op. cit.*, p. 475.

230. Bekoff, *The Animal Manifesto*, p. 116; Best, «Animal Agency»; Hribal, *Fear of the Animal Planet*; Hribal, *Animals Are Part of the Working Class Reviewed*; Philo, *op. cit.*; Wilbert, *op. cit.*

231. Amy Hatkoff, *The Inner World of Farm Animals: Their Amazing Social, Emotional, and Intellectual Capacities*, Nueva York, Stewart, Tabori & Chang, 2009, p. 62.

232. Jason Hribal, «Animals Are Part of the Working Class: Interview with Jason Hribal», entrevista de Lauren Corman, *Animal Voices Radio*, 28 de noviembre, 2006, https://animalvoices.ca/2006/11/28/animals-are-part-of-the-working-class-interview-with-jason-hribal/.

233. Stephen Bostock, *Zoos and Animal Rights: The Ethics of Keeping Animals*, Nueva York, Routledge, 1993.

234. Hribal, «Animals Are Part of the Working Class», pp. 436, 453.

235. «Watusi Steer Brings in Crowds», *Farm Show Magazine*, vol. 41, n.º 6, 2017.

236. Gillespie, *op. cit.*, p. 129.

237. Sarah Laskow, «Why Flamingos Succeed at Escaping the Zoo While All Other Animals Fail», *Atlas Obscura*, 15 de junio, 2015, https://www.atlasobscura.com.

238. «Utah's Wild Chilean Flamingo: Pink Floyd», *Utah Birds*, http://utahbirds.org.

239. Eugene Linden, *The Parrot's Lament: And Other True Tales of Animal Intrigue, Intelligence, and Ingenuity*, Nueva York, Dutton, 1999.

240. *Ibid.*, p. 154.

241. De Waal, *Are We Smart Enough to Know How Smart Animals Are?*, p. 81.

242. Hribal, *Fear of the Animal Planet*, p. 96.

243. Oliver Milman, «"The Stuff of Nightmares": US Primate Research Centers Investigated for Abuses», *The Guardian*, 28 de octubre, 2016.

244. Bekoff y Pierce, *op. cit.*, p. 58.

245. De Waal, *op. cit.*, p. 66.

246. Linden, *op. cit.*, p. 151.

247. Jennifer Bain y Amanda Woods, «Rogue Goat May Have Helped Dozens of Farm Animals Escape», *New York Post*, 9 de agosto, 2018.

248. Haus of Paws TV, «The Greatest Dog Shelter Escape of All Time!», vídeo, *YouTube*, 3:50, 24 de febrero, 2007, https://youtube.com.

249. Linden, *op. cit.*, p. 152.

250. Jeremiah N. Reynolds, «Mocha Dick: or the White Whale of the Pacific: A Leaf from a Manuscript Journal», *The Knickerbocker*, vol. 13, n.º 5, 1839, pp. 377-392.

251. Richard Ellis, *Encyclopedia of the Sea*, Nueva York, Alfred A. Knopf, 2000, p. 221.

252. «Editor's Table», *The Knickerbocker*, n.º 33, 1849, pp. 267-268.

253. pattrice jones, «Stomping with the Elephants».

254. Rebecca Solnit, «Call Climate Change What It Is: Violence», *The Guardian*, 7 de abril, 2014.

255. Nathanial Philbrick, *In the Heart of the Sea: The Tragedy of the Whaleship Essex*, Nueva York, Penguin Books, 2001, p. 91. Trad. cast.: *En el corazón del mar*, Barcelona, Seix Barral, 2015.

256. George A. Kennedy, «A Hoot in the Dark: The Evolution of General Rhetoric», *Philosophy & Rhetoric*, vol. 25, n.º 1, 1992, p. 19.

257. Animal Resistance, «Chautauqua: The Horse Who Refused to Race», *Facebook*, 19 de septiembre, 2018.

258. St. Clair, *op. cit.*, p. 17.

259. Gillespie, *op. cit.*, p. 127.

260. *Ibid.*, p. 126.

261. Martin Morgan, «Cow Walks on Wild Side with Polish Bison», *BBC*, 24 de enero, 2018.

262. Huw Griffiths, Ingrid Poulter y David Sibley, «Feral Cats in the City», en Chris Philo y Chris Wilbert, *op. cit.*

263. Jason Hribal, «Animals Are Part of the Working Class Reviewed», *Borderlands*, vol. 11, n.º 2, 2012, p. 31.

264. Los cerdos también frecuentan los comederos de pájaros de los jardines. En junio de 2012, una pareja de hermanos de varias semanas se escapó de una granja en Rochester. Una mujer que vivía cerca de la granja informó de que los cerdos visitaban con asiduidad su comedero de aves. Salían del bosque y, después de echar un vistazo a su alrededor con cautela, se acercaban a por las semillas. Ella empezó a darles comida y avisó a Farm Sanctuary. Encontraron sitio para Jed y Zeke, pues así les llamaron, en el Santuario Cow de Nueva Jersey. Pero, antes de llevarlos al veterinario para hacerles un reconocimiento general y enviarlos a su nuevo hogar, había que capturarlos. Como no tenían ni idea de la buena vida que les esperaba, cuando llegaron los trabajadores del santuario, intentaron escapar. A pesar de ello, el fuerte vínculo que los unía —y la valentía del hermano mayor— resultó ser una ventaja para la misión de rescate. Como el equipo contó después, cuando consiguieron atrapar al más pequeño, «su hermano mayor, preocupado, abandonó toda prudencia y corrió al trasportín para tratar de liberarlo».

265. «The Annie Dodge Rescue», *Vegan Radio*, episodio n.º 5, 21 de diciembre, 2005, http://veganradio.com.

266. La historia de Cincinnati Freedom impulsó la donación de obras de arte por un valor de ciento ochenta mil dólares por parte del artista

Peter Max. A cambio, a Cincinnati Freedom la enviarían a un santuario. Más tarde, la vaca fue diagnosticada de un cáncer mortal en la médula espinal. En su último día de vida estuvo rodeada por sus amigos. Algunos le lamieron la cara y el lomo y todos se acercaron para despedirse. Christina M. Colvin, Kristin Allen y Lori Marino, «Thinking Cows: A Review of Cognition, Emotion, and the Social Lives of Domestic Cows», *The Someone Project*, 2017, https://www.farmsanctuary.org.

267. Kelli Bender, «Baby Cow Escapes Slaughterhouse and Is Raised by Deer Family in Snowy Forest», *People.com*, 26 de junio, 2018.

268. Bill Chappell, «Yvonne, A Cow Wrapped in a Mystery inside a Forest», *NPR*, 15 de agosto, 2011.

269. *Ibid.*

270. Mark Guidera, «Cows on the Loose Gunned Down», *Baltimore Sun*, 9 de diciembre, 1993.

271. «Runaway Cow Herd Takes Over Tredegar Street», *BBC*, 28 de junio, 2011.

272. Ahmed, *Living a Feminist Life*, p. 145.

273. Catherine Edwards, «A Herd of "Rebel Cows" Has Been Living Wildly in the Italian Mountains for Years», *The Local*, 19 de junio, 2017, https://thelocal.it.

274. Amy Argetsinger, «Revenge of the Chimp», *Spokesman-Review*, 29 de mayo, 2005.

275. «Moe the Chimp Escapes from Wildlife Facility», *L. A. Unleashed*, 28 de junio, 2008, https://latimesblogs.latimes.com/unleashed.

276. «Moe the Chimp Escapes from Wildlife Facility».

277. Scott Simon, «Inky the Octopus's Great Escape», *NPR*, 16 de abril, 2016.

278. Sy Montgomery, *The Soul of an Octopus: A Surprising Exploration into the Wonder of Consciousness*, Nueva York, Atria, 2015, p. 16. Trad. cast.: *El alma de los pulpos: Conoce a la criatura más sorprendente del planeta*, Barcelona, Seix Barral, 2018.

279. George Monbiot, *Feral: Rewilding the Land, the Sea and Human Life*, Toronto, Penguin Books, 2013, p. 142. Trad. cast.: *Salvaje: renaturalizar la tierra, el mar y la vida humana*, Madrid, Capitán Swing, 2017.

280. Jonathan Balcombe, *What a Fish Knows: The Inner Lives of Our Underwater Cousins*, Nueva York, Scientific American/Farrar, Straus and Giroux, 2016, p. 216. Trad. cast.: *El ingenio de los peces*, Barcelona, Ariel, 2018.

281. «The Fishing Industry: Fish Feel Pain», *Animal Aid*, https://animalaid.org.

282. Balcombe, *What a Fish Knows*, pp. 109-110.

283. A la luz de esta información, podemos extraer la irónica conclusión de que no necesitamos llevar a cabo más experimentos con peces. Ahora sabemos que son seres sensibles con una vida interior compleja. Este conocimiento debería bastar para dejar de experimentar con ellos.

284. John L. Long, *Introduced Mammals of the World: Their History, Distribution and Influence*, Melbourne, Australia: Csiro Publishing, 2003, p. 234.

285. Jo-Anne McArthur, *We Animals*, Brooklyn, NY, Lantern Books, 2017, p. 74. Trad. cast.: *We Animals*, Madrid, Plaza y Valdés, 2017.

286. David A. Mark, *Hidden History of Maynard*, Charleston, SC, History Press, 2014.

287. Long, *op. cit.*, p. 302.

288. *Ibid.*, p. 393.

289. *Ibid.*, p. 393.

290. «Happy Ever After for Butch and Sundance?», *BBC UK*, 16 de enero, 1998.

291. Algunos políticos han utilizado el término «asilvestrado» para referirse a otros humanos. Por ejemplo, el secretario de Justicia del Reino Unido denominó «clase baja asilvestrada» a un grupo de manifestantes. Asimismo, el término «salvaje» se ha utilizado para justificar actos abominables contra la humanidad y contra otros animales.

292. «Tokyo Keepers Catch Fugitive Penguin 337», *BBC*, 25 de mayo, 2012.

293. Animal Resistance publicó esta historia en su página de Facebook. La noticia la tradujo y la envió un simpatizante de la República Checa.

294. Farm Sanctuary, «Frank's Story», vídeo, YouTube, 17 de noviembre, 2016.

295. Jenny Brown (fundadora del santuario Woodstock Farm), en una conversación con la autora, marzo de 2013.

296. Miranda Leitsinger, «Moo-dini: Steer's Life Spared after Slaughterhouse Escape», *NBC News*, 11 de abril, 2012.

297. *Ibid.*

298. Comentario de Denveright303 en *ibid.*

299. Entrevista a Jenny Brown, 2013.

300. Woodstock Farm Sanctuary, «Mike Jr., the Escaped Calf Arrives at WFS!», 11 de abril, 2012, https://woodstocksanctuary.org/breaking-news-mike-the-escaped-cow-arrives-at-wfas/.

301. Farm Sanctuary, «Maxine's Dash for Freedom», *YouTube*, 4:18, 18 de octubre, 2012.

302. Al Baker y Ann Farmer, «Heifer Runs for Her Life, and It's Working So Far», *New York Times*, 6 de mayo, 2009.

303. Comentario de Arminius Von, 7 de mayo, 2009, en Christine Hauser, «Farm Living Is the Life for Molly», *New York Times*, 7 de mayo, 2009, https://cityroom.blogs.nytimes.com.

304. Comentario de Pigeon, en *ibid.*

305. Comentario de Animal Lover, en *ibid.*

306. Ahmed, *Living a Feminist Life*, p. 145.

307. Hribal, *Fear of the Animal Planet*, pp. 84-85.

308. *Ibid.*

309. Jessica Pressler, «Run, Bessie, Run!», *Intelligencer*, 6 de mayo, 2009, http://nymag.com/intelligencer.

310. Jenny Brown, en una conversación con la autora, marzo de 2013.

311. *Ibid.*

312. *Ibid.*

313. Tom Morgan, «Plucky Turkey Saved from the Christmas Chop Is Now a Farm Pet», *Express*, 19 de diciembre, 2014.

314. Gillespie, *op. cit.*, p. 117.

315. «A Wild Steer's Long Race: Exciting Pursuit by the Police», *New York Times*, 17 de agosto, 1878, p. 8.

316. Sara Ahmed, *Strange Encounters: Embodied Others in Post-Coloniality*, Nueva York, Routledge, 2000.

317. Para dar un ejemplo actual de esta figuración de los inmigrantes como «desconocidos por antonomasia», podemos ver el trabajo de Elder, Wolch y Emel sobre la «racialización vinculada a los animales», un término que describen como una apropiación de las causas animales para reafirmar la supremacía blanca. Los inmigrantes y trabajadores no blancos de los mercados de animales vivos pueden ser humillados debido a las «prácticas animales» que no se adhieren a los códigos de pertenencia a la nación. Para esta propuesta, véase Glen Elder, Jennifer Wolch y Jody Emel, «Le Pratique Sauvage: Race, Place, and the Human-Animal Divide», en *Animal Geographies: Place, Politics, and Identity in the Nature-Culture*

*Borderlands*, ed. Jennifer Wolch y Jody Emel, Nueva York, Verso, 1998, pp. 72-90. Asimismo, existe una doble vara de medir cuando, por ejemplo, el creciente número de residentes urbanos blancos que desean obtener «carne fresca» mediante sus propias matanzas no está sometido a esos discursos prejuiciosos que definen como intrusos a los inmigrantes racializados debido a sus prácticas en el uso de los animales. Los mercados de animales vivos se han situado, con razón, bajo el punto de mira, pero cuando la gente los describe como focos sucios y espantosos que no deberían extenderse, sin mencionar los lugares de donde procede la comida que consumen ni criticar las operaciones de los mataderos, dichas afirmaciones constituyen otra manera de distanciar a los consumidores de la creciente agroindustria sostenida por el privilegio blanco y la empresa capitalista.

318. Por ejemplo, «A Wild Steer's Long Race», p. 8; «A Wild Steer at Large: Pranks through the Streets of Jersey City—Two Persons Injured», *New York Times*, 4 de agosto, 1881, p. 8; «After a Runaway Steer: He Makes Things Lively about the Grand Central Station», *New York Times*, 2 de noviembre, 1895, p. 15; «Steer on a Rampage Tosses Two in Street».

319. Por ejemplo, «A Wild Steer's Long Race», p. 8; «A Wild Steer at Large», p. 8; «A Wild Steer Running Loose», The Sun, 31 de agosto, 1869; «After a Runaway Steer», p. 15.

320. Por ejemplo, «Steer on a Rampage Tosses Two in Street».

321. «A Wild Steer at Large», p. 8.

322. «A Wild Steer Running Loose», *The Sun*, 31 de agosto, 1869.

323. «They Had the Right of Way: Wild Steers from the West Amuck in Jersey City», *New York Times*, 20 de septiembre, 1894, p. 8.

324. «Man Is Shot Dead in Chase for Steer: Frenzied Animal Tears down Fifth Avenue, Police Shooting from Taxicabs», *New York Times*, 4 de noviembre, 1913, p. 18.

325. «A Wild Steer's Long Race», p. 8; «A Wild Steer at Large», p. 8.

326. «After a Runaway Steer», p. 15.

327. Padmore, *Second Report from the Select Committee on the State of Smithfield Market*, 1828, pp. 6 y 147, citado en Philo, *op. cit.*, p. 667.

328. Webster, *Report from the Select Committee on Smithfield Market*, 1849, p. 400, citado en Philo, *op. cit.*, p. 672.

329. Dianne L. Durante, *Outdoor Monuments of Manhattan: A Historical Guide*, Nueva York, New York University Press, 2007.

330. Katie Honan, «Cow Runs Loose in Queens», *NBC New York*, 12 de agosto, 2011, https://nbcnewyork.com; «Cow Escapes from Jamaica, Queens Slaughterhouse, Runs down Liberty Avenue», vídeo, *HuffPost*, 12 de octubre, 2011, https://www.huffpost.com.

331. Honan, «Cow Runs Loose in Queens».

332. Ellen Mauro, «Gatineau Police Defend Shooting Escaped Cows», *CTV Ottawa*, 28 de octubre, 2011, https://ottawa.ctvnews.ca.

333. «Machine Guns Sent against Emu Pests», *The Argus*, 3 de noviembre, 1932, p. 2.

334. «The Great Emu War of Australia», *Innovative History*, http://innovativehistory.com.

335. Kate, «The Great Emu War of 1932: A Unique Australian Conflict», *Nomads*, https://nomadsworld.com.

336. Steven Morris, «A Crackling Good Yarn», *The Guardian*, 1 de marzo, 2004, https://www.theguardian.com/media/2004/mar/01/mondaymediasection1.

337. «Francis the Pig», *The City of Red Deer*, https://www.reddeer.ca.

338. *Ibid.*

339. Downtown Business Association, «Ghosts of Red Deer's Downtown», https://www.creativecity.ca/database/files/library/red_deer_ghosts.pdf.

340. Propagandhi, «Potemkin City Limits», *Supporting Caste*, CD, Smallman Records, 2009.

341. Este archivo está disponible en https://www.reddeer.ca/about-red-deer/history/history-of-red-deer/time-machine/francis-the-pig

342. Susie Coston, «Queenie», *Farm Sanctuary*, 22 de agosto, 2011, https://farmsanctuary.typepad.com.

343. *Ibid.*

344. *Ibid.*

345. Sue Coe, *Dead Meat*, Filadelfia, Running Press, 1996, p. 40.

346. Virginia Breen, Mike Claffey y Bill Egbert, «Raging Bull on Loose in Queens 10-Block Stampede Ends in Hail of Police Bullets», *New York Daily News*, 21 de junio, 1999.

347. Comentario de Montcalms Revenge, 2011, «Cow Escapes from Jamaica».

348. Comentario de MichelleO, en *ibid.*

349. Comentario de Villigord, en *ibid.*

350. Carta al editor de Katherine A. Park, «Cruelty to Steer Protested», *New York Times*, 17 de febrero, 1954.

351. «Abattoir Driver Held for Cruelty: One of Two Men Accused of Mistreating Escaped Steer in Parking Lot Is Freed», *New York Times*, 24 de marzo, 1954, p. 28.

352. Amanda, «Mata Hari», en *Sanctuary: Portraits of Rescued Farm Animals*, ed. Sharon Lee Hart, Milán, Edizioni Charta, 2012.

353. Elan L. Abrell, «Saving Animals: Everyday Practices of Care and Rescue in the US Animal Sanctuary Movement», tesis doctoral, City University of New York, 2016, VI-VII.

354. Stephen Messenger, «Duck Escaped from Slaughterhouse Will Live Out Her Days on Sanctuary», *The Dodo*, 21 de junio, 2014, https://www.thedodo.com.

355. «Steer Runs Wild in Broadway and Herald Sq.; Fells Pedestrians, Enters Tailor Shop, Is Shot», *New York Times*, 7 de mayo, 1930, p. 29.

356. Abrell, *op. cit.*, p. 217.

357. El paradigma dominante ha tratado tradicionalmente a los animales considerados de granja como artículos de consumo y no como seres sintientes que merecen atención médica. Dado que la mayoría de los veterinarios están formados en este modelo —que funciona según la creencia de que no resulta económico proporcionar un tratamiento vitalicio a los animales criados para el consumo—, a veces es complicado encontrar un tratamiento apropiado para ellos.

358. McArthur, *op. cit.*, p. 186.

359. *Ibid.*, p. 186.

360. Sue Donaldson y Will Kymlicka, «Farmed Animal Sanctuaries: The Heart of the Movement? A Socio-Political Perspective», *Politics and Animals*, vol. 1, n.º 1, 2015, pp. 50-74.

361. Joanna Lucas, «Lucas: Pig Love», *Ninety-Five: Meeting America's Farmed Animals in Stories and Photographs*, ed. No Voice Unheard, p. 32.

362. No Voice Unheard, *Ninety-Five: Meeting America's Farmed Animals in Stories and Photographs*, Santa Cruz, CA, No Voice Unheard, 2010, p. 139.

363. Davida G. Breier, «Sanctuary: A Day in Their Lives», *Ninety-Five: Meeting America's Farmed Animals in Stories and Photographs*, ed. No Voice Unheard, p. 125.

364. Hatkoff, *op. cit.*, p. 28.

365. Brown, *op. cit.*, XIV.

366. Jenny Brown, «Mickey and Jo», *Sanctuary: Portraits of Rescued Farm Animals*, ed. Sharon Lee Hart, Milán, Edizioni Charta, 2012, p. 80.

367. Hatkoff, op. cit., p. 74.

368. Kathy Keefe, «Saying Goodbye to Helen: The Price of Love», *All-Creatures.org*, marzo de 2015, https://all-creatures.org.

369. Terry Cummings, «Heidi», *Sanctuary: Portraits of Rescued Farm Animals*, ed. Sharon Lee Hart, Milán, Edizioni Charta, 2012.

370. Farmer Anne, «Dee Dee Donkey», *Sanctuary: Portraits of Rescued Farm Animals*, en *ibid.*

371. Baur, G. y Gene Stone, *Living the Farm Sanctuary Life: The Ultimate Guide to Eating Mindfully, Living Longer, and Feeling Better Every Day*, Nueva York, Rodale, 2015, p. 8.

372. *Ibid.*, p. 60.

373. *Ibid.*, pp. 8-9.

374. Sophia Rivers en conversación con la autora, marzo de 2013.

375. *Ibid.*

376. Jenny Brown en conversación con la autora, marzo de 2013.

377. *Ibid.*

378. Darren Chang, «Organize and Resist with Farmed Animals: Prefiguring Anti-speciesist/Anti-Anthropocentric Cities», trabajo final de máster, Queen's University, 2017.

379. Justin Van Kleek, «The Sanctuary in Your Backyard: A New Model for Rescuing Farmed Animals», *Our Hen House*, 24 de junio, 2014, https://www.ourhenhouse.org.

380. Donaldson y Kymlicka, *op. cit.*, p. 2.

381. Donaldson y Kymlicka, *op. cit.*, p. 56-57.

382. pattrice jones, *The Oxen at the Intersection: A Collision*, Herndon, VA, Lantern Books, 2014, p. 73.

383. Baur y Stone, *op. cit.*, p. 28.

384. Marilee Geyer, «Gilly's Story», *Ninety-Five: Meeting America's Farmed Animals in Stories and Photographs*, ed. No Voice Unheard, p. 3.

385. Diane Leigh, «Farrah and Damien: The Gift of Their Presence», *Ninety-Five: Meeting America's Farmed Animals in Stories and Photographs*, ed. No Voice Unheard, p. 119.

386. Indra Lahiri, «The Smile», *Stories from Indraloka Animal Sanctuary*, 8 de enero, 2017, https://indralokaanimalsanctuary.wordpress.com.

387. Joanna Lucas, «Marcie: Portrait of a Beautiful Soul», *Ninety-Five: Meeting America's Farmed Animals in Stories and Photographs*, ed. No Voice Unheard, pp. 98-99.

388. Joanna Lucas, «Marcie: Portrait of a Beautiful Soul», *Ninety-Five: Meeting America's Farmed Animals in Stories and Photographs*, ed. No Voice Unheard, pp. 98-99.

389. Kit Salisbury, «Ariala and Rhosyln: Beating the Odds», *Ninety-Five: Meeting America's Farmed Animals in Stories and Photographs*, ed. No Voice Unheard, p. 73.

390. Logan Vindett, «Aintcho», *Sanctuary: Portraits of Rescued Farm Animals*, ed. Sharon Lee Hart, Milán Edizioni Charta, 2012.

391. Carol Bradley, *Last Chain on Billie: How One Extraordinary Elephant Escaped the Big Top*, Nueva York, St. Martin's Press, 2014.

392. *Ibid.*, p. 252.

393. *Ibid.*, p. 254.

394. Heather Saul, «Loukanikos Dead: News of Greek Riot Dog's Death Prompts Outpouring of Tributes», *Independent*, 9 de octubre, 2014, https://www.independent.co.uk.

395. Menelaos Tzafalias, «Greece: Protesters Unleash the Dogs of War», *Independent*, 12 de mayo, 2010, https://www.independent.co.uk.

396. Yiannis Baboulias, «A Farewell to Paws», *Aljazeera America*, 12 de octubre, 2014. A la mayoría de los animales no humanos que asisten a los conflictos humanos se les obliga a estar ahí, desde los caballos en las guerras y revoluciones hasta los perros detectores de bombas. Un perro llamado Chip les salvó la vida a los soldados en numerosas ocasiones, pero cuando se jubiló le retiraron el rango y las medallas que había ganado porque sus superiores no creían que los perros merecieran los mismos reconocimientos que los humanos. Para ellos, solo eran «material de trabajo» o de «transporte». En efecto, a veces la violencia de los Estados se sirve de distintos animales (perros, caballos, delfines, entre otros) como armas para reprimir la resistencia; no cabe duda de que algunos se oponen, a su vez, a asumir ese papel.

397. Jenny Brown (fundadora del santuario Woodstock Farm) en una conversación con la autora, marzo de 2013.

398. «Rescued Chickens Shed Light on Horrors of NYC's Live Markets», *Enviroshop Editor*, 1 de septiembre, 2007, https://enviroshop.com.

399. James Angelos, «When the Feathers Really Fly», *New York Times*, 15 de febrero, 2009, p. CY6.

400. Para saber más sobre la historia del sistema de los mataderos, véase Amy J. Fitzgerald, «A Social History of the Slaughterhouse: From Inception to Contemporary Implications», *Human Ecology Review*, vol. 17, n.º 1, 2010, pp. 58-69.

401. Upton Sinclair, *The Jungle*, Nueva York, Penguin Books, 2006, p. 69. Trad. cast.: *La jungla*, Capitán Swing, Madrid, 2012.

402. Nibert, *Animal Rights/Human Rights*, p. 110.

403. Nibert, *Animal Oppression and Human Violence*.

404. Lilia Trenkova, «Food Without Borders: Xenophobia and Global Corporatism in the U.S.-Mexico Agricultural Commerce», *Food Justice: A Primer*, ed. Saryta Rodríguez, Sanctuary Publishers, 2018, p. 155. Trenkova es partidaria de un sistema alimentario horizontal descentralizado que sustituya la ganadería por una agroecología de policultivos.

405. Sinclair, *op. cit.*, pp. 37-38.

406. *Ibid.*, p. 128.

407. Pachirat, *op. cit.*, pp. 1-2.

408. *Ibid.*, p. 2.

409. *Ibid.*, p. 61.

410. Hribal, «Animals Are Part of the Working Class», p. 453.

411. Kalof, *op. cit.*, p. 139.

412. Pierre J. Proudhon, *Property Is Theft! A Pierre-Joseph Proudhon Anthology*, ed. Iain McKay, Oakland, CA, AK Press, 2011, p. 129.

413. Nibert, *Animal Rights/Human Rights*, p. 242.

414. Linda Alvarez, «Colonization, Food, and the Practice of Eating», *Food Empowerment Project*, https://foodispower.org.

415. Claudia Serrato, «Ecological Indigenous Foodways and the Healing of All Our Relations», *Journal for Critical Animal Studies*, vol. 8, n.º 3, 2010, pp. 52-60.

416. Margaret Robinson, «The Roots of My Indigenous Veganism», *Critical Animal Studies: Towards Trans-Species Social Justice*, ed. Atsuko Matsuoka y John Sorenson, Londres Rowman & Littlefield, 2012, pp. 319-332.

417. «Grace Lee Boggs in Conversation with Angela Davis—Transcript, Web Extra Only», *Making Contact*, 20 de febrero, 2012, https://www.radioproject.org.

418. Dan Brook, «Cesar Chávez and Comprehensive Rights», 30 de mayo, 2007, https://ufw.org/ZNET-Cesar-Ch-vez-and-Comprehensive-Rights/.

419. Para acceder a un excelente análisis sobre el tema de la justicia y la soberanía alimentarias, véase Saryta Rodríguez, *Food Justice: A Primer*, Sanctuary Publishers, 2018.

420. Steinfeld, «Livestock's Long Shadow».

421. David Pimentel y Marcia Pimentel, «Sustainability of Meat-Based and Plant-Based Diets and the Environment», *American Journal of Clinical Nutrition*, vol. 78, n.° 3, 2003, pp. 660-663.

422. Monbiot, *op. cit.*

423. *Ibid.*, p. 8.

424. *Ibid.*, p. 94.

425. *Ibid.*, p. 208.

426. Alissa Greenberg, «Elephant Seals Take Over Beach Left Vacant by US Shutdown», *The Guardian*, 2 de febrero, 2019.

427. Bekoff y Pierce, *op. cit.*, p. 37.

428. Jeffrey M. Masson, *Beasts: What Animals Can Teach Us about the Origins of Good and Evil*, Nueva York, Bloomsbury, 2014, p. 87.

429. Dan Kidby y Massimo Viggiani, «Vegfest UK London 2018 Series—Dan Kidby and Massimo Viggiani», entrevista de Carolyn Bailey y Roger Yates, *ARZone Podcasts*, 20 de octubre, 2018, http://arzonepodcasts.com/2018/10/arzone-vegfest-uk-london-2018-series_20.html.

430. Loadenthal, «Operation Splash Back!», pp. 85-89.

431. Loadenthal, *ibid.*, p. 90.

432. Bekoff y Pierce, *op. cit.*

433. Lori Marino, «The Whale Sanctuary Project Will Change Our Relationship with Orcas», *Planet Experts*, 12 de mayo, 2016, http://planetexperts.com.

434. Hribal, *Fear of the Animal Planet*, p. 59.

435. Emilie Augusta Louise Lind af Hageby y Leisa Katherine Schartau, «Fun», *In Nature's Name: An Anthology of Women's Writing and Illustration*, ed. Barbara T. Gates, Chicago, University of Chicago Press, 2002, p. 155.

436. Kalof, *op. cit.*, p. 141.

437. David Grimm, *Citizen Canine: Our Evolving Relationship with Cats and Dogs*, Nueva York, PublicAffairs, 2014, pp. 46-47.

# AGRADECIMIENTOS

Las semillas de este viaje se plantaron cuando estudiaba en la Universidad de Brock, en Ontario, Canadá. Allí comencé a indagar en este ámbito mientras participaba en una comunidad que defendía los derechos de los animales en el marco de la justicia social y los estudios críticos animales. Y quiero agradecer el apoyo y los ánimos de amigos, consejeros y colegas durante aquella época: ellos me alentaron para continuar la investigación que, una década más tarde, se convertiría en este libro.

Muy especialmente, le agradezco a Linda Kalof su respaldo y su confianza en este proyecto. Le debo, asimismo, mucho a Michigan State University Press por su profesionalidad y su ayuda a la hora de materializar esta obra. Muchas gracias también a los particulares y las organizaciones que, con gran amabilidad, dieron permiso para reproducir las imágenes incluidas a lo largo de estas páginas. Un especial agradecimiento a los trabajadores de los santuarios, que dedicaron su tiempo a responder las preguntas sobre sus residentes animales.

Agradezco la formación y la orientación académica que he recibido durante estos años. Gracias a Lauren Corman, Gale Coskan-Johnson, John Sorenson, David Nibert y Sherryl Vint por su apoyo erudito, que ha influido en mi trabajo desde el principio. Agradezco a Kathryn Gillespie sus inestimables comentarios y sugerencias con respecto al manuscrito. Gracias a todos los aliados de los animales que me han apoyado en este tiempo. En concreto, me gustaría dar las gracias a Layla Abdel-Rahim, Atsuko Matsuoka, Anthony Nocella, Casey Taft, Annarella Koston y Marco Reggio.

Mi familia y mis amigos fueron un faro que iluminó la redacción del manuscrito. Estoy muy agradecida a Sharon Colling, Alastair Heseltine, John y Morris Margetts, Fireweed, Mike Nestor, Jessica y Sage Forbes, Crystal, Daisy Ram, Dawn Atargatis, Marianne Werner, Florette MacLean y todos los miembros del Hornby Island Natural History Centre. Un agradecimiento especial para John por su esclarecedora recepción del manuscrito y sus comidas veganas caseras. Gracias a los miembros de mi familia peluda, Xena, Bakunin, Sacco y Vanzetti por su compañía. También me gustaría darle las gracias a mi padre, Harnek Sidhu, que desde el principio me animó a escribir, pero que, por desgracia, falleció antes de que se completara este libro.

Por último, les doy las gracias a todas las personas que defienden los derechos de los animales y la justicia social y que trabajan para construir un mundo compasivo y solidario para nuestros parientes de otras especies.

# BIBLIOGRAFÍA

«Abattoir Driver Held for Cruelty: One of Two Men Accused of Mistreating Escaped Steer in Parking Lot Is Freed», *New York Times*, 24 de marzo, 1954, p. 28.

AbdelRahim, L., *Children's Literature, Domestication, and Social Foundation: Narratives of Civilization and Wilderness*, Nueva York, Routledge, 2014.

Abrell, E. L., «Saving Animals: Everyday Practices of Care and Rescue in the US Animal Sanctuary Movement», tesis doctoral, City University of New York, 2016.

«After a Runaway Steer: He Makes Things Lively about the Grand Central Station», *New York Times*, 2 de noviembre, 1895, p. 15.

Ahmed, S., *Living a Feminist Life*. Durham, NC, Duke University Press, 2017. Trad. cast.: *Vivir una vida feminista*, Barcelona, Bellaterra, 2018.

—*Strange Encounters: Embodied Others in Post-Coloniality*, Nueva York, Routledge, 2000.

Alvarez, L., «Colonization, Food, and the Practice of Eating», *Food Empowerment Project*. https://foodispower.org.
Amanda, «Mata Hari», en Sharon Lee Hart, *Sanctuary: Portraits of Rescued Farm Animals*.
Anderson, V., *Creatures of Empire: How Domestic Animals Transformed Early America*, Nueva York, Oxford University Press, 2006.
Andrews, C., «After Running Loose in Gilford, Herd of Bison Safe at Home on the Range», *Concord (NH) Monitor*, 18 de julio, 2017.
Angelos, J., «When the Feathers Really Fly», *New York Times*, 15 de febrero, 2009, CY6.
Animal Place, «How a Leap of Faith Saved a Pig... and Nine More Lives», 4 de noviembre, 2015. http://animalplace.org.
Argetsinger, A., «Revenge of the Chimp», *Spokesman-Review*, Spokane, WA, 29 de mayo, 2005.
Armstrong, P., *What Animals Mean in the Fiction of Modernity*, Abingdon, UK, Routledge, 2008.
Baboulias, Y., «A Farewell to Paws», *Aljazeera America*, 12 de octubre, 2014. https://america.aljazeera.com.
Baer, S., «Introduction: Emily the Emissary of Compassion: She Was a Cow Before Her Time», en Meg Randa y Lewis Randa (eds.), *The Story of Emily the Cow: Bovine Bodhisattva*, pp. 5-11.
Bain, J. y Amanda Woods, «Rogue Goat May Have Helped Dozens of Farm Animals Escape», *New York Post*, 9 de agosto, 2018.
Baker, A. y Ann Farmer, «Heifer Runs for Her Life, and It's Working So Far», *New York Times*, 6 de mayo, 2009.
Baker, F., *The Birds*, Kansas City, MO, Valancourt Books, 2013.
Balcombe, J., *Pleasurable Kingdom: Animals and the Nature of Feeling Good*, Nueva York, Macmillan, 2007.
—*What a Fish Knows: The Inner Lives of Our Underwater Cousins*, Nueva York, Scientific American/Farrar, Straus and Giroux, 2016. Trad. cast.: *El ingenio de los peces*, Barcelona, Ariel, 2018.

Barnard, A., «Meeting, Then Eating, the Goat», *New York Times*, 24 de mayo, 2009.
Baur, G. y Gene Stone, *Living the Farm Sanctuary Life: The Ultimate Guide to Eating Mindfully, Living Longer, and Feeling Better Every Day*, Nueva York, Rodale, 2015.
Bekoff, M., *The Animal Manifesto: Six Reasons for Expanding Our Compassion Footprint*, Novato, CA, New World Library, 2010.
—«Cognitive Ethology and the Explanation of Nonhuman Animal Behavior», en *Comparative Approaches to Cognitive Science*, Jean-Arcady Meyer y H. L. Roitblat (eds.), Cambridge, MA, MIT Press, 1995, pp. 119-150.
—*The Emotional Lives of Animals: A Leading Scientist Explores Animal Joy, Sorrow, and Empathy and Why They Matter*, Novato, CA, New World Library, 2007.
Bekoff, M. y Jessica Pierce, *Wild Justice: The Moral Lives of Animals*, Chicago, University of Chicago Press, 2009. Trad. cast.: *Justicia salvaje: La vida moral de los animales*, Madrid, Turner, 2010.
Bender, K., «Baby Cow Escapes Slaughterhouse and Is Raised by Deer Family in Snowy Forest», *People.com*, 26 de junio, 2018.
Best, S., «Animal Agency: Resistance, Rebellion, and the Struggle for Autonomy», 25 de enero, 2011. https://drstevebest.wordpress.com/2011/01/25/animal-agency-resistance-rebellion-and-the-struggle-for-autonomy.
Bever, L., «A Woman Was Trying to Take a Selfie with a Jaguar When It Attacked Her, Authorities Say», *Washington Post*, 10 de marzo, 2019.
«Border Stories: A Mosaic Documentary, US–Mexico». http://borderstories.org.
«Bossy Holds Up Trains», *Abbeville Progress*, 13 de junio, 1914. https://chroniclingamerica.loc.gov.
Bostock, S., *Zoos and Animal Rights: The Ethics of Keeping Animals*, Nueva York, Routledge, 1993.

Bradley, C., *Last Chain on Billie: How One Extraordinary Elephant Escaped the Big Top*, Nueva York, St. Martin's Press, 2014.

Breen, V., Mike Claffey y Bill Egbert, «Raging Bull on Loose in Queens 10-Block Stampede Ends in Hail of Police Bullets», *New York Daily News*, 21 de junio, 1999.

Breier, D. G., «Sanctuary: A Day in Their Lives», en No Voice Unheard, *Ninety-Five: Meeting America's Farmed Animals in Stories and Photographs*, pp. 123-126.

Brook, D., «Cesar Chávez and Comprehensive Rights», *United Farm Workers*, 30 de mayo, 2007. https://ufw.org/ZNET-Cesar-Ch-vez-and-Comprehensive-Rights/.

Brown, J., *The Lucky Ones: My Passionate Fight for Farm Animals*, Nueva York, Avery, 2012.

—«Mickey and Jo», en Sharon Lee Hart, *Sanctuary: Portraits of Rescued Farm Animals*.

Burrows, E. G. y Mike Wallace, *Gotham: A History of New York City to 1898*, Nueva York, Oxford University Press, 1999.

«Calf at Large Raids Fifth Avenue Crowd: Bumps into a Policeman and Charges at the Waldorf and Neighboring Shops», *New York Times*, 23 de diciembre, 1909, p. 9.

«Calves in Midtown Start Rodeo Chase: Three Break Loose in Grand Central Zone, but Cowboy Police Corral Them», *New York Times*, 4 de septiembre, 1935, p. 21.

Carlson, L. W., *Cattle: An Informal Social History*, Chicago, Ivan R. Dee, 2001.

Chang, D., «Organize and Resist with Farmed Animals: Prefiguring Anti-speciesist/Anti-Anthropocentric Cities», trabajo final de máster, Queen's University, 2017.

Chappell, B., «Yvonne, a Cow Wrapped in a Mystery inside a Forest», *NPR*, 15 de agosto, 2011.

Chaucer, G., «The Manciple's Tale of the Crow», 1380. http://www.librarius.com/canttran/manctale/manctale163-174.htm. Trad. cast.: *Los cuentos de Canterbury*, Copenhague, Saga Egmont, 2021.

Clemen, R. A., *The American Livestock and Meat Industry*, Nueva York, Ronald Press Co., 1923.

Coe, S., *Dead Meat*. Filadelfia, Running Press, 1996.

Colling, S., «Animal Agency, Resistance, and Escape», en *Critical Animal Studies: Towards Trans-Species Social Justice*, Atsuko Matsuoka y John Sorenson (eds.), Londres, Rowman & Littlefield, 2018, pp. 21-44

—«Animals Without Borders: Farmed Animal Resistance in New York», tesis doctoral, Brock University, 2013.

Colvin, C. M., Kristin Allen y Lori Marino, «Thinking Cows: A Review of Cognition, Emotion, and the Social Lives of Domestic Cows», *The Someone Project*, 2017. https://www.farmsanctuary.org.

Corman, L., «The Ventriloquist's Burden: Animal Advocacy and the Problem of Speaking for Others», en *Animal Subjects 2.0.*, Jodey Castricano y Lauren Corman (eds.), Waterloo, ON, Wilfred Laurier University Press, 2016, pp. 473-512.

Coston, S., «Queenie», *Farm Sanctuary*, 22 de agosto, 2011. https://farmsanctuary.typepad.com.

—«Sanctuary Tails», *Farm Sanctuary*, 15 de mayo, 2009. https://farmsanctuary.typepad.com.

—«Working in a Winter Wonderland! From Snow Storm to Ice Storm: A Week in the Winter at Sanctuary», *Farm Sanctuary*, 28 de febrero, 2016. https://www.animalsoffarmsanctuary.com.

«Cow Escapes from Jamaica, Queens's Slaughterhouse, Runs down Liberty Avenue», vídeo, *Huff Post*, 12 de octubre, 2011. https://www.huffpost.com.

Cowperthwaite, G., *Blackfish*, DVD, Magnolia Pictures, 2013.

Cresswell, T., *In Place/Out of Place: Geography, Ideology, and Transgression*, Mineápolis, University of Minnesota Press, 1996.

Crossland, D., «Inge the Chicken Back to Roost after Dodging Takeaway», *Sunday Times*, 3 de abril, 2018. https://thetimes.co.uk.

Cummings, T., «Heidi», en Sharon Lee Hart, *Sanctuary: Portraits of Rescued Farm Animals*.

Darwin, C., *The Descent of Man: And Selection in Relation to Sex*, Londres, J. Murray, 1871. Trad. cast.:, *El origen del hombre*, Madrid, Crítica, 2021.

Davis, K., «Thinking Like a Chicken: Farm Animals and the Feminine Connection», *United Poultry Concerns*, 1995. http://upc-online.org.

Day, J. N., «Butchers, Tanners, and Tallow Chandlers: The Geography of Slaughtering in Early-Nineteenth-Century New York City», en Paula L. Young, *Meat, Modernity, and the Rise of the Slaughterhouse*, pp. 178-197.

Deckha, M., «The Subhuman as a Cultural Agent of Violence», *Journal for Critical Animal Studies*, vol. 8, n.º 3, 2010, pp. 28-51.

Derrida, J., *The Animal That Therefore I Am*, Nueva York, Fordham University Press, 2008. Trad. cast.: *El animal que luego estoy si(gui)endo*, Madrid, Trotta, 2008.

De Waal, F., *Are We Smart Enough to Know How Smart Animals Are?*, Nueva York, W.W. Norton & Co., 2016. Trad. cast.: *¿Tenemos suficiente inteligencia para entender la inteligencia de los animales?*, Barcelona, Tusquets, 2016.

—*Good Natured: The Origins of Right and Wrong in Humans and Other Animals*, Cambridge, MA, Harvard University Press, 1996.

Dion, C., *Roman History*, libro 39: 38. http://penelope.uchicago.edu/Thayer/E/Roman/Texts/Cassius_Dio/39*.html. Trad. cast.: *Historia romana*, Madrid, Gredos, 2004.

—*Roman History*, libro 73: 18. http://penelope.uchicago.edu/Thayer/E/Roman/Texts/Cassius_Dio/73*.html.

Dobie, J. F., *The Longhorns*, Nueva York, Grosset & Dunlap, 1941.

Dobnik, V., «Animals Given New Lives After Escaping Slaughter», *The Day*, 24 de agosto, 2013. https://www.theday.com/article/20130824/NWS13/308249969.

Donaldson, S. y Will Kymlicka, «Farmed Animal Sanctuaries: The Heart of the Movement? A Socio-Political Perspective», *Politics and Animals*, vol. 1, n.º 1, 2015, pp. 50-74.

—«Animal Rights, Multiculturalism, and the Left», *Journal of Social Philosophy*, vol. 45, n.º 1, 2014, pp. 116–135.

Downtown Business Association, «Ghosts of Red Deer's Downtown».

Du Maurier, D., «The Birds», en *The Apple Tree*, ed. Daphne du Maurier, Londres, Victor Gollancz, 1952. Trad. cast.: *Los pájaros*, Sevilla, El paseo editorial, 2017.

Dunayer, J., *Animal Equality: Language and Liberation*, Derwood, MD, Ryce, 2001.

Durante, D. L., *Outdoor Monuments of Manhattan: A Historical Guide*, Nueva York, New York University Press, 2007.

Dutkiewicz, J., «Transparency and the Factory Farm: Agritourism and Counter-Activism at Fair Oaks Farms», *Gastronomica: The Journal of Critical Food Studies*, vol. 18, n.º 2, 2018, pp. 19-32.

Dvorak, P., «The Ballad of Ollie the Bobcat: Back in Her Cage, Just Like the Rest of Us», *Washington Post*, 2 de febrero, 2017.

«Editor's Table», *The Knickerbocker*, n.º 33, 1839.

Edwards, C., «A Herd of "Rebel Cows" Has Been Living Wildly in the Italian Mountains for Years», *The Local*, 19 de junio, 2017. https://thelocal.it.

Eisenman, S. F., *The Cry of Nature: Art and the Making of Animal Rights*, Londres, Reaktion Books, 2013.

Eisnitz, G. A., *Slaughterhouse: The Shocking Story of Greed, Neglect, and the Inhumane Treatment inside the U.S. Meat Industry*, Amherst, NY, Prometheus Books, 2007.

Elder, G., J. Wolch y J. Emel, «Le Pratique Sauvage: Race, Place, and the Human-Animal Divide», en Wolch y Emel, *Animal Geographies: Place, Politics, and Identity in the Nature-Culture Borderlands*, pp. 72-90.

Ellis, R., *Encyclopedia of the Sea*, Nueva York, Alfred A. Knopf, 2000.

Emel, Jody, «Are You Man Enough, Big and Bad Enough? Wolf Eradication in the US», en Wolch y Emel, *Animal Geographies: Place, Politics, and Identity in the Nature-Culture Borderlands*, pp. 91-116.

Emily the Cow, «Mad Cow' Response Makes the Cow Mad», en Randa y Randa, *The Story of Emily the Cow: Bovine Bodhisattva*, pp. 111-112.

Evans, E. P., *The Criminal Prosecution and Capital Punishment of Animals*, Londres, William Heinemann, 1906.

Farm Animal Rights Movement, «History of the Animal Rights Movement—Norm Phelps», vídeo, YouTube, 17:12, 10 de abril, 2013. https://www.youtube.com.

Farm Sanctuary, «Queenie», https://www.farmsanctuary.org/the-sanctuaries/rescued-animals/featured-past-rescues/queenie.

—«Frank's Story», vídeo, YouTube, 17 de noviembre, 2016. https://www.youtube.com.

—«Maxine's Dash for Freedom», vídeo, YouTube, 4:18, 18 de octubre, 2012. https://www.youtube.com.

Farmer, A., «Dee Dee Donkey», en Sharon Lee Hart, *Sanctuary: Portraits of Rescued Farm Animals*.

«The Fate of a Texas Steer: After Making Things Lively on the East Side He is Killed», *New York Times*, 30 de julio, 1885, p. 2.

Federal Writer's Project, *New York City*, vol. 1, *New York City Guide*, Nueva York, Random House, 1939.

«The Fishing Industry: Fish Feel Pain», *Animal Aid*. https://animalaid.org.

Fishbein, R., «Cops Are Chasing a Runaway Cow on the Moove in Queens», *Gothamist*, 21 de febrero, 2017. https://gothamist.com.

Fitzgerald, A. J., «A Social History of the Slaughterhouse: From Inception to Contemporary Implications», *Human Ecology Review*, vol. 17, n.º 1, 2010, pp. 58-69.

«Five Runaway Steers: A Great Wild West Show in New York Streets», *New York Times*, 17 de agosto, 1892, p. 8.

Foer, J. S., *We Are the Weather: Saving the Planet Begins at Breakfast*, Nueva York, Farrar, Straus and Giroux, 2019. Trad. cast.: *Podemos salvar el mundo antes de cenar*, Barcelona, Seix Barral, 2019.

«Francis the Pig», *The City of Red Deer*. https://www.reddeer.ca.

Fretz, C., «Emily the Cow Gives "Hoofers" Hunger Pangs», en Randa y Randa (eds.), *The Story of Emily the Cow: Bovine Bodhisattva*, pp. 51-53.

Fudge, E., «A Left-Handed Blow: Writing the History of Animals», en *Representing Animals*, ed. Nigel Rothfels, Bloomington, Indiana University Press, 2002, pp. 3-18.

Gallagher, J., «GM Pigs Take Step to Being Organ Donors», *BBC News*, 11 de agosto, 2017.

Geyer, M., «Gilly's Story», en No Voice Unheard, *Ninety-Five: Meeting America's Farmed Animals in Stories and Photographs*, p. 1-4.

Giaimo, C., «A 1902 Panther Escape Becomes Political», *Atlas Obscura*, 9 de febrero, 2017. https://www.atlasobscura.com.

«Giant Bull and Red Panda among Edinburgh Zoo Animals to Escape Enclosures», *(UK) Express & Star*, 15 de agosto, 2017. https://www.expressandstar.com.

Gillespie, K., «Joining the Resistance: Farmed Animals Making History», trabajo presentado en la XXI Conferencia Norteamericana Anual de Estudios Críticos Animales «From Greece to Wall Street, Global Economic Revolutions and Critical Animal Studies», Buffalo, NY, marzo de 2012.

—«Nonhuman Animal Resistance and the Improprieties of Live Property», en *Animals, Biopolitics, Law: Lively Legalities*, ed. Irus Braverman, pp. 116-132, Nueva York, Routledge, 2016.

«Grace Lee Boggs in Conversation with Angela Davis—Transcript, Web Extra Only», *Making Contact*, 20 de febrero, 2012. https://www.radioproject.org.

Greenberg, A., «Elephant Seals Take Over Beach Left Vacant by US Shutdown», *The Guardian*, 2 de febrero, 2019.

Greenpeace International, «Greenpeace Calls for Decrease in Meat and Dairy Production and Consumption for a Healthier Planet», 5 de marzo, 2018. https://greenpeace.org.

Griffiths, H., I. Poulter y D. Sibley, «Feral Cats in the City», en Philo y Wilbert, *Animal Spaces, Beastly Places: New Geographies of Human-Animal Relations*, pp. 59-72.

Grimm, D., *Citizen Canine: Our Evolving Relationship with Cats and Dogs*, Nueva York, PublicAffairs, 2014.

Grundhauser, E., «A Brave Pig Briefly Escaped onto a Busy Washington Interstate», *Atlas Obscura*, 8 de agosto, 2017. https://www.atlasobscura.com/articles/pig-escape-truck-highway-waterpark.

Guidera, M. «Cows on the Loose Gunned Down», *Baltimore Sun*, 9 de diciembre, 1993.

Hanson, H., «Baboons Work Together to Escape from Biomedical Testing Facility», HuffPost, 17 de abril, 2018. https://huffpost.com.

—«Pigs Who Escaped Pork Farms and Survived Florence Are Finally Living the Good Life», HuffPost, 5 de octubre, 2018. https://huffpost.com.

«Happy Ever After for Butch and Sundance?», *BBC UK*, 16 de enero, 1998.

Harper, A. B., «Social Justice Beliefs and Addiction to Uncompassionate Consumption», en *Sistah Vegan: Black Female Vegans Speak on Food, Identity, Health and Society*, ed. Amy Breeze Harper, Brooklyn, NY, Lantern Books, 2010, pp. 20-41.

Hart, S. L., *Sanctuary: Portraits of Rescued Farm Animals*, Milán, Edizioni Charta, 2012.

Hatkoff, A., *The Inner World of Farm Animals: Their Amazing Social, Emotional, and Intellectual Capacities*, Nueva York, Stewart, Tabori & Chang, 2009.

Haus of Paws TV, «The Greatest Dog Shelter Escape of All Time!», vídeo, YouTube, 3:50, 24, de febrero, 2007. https://youtube.com.

Hodge, R., *The Day They Hung the Elephant*, Johnson City, TN, Overmountain Press, 1992.

Honan, K., «Cow Runs Loose in Queens», *NBC New York*, 12 de agosto, 2011. https://nbcnewyork.com.

Horowitz, R., «The Politics of Meat Shopping in Antebellum New York City», en Young (ed.), *Meat, Modernity, and the Rise of the Slaughterhouse*, pp. 167-177.

Hoyt, E., «The World Orca Trade», en *The Performing Orca—Why the Show Must Stop*, Bath, UK, Whale and Dolphin Conservation Society, 1992. https://www.pbs.org/wgbh/frontline/.

Hribal, J., «Animals Are Part of the Working Class: A Challenge to Labor History», *Labor History*, vol. 44, n.º 4, 2003, pp. 435-453. Trad. cast.: «Los animales son parte de la clase trabajadora», en *Los animales son parte de la clase trabajadora y otros ensayos*, Madrid, ochodoscuatro ediciones, 2016.

—«Animals Are Part of the Working Class Reviewed», *Borderlands*, vol. 11, n.º 2, 2012, pp. 1-37.

—«Animals Are Part of the Working Class: Interview with Jason Hribal», entrevista de Lauren Corman, *Animal Voices Radio*, 28 de noviembre, 2006. https://animalvoicesradio.wordpress.com/2006/11/28/animals-are-part-of-the-working-class-interview-with-jason-hribal.

—«Animals, Agency, and Class: Writing the History of Animals from Below», *Human Ecology Review*, vol. 14, n.º 1, 2007, pp. 101-113.

—*Fear of the Animal Planet: The Hidden History of Animal Resistance*, Petrolia and Oakland, CA, CounterPunch and AK Press, 2010. Trad. cast.: *Miedo al planeta animal: La historia oculta de la resistencia animal*, CreateSpace, 2016.

Innovative History, «The Great Emu War of Australia». http://innovativehistory.com.

jones, p., *The Oxen at the Intersection: A Collision*, Herndon, VA, Lantern Books, 2014.

—«Free as a Bird: Natural Anarchism in Action», en *Contemporary Anarchist Studies: An Introductory Anthology of Anarchy in the Academy*, Randall Amster, Abraham DeLeon, Luis A. Fernandez, Anthony J. Nocella Ii y Deric Shannon (eds.), Nueva York, Routledge, 2009, pp. 236–246.

—«Stomping with the Elephants: Feminist Principles for Radical Solidarity», en *Igniting a Revolution: Voices in Defense of the Earth*, Steve Best y Anthony J. Nocella Ii (eds.), Oakland, CA, AK Press, 2006, pp. 319-334.

Kalof, L., *Looking at Animals in Human History*, Londres, Reaktion Books, 2007.

Kate, «The Great Emu War of 1932: A Unique Australian Conflict», *Nomads*. https://nomadsworld.com.

Keefe, K., «Saying Goodbye to Helen: The Price of Love», *All-Creatures.org*, marzo de 2015. https://all-creatures.org.

Kennedy, G. A., «A Hoot in the Dark: The Evolution of General Rhetoric», *Philosophy & Rhetoric*, vol. 25, n.º 1,1992, pp. 1-21.

Kidby, D. y M. Viggiani, «Vegfest UK London 2018 Series—Dan Kidby & Massimo Viggiani», entrevista de Carolyn Bailey y Roger Yates, *ARZone Podcasts*, 20 de octubre, 2018. http://arzonepodcasts.com/2018/10/arzone-vegfest-uk-london-2018-series_20.html.

Kim, C. J., *Dangerous Crossings: Race, Species, and Nature in a Multicultural Age*, Cambridge, Cambridge University Press, 2015.

Kimberlin, J., «Mysteriously Elusive, Sunny the Red Panda Becomes the Stuff of Legends», *Virginian-Pilot*, 25 de julio, 2018. https://pilotonline.com.

Kinder World, «Mother Cow Protects Baby Calf, Attacks Dairy Farmer», vídeo, YouTube, 0:18, 24 de marzo, 2018. https://youtube.com.

Knight, J., *Waiting for Wolves in Japan: An Anthropological Study of People-Wildlife Relations*, Oxford, Oxford University Press, 2003.

Ko, A. y S. Ko, *Aphro-ism: Essays on Pop Culture, Feminism, and Black Veganism from Two Sisters*, Brooklyn, NY, Lantern Books, 2017. Trad. cast.: *Aphro-ismo: Ensayos de dos hermanas sobre cultura popular, feminismo y veganismo negro*, Madrid, ochodoscuatro ediciones, 2021.

Ko, S., «By "Human" Everybody Just Means "White"», en Ko y Ko, *Aphro-ism*.

—«We've Reclaimed Blackness Now It's Time to Reclaim "The Animal"», en Ko y Ko *Aphro-ism*.

Lahiri, I., «The Smile», *Stories from Indraloka Animal Sanctuary*, 8 de enero, 2017. https://indralokaanimalsanctuary.wordpress.com.

Laskow, S., «Why Flamingos Succeed at Escaping the Zoo While All Other Animals Fail», *Atlas Obscura*, 15 de junio, 2015. https://www.atlasobscura.com.

Leigh, D., «Farrah & Damien: The Gift of Their Presence», en No Voice Unheard, *Ninety-Five: Meeting America's Farmed Animals in Stories and Photographs*, pp. 119-120.

—«Justice: ...For They Shall Be Comforted», en No Voice Unheard, *Ninety-Five: Meeting America's Farmed Animals in Stories and Photographs*, pp. 53-54.

Leitsinger, M., «Moo-dini: Steer's Life Spared after Slaughterhouse Escape», *NBC News*, 11 de abril, 2012.

Lind af Hageby, E. A. L. y L. Katherine Schartau, «Fun», en *In Nature's Name: An Anthology of Women's Writing and Illustration*, ed. Barbara T. Gates, Chicago, University of Chicago Press, 2002, pp. 155-157.

Linden, E., *The Parrot's Lament: And Other True Tales of Animal Intrigue, Intelligence, and Ingenuity*, Nueva York, Dutton, 1999.

Lippit, A. M., «The Death of an Animal», *Film Quarterly*, vol. 56, 2002, pp. 9-22.

Loadenthal, M., «Operation Splash Back! Queering Animal Liberation through the Contributions of Neo-Insurrectionist Queers», *Journal for Critical Animal Studies*, vol. 10, nº. 3, 2012, pp. 81-109.

Long, J. L., *Introduced Mammals of the World: Their History, Distribution and Influence*, Melbourne, Australia, Csiro Publishing, 2003.

Lucas, J., «Lucas: Pig Love», en No Voice Unheard, *Ninety-Five: Meeting America's Farmed Animals in Stories and Photographs*, pp. 31-33.

—«Marcie: Portrait of a Beautiful Soul», en No Voice Unheard, *Ninety-Five: Meeting America's Farmed Animals in Stories and Photographs*, pp. 98-100.

MacDonald, P., «Our Feathered Friends», en *The Second Pan Book of Horror Stories*, ed. Herbert van Thal, Londres, Pan Books, 1960.

«Machine Guns Sent against Emu Pests», *The Argus*, 3 de noviembre, 1932, p. 2.

Magner, D., *The Art of Taming and Educating the Horse*, Battle Creek, MI, Review and Herald Publishing House, 1884.

«Man Is Shot Dead in Chase for Steer: Frenzied Animal Tears Down Fifth Avenue, Police Shooting from Taxicabs», *New York Times*, 4 de noviembre, 1913, p. 18.

Marino, L., «The Whale Sanctuary Project Will Change Our Relationship with Orcas», *Planet Experts*, 12 de mayo, 2016. http://planetexperts.com.

Mark, D. A., *Hidden History of Maynard*, Charleston, SC, History Press, 2014.

Masson, J. M., *Beasts: What Animals Can Teach Us about the Origins of Good and Evil*, Nueva York, Bloomsbury, 2014.

—*The Pig Who Sang to the Moon: The Emotional World of Farm Animals*, Nueva York, Ballantine Books, 2003.

Mauro, E., «Gatineau Police Defend Shooting Escaped Cows», *CTV Ottawa*, 28 de octubre, 2011. https://ottawa.ctvnews.ca.

McArthur, J.-A., *We Animals*, Brooklyn, NY, Lantern Books, 2017. Trad. cast.: *We Animals*, Madrid, Plaza y Valdés, 2017.

Messenger, S., «Duck Escaped from Slaughterhouse Will Live Out Her Days on Sanctuary», *The Dodo*, 21 de enero, 2014. https://www.thedodo.com.

Milman, O., «"The Stuff of Nightmares": US Primate Research Centers Investigated for Abuses», *The Guardian*, 28 de octubre, 2016.

«Moe the Chimp Escapes from Wildlife Facility», *L.A. Unleashed*, 28 de junio, 2008. https://latimesblogs.latimes.com/unleashed.

Mogg, K., «The Day of the Claw: A Synoptic Account of Alfred Hitchcock's The Birds», *Senses of Cinema: Towards an Ecology of Cinema*, vol. 51, 2009.

Mohanty, C. T., *Feminism Without Borders: Decolonizing Theory, Practicing Solidarity*, Durham, NC, Duke University Press, 2003.

—«Under Western Eyes: Feminist Scholarship and Colonial Discourses», *Feminist Review*, vol. 30, 1998, pp. 61-88.

Monbiot, G. Feral: *Rewilding the Land, the Sea and Human Life*, Toronto, Penguin Books, 2013. Trad. cast.: *Salvaje: renaturalizar la tierra, el mar y la vida humana*, Madrid, Capitán Swing, 2017.

Moncrief, D. «Natural Resources and Food Sovereignty: Benefits of Plant-Based Diets», en Rodríguez, *Food Justice: A Primer*, pp. 107-121.

Montaigne, M. de, «Apologie de Raymond Sebond», libro 2, traducido al inglés por John Florio, 1580. Trad. cast.: «Apología de Raimundo Sabunde», en *Ensayos completos*, Madrid, Cátedra, 2003.

Montgomery, S., *The Soul of an Octopus: A Surprising Exploration into the Wonder of Consciousness*, Nueva York, Atria, 2015. Trad. cast.: *El alma de los pulpos: conoce a la criatura más sorprendente del planeta*, Barcelona, Seix Barral, 2018.

Mood, A. y P. Brooke, «Estimating the Number of Fish Caught in Global Fishing Each Year», 2010. http://fishcount.org.uk/published/std/fishcountstudy.pdf.

Morgan, M., «Cow Walks on Wild Side with Polish Bison», *BBC*, 24 de enero, 2018.

Morgan, T., «Plucky Turkey Saved from the Christmas Chop Is Now a Farm Pet», *Express (UK)*, 19 de diciembre, 2014.

Morris, S., «A Crackling Good Yarn», *The Guardian*, 4 de marzo, 2004. https://www.theguardian.com/media/2004/mar/01/mondaymediasection1.

Nance, S., *Entertaining Elephants: Animal Agency and the Business of the American Circus*, Baltimore, MD, Johns Hopkins University Press, 2013.

Newman, A. A., *Ape Escapes! And More True Stories of Animals Behaving Badly*, Washington, D. C., National Geographic Children's Books, 2012.

Nibert, D., *Animal Oppression and Capitalism*, Santa Barbara, CA, Praeger, 2017.

—*Animal Oppression and Human Violence: Domesecration, Capitalism, and Global Conflict*, Nueva York, Columbia University Press, 2013.

—*Animal Rights/Human Rights: Entanglements of Oppression and Liberation*, Lanham, MD, Rowman & Littlefield, 2002.

Nocella, A. J., J. Sorenson, K. Socha y Atsuko Matsuoka, *Defining Critical Animal Studies: An Intersectional Social Justice Approach for Liberation*, Nueva York, Peter Lang, 2012.

Noske, B., *Beyond Boundaries: Humans and Animals*, Nueva York: Black Rose Books, 1997.

No Voice Unheard, *Ninety-Five: Meeting America's Farmed Animals in Stories and Photographs*, Santa Cruz, CA, No Voice Unheard, 2010.

«Old-Time Round-Up Staged in Times Square; Police Lasso Escaped Calves in Hour's Chase», *New York Times*, 12 de octubre, 1927, p. 29.

Opiano, *Cynegetica*, libro IV:XIX.

Orwell, G., *Animal Farm: A Fairy Story*, Londres, Penguin Books, 1987. Trad. cast.: *Rebelión en la granja*, Madrid, Booket, 2021.

Pachirat, T., *Every Twelve Seconds: Industrialized Slaughter and the Politics of Sight*, New Haven, CT, Yale University Press, 2011.

Pacyga, D. A., «How Chicago's Slaughterhouse Spectacles Paved the Way for Big Meat», entrevista de Ann Bramley, *NPR*, 3 de diciembre, 2015.

Park, K. A., «Cruelty to Steer Protested», carta al editor, *New York Times*, 17 de febrero, 1954.

Patterson, C., *Eternal Treblinka: Our Treatment of Animals and the Holocaust*, Brooklyn, NY, Lantern Books, 2002. Trad. cast.: *¿Por qué maltratamos tanto a los animales? Un modelo para la masacre en los campos de exterminio nazi*, Lleida, Milenio, 2009.

Philbrick, N., *In the Heart of the Sea: The Tragedy of the Whaleship Essex*, Nueva York, Penguin Books, 2001. Trad. cast.: *En el corazón del mar*, Barcelona, Seix Barral, 2015.

Philo, C., «Animals, Geography, and the City: Notes on Inclusions and Exclusions», *Environment and Planning D: Society and Space*, vol. 13, 1995, pp. 655-681.

Philo, C. y Chris Wilbert (eds.), *Animal Spaces, Beastly Places: New Geographies of Human-Animal Relations*, Nueva York, Routledge, 2000, pp. 59-72.

Pimentel, D. y Marcia Pimentel, «Sustainability of Meat-Based and Plant-Based Diets and the Environment», *American Journal of Clinical Nutrition*, vol. 78, n.º 3, 2003, pp. 660-663.

Pippus, A., «The Internet Is Freaking Out about a Dead Cow in a Supermarket», *HuffPost*, 6 de diciembre, 2017. https://huffpost.com.

Pleasance, C., «This Little Piggy's Not Going to Market: "Babe" the Porker Escapes Slaughterhouse Van by Leaping 16ft to Freedom... and Avoids the Chop after Being Adopted», *Daily Mail*, 3 de junio, 2014.

Plimsoll, S., *Cattle Ships: Being the Fifth Chapter of Mr. Plimsoll's Second Appeal for Our Seamen*, Whitefish, MT, Kessinger Publishing, 2007.

Plinio el Viejo, *Naturalis Historia*, libro VIII.

«Police Race Steers in Brooklyn "Rodeo": Use Trucks and Flivvers as Mounts to Chase 19 Animals Fleeing Slaughter House», *New York Times*, 8 de septiembre, 1927, p. 10.

Pressler, J., «Run, Bessie, Run!», *Intelligencer (NY)*, 6 de mayo, 2009. http://nymag.com/intelligencer.

Propagandhi, «Potemkin City Limits», *Supporting Caste*, CD, Smallman Records, 2009.

Proudhon, P. J., *Property Is Theft! A Pierre-Joseph Proudhon Anthology*, ed. Ian McKay, Oakland, CA, AK Press, 2011.

Raab, A. K., «Revolt of the Bats», *Fifth Estate*, vol. 343, 1993.

Rahim, Z., «Pet Zebra Shot and Killed by Owner in Florida after Escaping», *Independent*, 29 de marzo, 2019. https://www.independent.co.uk.

Randa, M. y L. Randa (eds.), *The Story of Emily the Cow. Bovine Bodhisattva: A Journey from Slaughterhouse to Sanctuary as Told through Newspaper and Magazine Articles*, Bloomington, IN, AuthorHouse, 2007.

Regan, T., *Empty Cages: Facing the Challenge of Animal Rights*, Lanham, MD, Rowman & Littlefield, 2004.

«Rescued Chickens Shed Light on Horrors of NYC's Live Markets», *Enviroshop Editor*, 1 de septiembre, 2007. https://enviroshop.com.

«Resistance», *Lexico*. https://www.lexico.com/en.

«Revenge Attack by Stone-throwing Baboons», *Ananova*, 9 de diciembre, 2000. https://www.cs.cmu.edu/~mason/baboons09122000.pdf.

Reynolds, J. N., «Mocha Dick: or the White Whale of the Pacific: A Leaf from a Manuscript Journal», *The Knickerbocker*, vol. 13, n.º 5, 1839, pp. 377-392.

Robinson, M., «The Roots of My Indigenous Veganism», en *Critical Animal Studies: Towards Trans-Species Social Justice*, A. Matsuoka y J. Sorenson (eds.), Londres, Rowman & Littlefield, 2012. pp. 319-332.

Rodríguez, S. *Food Justice: A Primer, Sanctuary Publishers*, 2018.

«Runaway Cow Herd Takes Over Tredegar Street», *BBC*, 28 de junio, 2011.
Salisbury, K., «Ariala & Rhosyln: Beating the Odds», en No Voice Unheard, *Ninety-Five: Meeting America's Farmed Animals in Stories and Photographs*, pp. 73-74.
Sans, «Arundhati Roy: The 2004 Sydney Peace Prize Lecture», *Real Voice*, 8 de noviembre, 2014. https://realvoice.blogspot.com.
Saul, H., «Loukanikos Dead: News of Greek Riot Dog's Death Prompts Outpouring of Tributes», *Independent*, 9 de octubre, 2014. https://www.independent.co.uk.
Schaffner, J. E., *An Introduction to Animals and the Law*, Nueva York, Palgrave Macmillan, 2011.
Schelling, A., «Dolphin Escapes from Infamous Hunt—But Refuses to Leave His Family», *The Dodo*, 24 de enero, 2017. https://www.thedodo.com.
Schweig, S. V., «Cow and Her Baby Break Free and Run Away to Animal Sanctuary», *The Dodo*, 11 de abril, 2018. https://www.thedodo.com.
—«Terrified Bull at NYC Slaughterhouse Decides to Run for His Life», *The Dodo*, 21 de febrero, 2017. https://www.thedodo.com.
Séneca, L. A., *De brevitate vitae ad Paulinum*, libro XIII.
Serrato, C., «Ecological Indigenous Foodways and the Healing of All Our Relations», *Journal for Critical Animal Studies*, vol. 8, n.º 3, 2010, pp. 52-60.
«Sheep Bound for Slaughter Escapes, Careens into Collision Shop», vídeo, *HuffPost*, 6 de diciembre, 2017. https://www.huffpost.com.
Shevelow, K., *For the Love of Animals: The Rise of the Animal Protection Movement*, Nueva York, Henry Holt and Co., 2008.
«Show #5—The Annie Dodge Rescue», *Vegan Radio*, 21 de diciembre, 2005.
Shukin, N., *Animal Capital: Rendering Life in Biopolitical Times*, Mineápolis, University of Minnesota Press, 2009.

Simon, S., «Inky the Octopus's Great Escape», *NPR*, 16 de abril, 2016.

Sinclair, U., *The Jungle*, Nueva York, Penguin Books, 2006. Trad. cast.: *La jungla*, Madrid, Capitán Swing, 2012.

Solnit, R., «Call Climate Change What It Is: Violence», *The Guardian*, 7 de abril, 2014.

Spiegel, M., *The Dreaded Comparison: Human and Animal Slavery*, Nueva York, Mirror Books, 1996.

St. Clair, J., «Let Us Now Praise Infamous Animals», en Jason Hribal, *Fear of the Animal Planet: The Hidden History of Animal Resistance*, pp. 1-20.

«Steer on a Rampage Tosses Two in Street: Crowds in Turmoil on West Side—Police Lasso Animal after Pursuit in Taxis», *New York Times*, 17 de febrero, 1928, p. 55.

«A Steer on the Rampage: Escaped from East Side Slaughterhouse», *New York Times*, 25 de abril, 1883, p. 2.

«Steer Runs Wild in Broadway and Herald Sq.; Fells Pedestrians, Enters Tailor Shop, Is Shot», *New York Times*, 7 de mayo, 1930, p. 29.

Steinfeld, H., «Livestock's Long Shadow: Environmental Issues and Options», Roma, Organización de las Naciones Unidas para la Alimentación y la Agricultura, 2016.

Stradano, G., *El emperador Cómodo mata a un tigre en un anfiteatro*, dibujo, página de un cuaderno de bocetos, c. 1590. E/ / collection.cooperhewitt.org/ objects / 18109667.

Than, K., «Gorilla Youngsters Seen Dismantling Poachers' Traps—A First», *National Geographic*, 18 de julio, 2012.

«They Had the Right of Way: Wild Steers from the West Amuck in Jersey City», *New York Times*, 20 de septiembre, 1894, p. 8.

Thierman, S., «Apparatuses of Animality: Foucault Goes to a Slaughterhouse», *Foucault Studies*, vol. 9, 2010, pp. 89-110.

«Tokyo Keepers Catch Fugitive Penguin 337», *BBC*, 25 de mayo, 2012.

Tomasik, B., «How Many Wild Animals Are There?», *Essays on Reducing Suffering*, 2009. https://reducing-suffering.org.

Trenkova, L., «Food Without Borders: Xenophobia and Global Corporatism in the U.S.-Mexico Agricultural Commerce», en Saryta Rodríguez, *Food Justice: A Primer*, pp. 153-173.

Tuck, E. y K. Wayne Yang, «Decolonization Is Not a Metaphor», *Decolonization: Indigeneity, Education & Society*, vol. 1, n.º 1, 2012, pp. 1-40.

Tzafalias, M., «Greece: Protesters Unleash the Dogs of War», *Independent*, 12 de mayo, 2010. https://www.independent.co.uk.

USGS (Servicio Geológico de Estados Unidos), «How Much Water Is There on Earth?», https://usgs.gov.

«Utah's Wild Chilean Flamingo: Pink Floyd», *Utah Birds*. http://utahbirds.org.

Vaillant, J., *The Tiger: A True Story of Vengeance and Survival*, Toronto, Vintage Canada, 2011. Trad. cast.: *El tigre: una historia real de venganza y supervivencia*, Barcelona, Debate, 2011.

Van Kleek, J. «The Sanctuary in Your Backyard: A New Model for Rescuing Farmed Animals», *Our Hen House*, 24 de junio, 2014. https://www.ourhenhouse.org.

Vindett, L., «Aintcho», en Sharon Lee Hart, *Sanctuary: Portraits of Rescued Farm Animals*.

Voltaire, «Beasts», en *The Philosophical Dictionary, for the Pocket*, Catskill, NY, T & M Croswel, J. Fellows, and E. Duyckinck, 1796. Trad. cast.: *Diccionario filosófico*, Barcelona, Daimón, 1976.

Wadiwel, D. J., «Fish and Pain: The Politics of Doubt», *Animal Sentience*, vol. 3, n.º 31, 2016.

Wallace, D. F., «Consider the Lobster», *Gourmet*, agosto de 2014, pp. 50-64. Trad. cast.: *Hablemos de langostas*, Barcelona, Mondadori, 2001.

«Watusi Steer Brings In Crowds», *Farm Show Magazine*, vol. 41, n.º 6, 2017.

Westermarck, E., *The Origin and Development of Moral Ideas*, Londres, Macmillan and Co, 1912.

White, K. D., *Roman Farming*, Ithaca, NY, Cornell University Press, 1970.

Wilbert, C., «Anti-This—Against-That: Resistances along a Human–Non-human Axis», en *Entanglements of Power: Geographies of Domination/Resistance*, J. P. Sharp, P. Routledge, C. Philo y R. Paddison (eds.), Nueva York, Routledge, 2000, pp. 238-255.

«A Wild Steer at Large: Pranks through the Streets of Jersey City—Two Persons Injured», *New York Times*, 4 de agosto, 1881, p. 8.

«A Wild Steer Running Loose», *The Sun*, 31 de agosto, 1869.

«A Wild Steer's Long Race: Exciting Pursuit by the Police», *New York Times*, 17 de agosto, 1878, p. 8.

Wills, C., *The Darwinian Tourist: Viewing the World Through Evolutionary Eyes*, Oxford, Oxford University Press, 2010.

Wolch, J., «Zoopolis», en Wolch y Emel, *Animal Geographies: Place, Politics, and Identity in the Nature-Culture Borderlands*, pp. 119-138.

Wolch, J. y J. Emel, *Animal Geographies: Place, Politics, and Identity in the Nature-Culture Borderlands*, Nueva York, Verso, 1998.

Woodburn H., W., «The Prosecution and Punishment of Animals and Lifeless Things in the Middle Ages and Modern Times», University of Pennsylvania Law Review and American Law Register, vol. 64, n.º 7, mayo de 1916, pp. 696-730.

Woodstock Farm Sanctuary, «Mike Jr. the Escaped Calf Arrives at WFS!», 11 de abril, 2012. https://woodstocksanctuary.org/breaking-news-mike-the-escaped-cow-arrives-at-wfas/.

Young, P. (ed.), *Meat, Modernity, and the Rise of the Slaughterhouse*, Lebanon, NH, University Press of New England, 2008.

*Insu-
rrección animal* es el cua-
dragésimo tercer libro de la colección
Libros salvajes. Compuesto en tipos Dante, se
terminó de imprimir en los talleres de KADMOS por
cuenta de ERRATA NATURAE EDITORES en febrero de 2024,
un sexenio después de que leyéramos en *El País* un artículo —fir-
mado por un gran periodista y amigo de esta casa, Guillermo Altares—
con el que ya se empezaron a sembrar las semillitas de este libro, y en el
que nos contaban que se estaba produciendo una auténtica epidemia de
fugas de distintos zoológicos del mundo entero: el orangután Indah del zoo
de Chester (Reino Unido), la lechuza Oscar de un centro de vida salvaje en
Adelaida (Australia), el pulpo Inky del Acuario Nacional de Nueva Zelanda, el
gato montés Ollie del zoo de Washington, una pareja de capibaras del zoo de
Toronto, el gorila Kumbuka del zoo de Londres, el panda rojo Sunny del zoo
de Virginia… Y ya que no podemos estar más de acuerdo con la conclusión
del periodista («las fugas de zoológicos nos acercan al resto de criaturas
con las que compartimos el planeta, pues ya sean motivadas por la cu-
riosidad, el ansia de libertad o la evasión ante una pareja inapropia-
da, es inevitable que nos alegremos por ellos»), sólo nos queda
añadir, ya de nuestra cosecha, que ojalá algún día nuestros
nietos tengan que preguntarnos qué demonios era
un zoo, porque dichas aberraciones hayan
desaparecido para siempre.